高含硫气田职工培训教材

天然气净化装置分析化验

曹英斌　编著

中国石化出版社

内容提要

本书内容共分六个部分，涵盖了高含硫气田化验分析需要掌握的室内分析和在线分析的专业基础知识和操作规程，具体包括取样、气体分析、水样分析、光学分析、电化学分析、细菌分析、硫黄和润滑油分析等，本书内容详实、重点突出、实用性强，能为高含硫气田的开发起指导性的作用。是高含硫气田从事净化作业职工技能培训的必备教材，对专业技术人员也具有一定的参考价值。

图书在版编目(CIP)数据

天然气净化装置分析化验／曹英斌编著.
—北京：中国石化出版社，2014.8
ISBN 978-7-5114-2961-2

Ⅰ.①天… Ⅱ.①曹… Ⅲ.①天然气净化-净化设备-分析 Ⅳ.①TE682

中国版本图书馆 CIP 数据核字(2014)第 180196 号

中国石化出版社出版发行

地址:北京市东城区安定门外大街 58 号
邮编:100011　电话:(010)84271850
读者服务部电话:(010)84289974
http://www.sinopec-press.com
E-mail:press@ sinopec.com
北京科信印刷有限公司印刷
全国各地新华书店经销

*

787×1092 毫米 16 开本 24.5 印张 354 千字
2014 年 9 月第 1 版　2014 年 9 月第 1 次印刷
定价:110.00 元

高含硫气田职工培训教材

编写委员会

主　任：王寿平　　陈惟国

副主任：盛兆顺

委　员：郝景喜　　刘地渊　　张庆生　　熊良金　　姜贻伟

　　　　陶祖强　　杨发平　　朱德华　　杨永钦　　吴维德

　　　　康永华　　孔令启

编委会办公室

主　任：陶祖强

委　员：马　洲　　王金波　　程　虎　　孔自非　　邵志勇

　　　　李新畅　　孙广义

教材编写组

组　长：焦玉清　　袁守民

副组长：兰宦勤　　曹英斌　　马崇彦　　于艳秋

成　员：潘　涛　　肖　斌　　黄子川　　朱道庆　　姚景武

　　　　张立胜　　张文斌　　王拥军　　刘　炜　　解更存

　　　　胡文明　　张忠慧　　张永红　　王金波　　裴永述

　　　　张鲁平

序

2003年，中国石化在四川东北地区发现了迄今为止我国规模最大、丰度最高的特大型整装海相高含硫气田——普光气田。中原油田根据中国石化党组安排，毅然承担起了普光气田开发建设重任，抽调优秀技术管理人员，组织展开了进入新世纪后我国陆上油气田开发建设最大规模的一次"集团军会战"，建成了国内首座百亿立方米级的高含硫气田，并实现了安全平稳运行和科学高效开发。

普光气田主要包括普光主体、大湾区块(大湾气藏、毛坝气藏)、清溪场区块和双庙区块等，位于四川省宣汉县境内，具有高含硫化氢、高压、高产、埋藏深等特点。国内没有同类气田成功开发的经验可供借鉴，开发普光气田面临的是世界级难题，主要表现在三个方面：一是超深高含硫气田储层特征及渗流规律复杂，必须攻克少井高产高效开发的技术难题；二是高含硫化氢天然气腐蚀性极强，普通钢材几小时就会发生应力腐蚀开裂，必须攻克腐蚀防护技术难题；三是硫化氢浓度达1000ppm(1ppm＝1×10⁻⁶)就会致人瞬间死亡，普光气田高达150000ppm，必须攻克高含硫气田安全控制难题。

经过近七年艰苦卓绝的探索实践，普光气田开发建设取得了重大突破，攻克了新中国成立以来几代石油人努力探索的高含硫气田安全高效开发技术，实现了普光气田的安全高效开发，创新形成了"特大型超深高含硫气田安全高效开发技术"成果，并在普光气田实现了工业化应用，成为我国天然气工业的一大创举，使我国成为世界上少数几个掌握开发特大型超深高含硫气田核心技术的国家，对国家天然气发展战略产生了重要影响。形成的理论、技术、标准对推动我国乃至世界天然气工业的发展作出了重要贡献。作为普光气田开发建设的实践者，感到由衷的自豪和骄傲。

在普光气田开发实践中，中原油田普光分公司在高含硫气田开发、生产、集输以及HSE管理等方面取得了宝贵的经验，也建立了一系列的生产、技术、操作标准及规范。为了提高开发建设人员技术素质,2007年组织开发系统技术人员编制了高含硫气田职工培训实用教材。根据不断取得的新认识、新经验,先后于2009年、2010年组织进行了修订,在职工培训中发挥了重要作用;2012年组织进行了全面修订完善,形成了系列《高含硫气田职工培训教材》。这套教材是几年来普光气田开发、建设、攻关、探索、实践的总结,是广大技术工作者集体智慧的结晶,具有很强的实践性、实用性和一定的理论性、思想性。该教材的编著和出版,填补了国内高含硫气田职工培训教材的空白,对提高员工理论素养、知识水平和业务能力,进而保障、指导高含硫气田安全高效开发具有重要的意义。

随着气田开发的不断推进、深入,新的技术问题还会不断出现,高含硫气田开发和安全生产运行技术还需要不断完善、丰富,广大技术人员要紧密结合高含硫气田开发的新变化、新进展、新情况,不断探索新规律,不断解决新问题,不断积累新经验,进一步完善教材,丰富内涵,为提升职工整体素质奠定基础,为实现普光气田"安、稳、长、满、优"开发,中原油田持续有效和谐发展,中国石化打造上游"长板"作出新的、更大的贡献。

2013 年 3 月 30 日

前　言

在天然气工业中，为了将合格的商品天然气供应至用户，天然气净化是重要的一环。天然气净化通常是指脱硫脱碳、脱水、硫黄回收及尾气处理。脱硫脱碳与脱水是为了使天然气达到商品天然气或管输天然气的质量指标；硫黄回收与尾气处理是为了综合利用及满足环保要求。目前，天然气净化已形成一个独立的、系统的专业，其地位也越来越重要。

普光气田是我国已发现的最大规模海相整装高含硫气田，在国内没有成功开发同类气田的先例，在世界范围也属于难题。普光天然气净化厂是国内首座自主设计、建设的百亿方级高含硫净化厂，原料天然气高含硫化氢、二氧化碳与有机硫。中原油田普光分公司作为直接管理者和操作者，逐步积累了一套较为成熟的高含硫天然气开发、净化和 HSE 管理等方面的经验。为全面总结高含硫天然气净化管理与操作经验，固化、传承、推广好做法，夯实自身培训管理基础，同时也为同类天然气净化提供借鉴，我们组织了系统专业技术人员，以建立中国石化高含硫天然气净化职工培训示范教材为目标，在已有自编教材的基础上，编著、修订了系列《高含硫气田职工培训教材》。本套教材涵盖了净化装置、硫黄储运、分析化验和安全监控 4 个重要部分，突出高含硫净化装置的工艺特点，以反应典型性、针对性、实用性、先进性为原则，每个部分单独成册，总编陈惟国、朱德华。

《高含硫气田职工培训教材——天然气净化装置分析化验》为专业技术培训类教材，侧重于高酸性气田实验室分析和在线监测的实际操作技能培训。执行了现行的国标、行标，并根据净化厂装置运行要求制定了相适应的企标和实验方法，能够满足高酸性气田所有分析要求。本教材从内容上力求理论与技术相结合，突出了实用性和技能培养。本册教材由曹英斌编著，副主编张永红、张文斌。内容共分 6 个部分，涵盖了高含硫气田化验分析需要掌握的室内分析和在线分析的专业基础知识和操作规程，第 1 部分由张永红、轩慎友编写，第 2 部分由马帆、刘超编写,第 3 部分由杨静、夏莉编写,第 4 部分由郭慧勇、曹春辉编写,第 5 部分由吴燕茹、简瑞编写,第 6 部分第 1 章由赵凡、刘军芳编写,第 2 章由闵峰、何占兴编写;参加编审的人员有王拥军、高峰、徐政雄、裴永述、李红军、赵三群、陈玉成等。

本套教材可作为高含硫天然气净化职工培训使用,也可作为天然气净化领域科研、设计、生产及管理技术人员的案头参考书,还可供从事炼厂气及其他气体净化的工艺技术人员参考。

在本套教材编写过程中,各级领导给予了高度重视和大力支持,陈惟国同志对做好教材编写工作多次作出指导,刘地渊、熊良淦、张庆生、尹琦岭、商剑峰、杨作海、王和琴、陶祖强对教材进行了审定,多位管理专家、技术骨干、技能操作能手为教材编审贡献了智慧、付出了辛勤的劳动,中国石化出版社对教材的编审和出版工作给予了宝贵的支持和指导,在此一并表示感谢!

普光天然气净化厂在管理经验方面还需要不断积累完善,恳请同志们在使用过程中提出宝贵意见,为进一步完善、修订提供借鉴。

书中不当及疏漏之处尚祈业内专家及同志们赐正。

目 录

第3部分　水质分析

第 4 部分　溶液分析

第 5 部分　硫黄、润滑油分析

第6部分 在线分析

第 1 部分　取　　样

第1章

取样点与取样器

1.1 联合装置取样点

联合装置取样点以一联合为例，二、三、四、五、六联合与一联合相同。

1.1.1 高压天然气（带吹扫至高压火炬）

| (1) | 111-SN-103 | 112-SN-103 | 水解反应器出口天然气 |

(1) 111-SN-103　112-SN-103　水解反应器出口天然气

(2) 111-SN-104　112-SN-104　脱硫后天然气

(3) 111-SN-105　112-SN-105　水解反应器入口天然气

(4) 111-SN-204　产品天然气

(5) 736-SN-101　原料天然气

(6) 736-SN-102　原料天然气

(7) 736-SN-201　外输天然气

1.1.2 低温（<50℃）低压液体（带压差设备）

(1) 111-SN-106　112-SN-106　贫胺液

(2) 111-SN-302　112-SN-302　酸性水

1.1.3 低温（<50℃）气体（带压差设备）

(1) 111-SN-107　112-SN-107　闪蒸气吸收塔顶气

(2) 111-SN-202　TEG 闪蒸罐顶气

1.1.4　低温（<50℃）气体（带吹扫至低压火炬）

（1）111-SN-301　　112-SN-301　　酸性气 D-301

（2）111-SN-405　　112-SN-405　　尾气 C-402

1.1.5　低温（<50℃）低压液体（带密闭排放系统）

（1）111-SN-201　　　　　　　　　富 TEG

（2）111-SN-203　　　　　　　　　贫 TEG

（3）111-SN-406　　112-SN-406　　半贫胺液 C-402

（4）111-SN-501　　　　　　　　　汽提水

1.1.6　高温（>50℃）低压液体（带循环水系统）

（1）111-SN-101　　112-SN-101　　富胺液

（2）111-SN-404　　112-SN-404　　急冷水

1.1.7　低压气体（球胆采样）

（1）111-SN-303　　112-SN-303　　过程气 E-302

（2）111-SN-304　　112-SN-304　　过程气 E-303

（3）111-SN-305　　112-SN-305　　过程气 R-301

（4）111-SN-306　　112-SN-306　　过程气 E-305

（5）111-SN-307　　112-SN-307　　过程气 R-302

（6）111-SN-308　　112-SN-308　　过程气 E-307

（7）111-SN-401　　112-SN-401　　循环酸性气 C-401

（8）111-SN-402　　112-SN-402　　加氢尾气 F-401B

（9）111-SN-403　　112-SN-403　　加氢后尾气 R-401

（10）111-SN-407　　112-SN-407　　烟气 SK-404

（11）111-SN-502　　　　　　　　　酸水汽提塔顶气

1.1.8　低压液体（容器采样）

111-SN-309　　112-SN-309　　液体硫黄

1.1.9　水质（直排）

（1）111-SN-703　　112-SN-703　　凝结水

（2）111-SN-310　　112-SN-310　　高压饱和蒸汽 D-302

（3）111-SN-311　　112-SN-311　　炉水 D-302

（4）111-SN-312　　112-SN-312　　低压饱和蒸汽 E-303

（5）111-SN-313　　112-SN-313　　低压饱和蒸汽 E-305

（6）111-SN-408　　112-SN-408　　高压饱和蒸汽 D-401

（7）111-SN-409　　112-SN-409　　炉水 D-402

（8）111-SN-410　　112-SN-410　　高压过热蒸汽 E-404

（9）111-SN-411　　112-SN-411　　低压饱和蒸汽 E-401

1.2　公用工程车间取样点明细

1.2.1　污水站

（1）联合装置来水

（2）集气末站来水

（3）压力沉降罐出水

（4）过滤撬块出水

1.2.2　水处理站和凝结水站

（1）过滤器出水

（2）阳离子交换器出水

（3）脱碳塔出水

(4) 阴离子交换器出水

(5) 混合离子交换器出水

(6) HCl 贮槽

(7) NaOH 贮槽

(8) 计量泵后混合器出口

(9) 库房树脂

(10) 中和水泵出口

(11) 含油凝结液进水管

(12) 精密过滤器出水

(13) 活性碳过滤器出水

(14) 混合离子交换器出水

1.2.3 动力站

(1) 831-B-101A   831-B-101B   831-B-101C   锅炉炉水

(2) HS-010101   HS-010201   HS-010301   过热蒸汽

(3) 831-B-101A   831-B-101B   831-B-101C   饱和蒸汽

(4) BW-040101/1   BW-040101/2   BW-040101/3
BW-040101/4   BW-040101/5   除氧水

(5) TW-040101   除盐水

1.2.4 空分空压

(1) 给水总管   循环冷水

(2) 给水总管 旁滤出水   循环冷水

(3) 给水总管 补水管   循环冷水 生产给水

(4) 回水总管   循环热水

1.2.5 循环水厂

(1) 给水总管   循环冷水

（2）给水总管　旁滤出口　　　　　　　循环冷水

（3）给水总管　补水管　　　　　　　　循环冷水 生产给水

（4）回水总管　　　　　　　　　　　　循环热水

1.2.6　净化水场

（1）净化水场进水总管　　　　　　　　后河原水

（2）净化水场出水总管　　　　　　　　生产给水

1.2.7　水质监测

1. 污水处理场

（1）生产污水调节罐出水　生产污水

（2）初期雨水调节罐出水　初期雨水

（3）过滤提升水池出水　生化后污水

（4）监护池出水　过滤后污水

（5）生化池　污水

2. 雨水系统

（1）雨水监控池 1/2/3

（2）污水

1.3　硫黄储运车间取样点明细

（1）硫黄成型机下料口　　　　　　　　固体硫黄

（2）硫黄料仓　　　　　　　　　　　　固体硫黄

（3）硫黄散装线　　　　　　　　　　　固体硫黄

1.4　润滑油取样点明细

1.4.1　联合装置

ClausE 风机、TEG 回收泵、TEG 循环泵、半富胺液泵、胺液回收泵焚烧炉

风机 、急冷水泵、凝结水泵、贫胺液泵、液硫池泵、MDEA 送料泵、TEG 送料泵。

1.4.2　空分空压系统

净化风增压机、离心式空压机、空气分离成套设备、循环给水泵。

1.4.3　净化水厂及消防泵站

液压隔膜计量泵、清水泵、过滤水泵、消防泵、污泥输送泵等。

1.4.4　循环水系统

循环冷水泵、加药泵、罗茨鼓风机。

1.4.5　动力站系统

汽轮发电机组、鼓风机、引风机、锅炉给水泵、加药泵、油泵凝结水泵。

1.4.6　水处理系统

除盐水泵、生水泵、凝结水泵、中和水泵、加药泵、计量泵。

1.4.7　硫黄储运车间

液流泵、硫黄成型机、皮带机、包装码垛系统。

1.5　取样器具介绍

1.5.1　高压密闭取样器（图 1-1-1)

型号：LPRG-LPG。

生产厂家：上海沪试分析仪表有限公司。

适合样品：高压天然气。

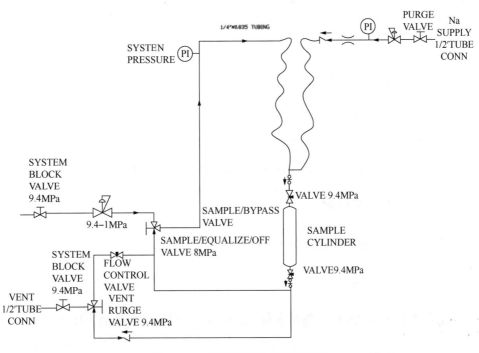

图 1-1-1　高压密闭取样器流程图

1.5.2　低压密闭取样器（图 1-1-2）

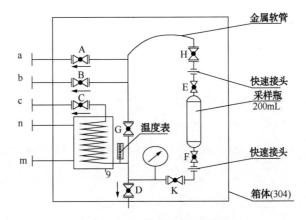

图 1-1-2　低压密闭取样器

型号：CYQ-A/5.0。

生产厂家：山海关开发区电站辅机厂。

适合样品：贫富胺液、贫富 TEG、酸性水、酸性气、急冷水等低压液体样品。

1.5.3　在线采样器

型号：LGCXL-1A。

生产厂家：山海关开发区电站辅机厂。

适合样品：硫黄回收单元的过程气、尾气单元的气体样品。

1.5.4　深水采样器

适合样品：污水处理场、雨水监控池的样品。

1.5.5　塑料瓶

适合样品：净化水场、循环水场、动力站、凝结水站等处的水样等。

1.5.6　玻璃瓶

适合样品：润滑油、酸等。

第2章

各采样点的采样方法及注意事项

2.1 采样所执行的标准

1. 润滑油

GB/T 6537—1998。

2. 离子交换树脂

GB 5475—1985。

3. 生活饮用水

GB 5750.2—2006。

4. 盐酸、氢氧化钠

GB 3723—1999、GB 6678—2003 、GB 6679—2003、GB 6679—2003。

5. 锅炉用水和冷却水

GB 6907—2005。

6. 锅炉蒸汽

GB 14416—1993。

7. 水质

GB 12997—1991、GB 12997—1991、GB 12997—1991。

8. 大气降水

GB 13580.2—1992。

9. 气体及天然气

GB 13609—1999、GB 6681—2003。

10. 工业硫黄

GB 2449—2006。

11. 采样安全

SY 6278—1997、SY 6277—1997。

2.2 取样前的准备工作

2.2.1 采样器具

（1）水质采样

通常净化水场、循环水场、空分空压、水处理和凝结水站、动力站等水质样品采用 1L 或 2L 的塑料瓶，有特殊要求项目应采用玻璃瓶单独采样，如细菌、余氯等。污水处理场水质样品采用玻璃瓶，有特殊要求项目应另单独采样，如污泥浓度、悬浮物、硫化物、BOD_5、挥发酚等。个别项目采样测定采用专用容器，如溶解氧、石油类等。深水池采样用金属采样器，且金属采样器的采样绳应能防静电。

（2）酸碱采样

采工业用盐酸可用 500mL 玻璃瓶，使用前将玻璃瓶洗净，烘干，玻璃瓶不能有裂纹、损坏等。采工业用氢氧化钠可用 500mL 塑料瓶，不能用玻璃瓶采，使用前将瓶子洗净、晾干。

（3）天然气采样用高压采样钢瓶，使用前检查钢瓶阀门是否能转动灵活。

（4）净化风、过程气、尾气采样用锡箔采样袋。

（5）烟气采样用专门的烟气采样装置，样品最后收集到球胆。

（6）所有采样器及采样瓶应在使用前清洗干净。采样前要仔细检查所有采样器具，不得有破损、裂口等，否则不能用来采样。

（7）样品容器必须清洁、干燥、严密，采样设备必须清洁、干燥、不能用与被采取物料起化学反应的材料制造。采样过程中防止被采取物料受到环境污染和变质。

（8）样品装入容器后必须立即贴上标签，必要时写出采样报告随同样品一起提供。

2.2.2　安全防护用品准备

（1）进入装置区采样必须穿戴劳保，佩戴安全帽、便携式硫化氢监测仪。

（2）进入含硫化氢装置区域采样必须两人一起，一人操作、一人监护。

（3）采酸碱样品时要佩戴防酸碱手套 、防护眼镜、防毒面具等安全防护用品。

（4）采天然气、酸气、酸水、过程气等样品必须携带正压式空气呼吸器。

（5）使用前必须仔细检查安全防护用品的完好性，硫化氢监测仪工作正常，空气呼吸器完好，压力正常，所有防护用品要经确认无损坏方可使用。

2.2.3　采样前仔细核对采样器所贴的标签与所采样品一致

2.3　水质采样方法

2.3.1　天然水的采样方法

（1）采集天然水样时，应根据试验目的，选用表面取样器、不同深度取样器以及泵式取样器进行取样。

（2）采集地表水或普通井水水样时，应将取样瓶浸入水面下 0.5m 处取样，并在不同地点采样混合成供分析用的水样。

（3）根据试验要求，需要采集不同深度的水样时，应对不同部位的水样分别采集。

2.3.2　管道或工业设备中水样的采样方法

采样时，打开取样阀门，充分冲洗采样管道，必要时采用变流量冲洗。取样时将水样流速调至约 700 mL/min 进行取样。

2.3.3　高温、高压装置或管道中水的采样方法

高温 、高压装置或管道中取样时，必须加装减压和冷却装置，保证水样温度不得高于 40℃。

2.3.4 测定不稳定成分水样的采样方法

测定水样中不稳定成分时，应随取随测，如游离 CO_2、溶解氧及温度测定等；或应将不稳定成分转化为稳定状态再测定，如细菌、挥发酚等。

2.3.5 特殊分析项目的取样方法

（1）测定水样中的有机物，水样采集应使用玻璃瓶，取样后应尽快测定，否则应将水样加入硫酸调节至 pH<2 以下保存。

（2）测定水样中的铜、铁、铝，水样采集时应使用专用磨口玻璃瓶，并将其用盐酸（1+1）浸泡 12 h 以上，再用一级试剂水充分洗净，然后向取样瓶内加入优级纯浓盐酸（每 500 mL 水样加浓盐酸 2 mL，），直接采取水样，并立即将水样摇匀。

（3）测定水样中的联氨，水样采集应使用专用磨口玻璃瓶，每取 100 mL 水样预先加入浓盐酸 1mL，水样应充满取样瓶。

2.3.6 取样量

采集水样数量应满足试验和复核需要。供全分析用的水样不应少于 5 L，若水样混浊时应分装两瓶；供单项分析用的水样不应少于 0.5 L。

2.3.7 采集水样时的注意事项

采集供全分析用的水样，应粘贴标签，注明水样名称、取样方法、取样地点、气候条件、取样人姓名、时间、温度及其他注意事项，若采集供现场控制实验的水样时，应使用明显标记的固定取样瓶。

2.4 锅炉水及蒸汽的采样方法及注意事项

2.4.1 取样部位

（1）在汽包（多管接头连接过热器的锅炉）或集汽管采集饱和蒸汽时，应按一定的间距在管路内选取采样点，在单独采集饱和蒸汽时，宜安装单口型取样器。

（2）单口型蒸汽取样器的入口应设置在蒸汽管道直径 3/4～2 倍的位置上。因为这一部分的压力、质量流量、温度对取样影响不大。

（3）在管道内取样宜安装多口型取样器，从第一个弯头开始，取样器的位置按如下顺序排列：

垂直管路——上流；

水平管路——垂直插入；

水平管路——水平插入。

（4）取样器的位置应远离弯头或阀门。一般应遵循前 5D 后 10D 原则。即在弯头或阀门前边，取样器应离开弯头或阀门 5 倍以上蒸汽管道直径的距离；在弯头或阀门后面，取样器应离开弯头或阀门 10 倍以上蒸汽管道直径的距离。

2.4.2　蒸汽试样的采集

（1）新投入的取样器（包括新安装或检修后投入使用）应充分地冲洗取样装置，通入蒸汽或凝结水，冲洗 24h 后才能取样。

（2）蒸汽取样阀门应常开，使蒸汽凝结水不断流出。为减少汽水损失，可将流出 的凝结水回收。

（3）蒸汽试样流量通常为 0.4～0.5kg/min。根据试验要求和冷却水流量可适当调节。

（4）试样温度对不同试验有不同要求。通常测定电导率的试样，温度应低于 25 ℃；测定溶解气体的试样，温度应低于 20℃或更低；测定试样中较为稳定的金属元素试样，温度可适当提高至 30℃左右。

（5）蒸汽试样容器应使用硬质玻璃（硅硼玻璃）制造。使用之前应清洗干净。用 I 级试剂水浸泡数天。对于新购置的容器，应使用（10 g/L）氢氧化钠溶液预处理，促进玻璃老化。

（6）取样后应当尽快分析。试样容器用完后要用盐酸（1+1）清洗，妥善保管，除作蒸汽取样外，不得作其他使用。

2.4.3　注意事项

（1）取样器的位置：如前所述，蒸汽中固体和液体杂质以灰尘或雾形式存在，其密度大于蒸汽，且分散不均匀，取样前应采取分离措施。在汽包式或集管式锅炉中，单口型取样器应装在出汽口，若在蒸汽管路上取样，常用多口型取样器，径向插入，以保证取样有代表性。

（2）取样速度：取样时蒸汽速度一定要稳定，而且进取样器的速度一定要与蒸汽流动的速度一致。为了减少杂质损失，蒸汽须保持较高速度，尤其是垂直向上取样时更需要高速。

（3）过热蒸汽：为防止过热蒸汽中的杂质在取样管表面沉积，取样时须从取样器顺流方向处采集试样。为防止盐析现象发生，应向取样器内注入足量的水，以除去过热，产生少量湿度。

2.5　气体采样注意事项

高、低压密闭采样器采样：全过程密闭操作，采样前要检查采样钢瓶是否安装牢固，接头处有无泄漏；采样过程中各种阀门的开关要到位，开关位置不能搞错；另外，操作步骤不能出现前后颠倒等。样品置换时间要足够，一般要求在2~3min，视采样管线的长度而定。氮气吹扫时间视样品的组分而定，如硫化氢含量较高，如原料天然气，可适当延长吹扫时间至3min，如样品中的硫化氢含量较低，如产品气等，可缩短至1min以内。低压气体如用锡箔采样袋采样，则需将采样袋置换至少3次。

2.6　酸碱罐车采样要求

取样工作规程　对强酸强碱性药品进行取样时，为确保人身安全，特制定以下要求：

（1）取样前，取样人员应戴好耐酸碱手套和防护眼镜，并根据现场情况和药品的性质做好相应的安全措施。

（2）取样人员上罐车时，两手要抓牢爬梯，以防滑跌。

（3）取样人员在罐车顶部站稳后，车下取样人员将取样管递与车上取样人员，并将取样瓶及相关用品放于塑料桶内，由车上取样人员用绳子提到车顶。

（4）取样人员必须按规定进行取样，无关人员远离被取样车辆。

① 取浓硫酸时，取样人员将所取样品放入 500mL 玻璃广口瓶中。取完样后，要立即将取样瓶盖好放入塑料桶中，用绳子将塑料桶放至车下，车下取样人员协助将样品放好并妥善保管。车上取样人员待取样管内药液滴净后递与车下取样人员，车下取样人员应戴好耐酸碱手套，站在取样管的一侧将取样管取下妥善放置。

② 强酸、强碱液进行取样时，车上取样人员所取样品先放入烧杯中，待取样完毕后，将所取样倒入 500mL 塑料取样瓶中，并确认将瓶盖盖好。将取样瓶放入塑料桶中，用绳子将塑料桶放至车下，车下取样人员协助将样品放好并妥善保管。车上取样人员待取样管内药液滴净后递与车下取样人员，车下取样人员应戴好耐酸碱手套，站在取样管的一侧将取样管取下妥善放置。

2.7　润滑油的取样

润滑油取样的常见方法有 3 种，分别是取样阀取样、测压接头取样和取样泵取样。

2.7.1　取样阀取样

润滑油取样时，可以在油液运行管路的低压回路上安装球阀，而后只要开启球阀即可获得油液样品。在取样阀取样的操作过程中，要注意应先等油液完全冲刷过取样阀后再盛取样品油液，这样做的目的是清除取样阀死角处的杂质和上次操作的残余油液，确保取样的准确性。

2.7.2　测压接头取样

润滑油取样的第二种方法，是采取测压接头来取样。测压接头的英文名称是 MininEss，是多用于液压系统的一种特殊阀门，属于针阀种类。测压接头在安装到液压系统中后，只要取消保护帽并打开阀门，即可获得油液样品。测压接头在操作时也要注意内部的杂质冲洗问题。

2.7.3 取样泵取样

润滑油分析仪在用于分析油箱、发动机等设备时，取样的部位比较特殊，因此多使用取样泵进行取样。以取样泵取样的操作方法是，将取样瓶与取样泵相连旋紧，再将取样泵上的取样管深入到油箱内部，取样泵启动后，在真空作用下油箱内的油液会流到取样瓶中，完成取样。

2.8 工业硫黄的采样

2.8.1 固体工业硫黄采样方法

1. 包装产品的采样

产品按照 GB/T 6678—2003 中 7.6.1 的规定确定采样单元数。从随机选定的每个采样单元中采样，不同形状的产品采样方式为：①对于粒状、片状、粉状产品，用采样器插入 2/3 深处采样；②对于块状产品，用手锤在不同部位敲取块径小于 25 mm 的碎块。

采得样品充分混合均匀后缩分成 2 kg 的实验室样品。

2. 散装产品的采样

产品按照 GB/T 6679—2003 中 3.2.3.2 的规定确定采样单元（或点）数。从随机选定的每个采样单元（或点）上采样，不同形状的产品采样方式为：①对于粒状、片状产品，用采样器插入 0.3~0.5 m 的深处采样；②对于块状产品，用手锤在不同部位敲取块径小于 25mm 的碎块。

采得样品充分混合均匀后缩分成 2 kg 的实验室样品。

2.8.2 液体工业硫黄采样方法

产品按照 GR/T 6680—2003 中第 7 章的规定采样，在不同环境条件下的采样方式：①在槽车灌注或排出过程中采样，用自动或机械截流的方法，周期性采取点样；②在槽车或储存容器中采样，以实装液体硫黄为基准，分别从上、中、下部位采样，等体积混合成平均样品。

上述两种采样方式每个点样都不少于 0.2 kg。将点样合并，混合。凝固后为实验室样品。如果实验室样品大于 2 kg，则粉碎成直径小于 25 mm 的碎块，缩分成 2 kg 为实验室样品。

2.9　样品保存、流转及销毁

2.9.1　水样采样瓶要求

（1）玻璃磨口瓶：不宜存放测定痕量硅、钠、钾、硼等成分的水样。

（2）塑料瓶：不宜存放测定重金属、铁、铜、有机物等成分的水样。

（3）特定的水样容器：应遵守有关标准规定。如溶解氧、含油量等。

2.9.2　水样存放要求

水样存放时间受其性质、温度、保存条件及试验要求等因素影响，采集水样后应及时分析，如遇特殊情况存放时间不宜超过 72h。详见表 2-1～表 2-4。

表 2-1　生活饮用水常规检验指标的取样体积

指标分类	容器材质	保存方法	取样体积	备注
一般理化	聚乙烯	冷藏	3～5	
挥发酚与氰化物	玻璃	氢氧化钠（NaOH），pH≥12，如有游离余氯，加亚砷酸钠去除	0.5～1	
金属	聚乙烯	硝酸（HNO_3），pH≤2	0.5～1	
汞	聚乙烯	硝酸（HNO_3）（1+9），含重铬酸钾（50g/L）至 pH≤2	0.2	用于冷原子吸收法测定
耗氧量	玻璃	每升水样加入 0.8mL 浓硫酸（H_2SO_4），冷藏	0.2	
有机物	玻璃	冷藏	0.2	水样充满容器至溢流并密封保存
微生物	玻璃（灭菌）	每 125mL 水样加入 0.1mg 硫代硫酸钠除去残留余氯	0.5	
放射性	聚乙烯		3～5	

表 2-2　工业用水样品的保存方法

项目	采样容器	保存方法	保存地点	时间	备注
余氯	G，P		现场		最好在现场测试，如果做不到，在现场用过量 NaOH 固定。保存不应超过 5h
二氧化碳	G，P		现场		
溶解氧	溶解氧瓶	现场固定氧并存放在暗处	现场	几小时	碘量法加 1mL 高锰酸钾（1mol/L）和碱性碘化钾
石油及衍生物	G	现场萃取冷冻至 -20℃	实验室	24h	建议于采样后立即加入在分析方法中所用的萃取剂，或进行现场萃取
硫化物	G	每 100mL 加 2mL 醋酸锌（2mol/L）并加入 2mLNaOH（2mol/L）并冷藏	实验室	24h	必须现场固定
总氰	P	用 NaOH 调节至 pH>12	实验室	24h	
COD	G	在 2～5℃ 暗处冷藏用 H_2SO_4，酸化至 pH<2 -20℃ 冷冻（一般不用）	实验室	尽快	如果 COD 是因为存在有机物引起的，则必须加以酸化 COD 值低时，最好用玻璃瓶保存
BOD	G	在 2～5℃ 暗处冷藏 -20℃ 冷冻（一般不用）	实验室	尽快	BOD 值低时，最好用玻璃瓶保存
氨氮	G，P	用硫酸 H_2SO_4，酸化至 pH<2 并在 2～5℃ 冷藏	实验室	尽快	为了阻止硝化细菌的新陈代谢，应考虑加入杀菌剂如丙烯基硫脲或氯化汞或三氯甲烷等
硝酸盐氮	G，P	酸化至 pH<2 并在 2～5℃ 冷藏	实验室	24h	有些废水样品不能保存，需要现场分析
酚	G	用 $CuSO_4$ 抑制生化用并用 H_3PO_4，酸化或用 NaOH 调节至 pH>12	实验室	24h	保存方法取决于所用的分析方法
铜	G，P	在现场过滤	实验室	1月	滤渣用于测定

表 2-3　工业用水样品的保存方法

项目	采样容器	保存方法	保存地点	时间	备注
铁	G，P	在现场过滤	实验室	1月	滤渣用于测定
钙	G，P	过滤后将滤液酸化至 pH≤2	实验室	数月	酸化时不要用硫酸
镁	G，P	过滤后将滤液酸化至 pH≤2	实验室	数月	酸化时不要用硫酸
总硬度	G，P	过滤后将滤液酸化至 pH≤2	实验室	数月	酸化时不要用硫酸
钾	P	酸化至 pH≤2	实验室		
钠	P	酸化至 pH≤2	实验室		
氯化物	P		实验室	数月	
正磷酸盐	P	于 2~5℃冷藏	实验室	24h	样品应立即过滤并尽快分析溶液的磷酸盐
总磷	G	用硫酸酸化，酸化至 pH≤2	实验室	24h	
硅酸盐	P	过滤并用硫酸酸化，酸化至 pH≤2，于 2~5℃冷藏	实验室	24h	
硫酸盐	G，P	于 2~5℃冷藏	实验室	一周	
亚硫酸盐	G，P	在现场按每 100mL 水样加 1mL25%的 EDTA 溶液	实验室	一周	
细菌总计数 大肠菌总数 粪便大肠菌	灭菌容器 G	于 2~5℃冷藏	实验室	尽快	取氯化或嗅化过的水样时，所用的样品瓶清毒之前，按每 125mL 加入 0.1mL10%的硫代硫酸钠消除氯对细菌抑制作用。 对重金属含量高于 0.01mg/L 的水样，应在容器消毒之前，按每 125mL 容积加入 0.3mL 的 15%ED-TA

G 为硬质玻璃瓶；P 为聚乙烯瓶（桶）

表 2-4　生活饮用水样品的保存方法

项目	采样容器	保存方法	保存时间
浊度[a]	G，P	冷藏	12h
色度[a]	G，P	冷藏	12h
pH[a]	G，P	冷藏	12h
电导[a]	G，P		12h
碱度[b]	G，P		12h
酸度[b]	G，P		30d
COD	G	每升水样加入 0.8mL 浓硫酸（H_2SO_4），冷藏	24h
DO[a]	溶解氧瓶	加入硫酸锰，碱性碘化钾（KI）叠氮化钠溶液，现场固定	24h
BOD_5[b]	溶解氧瓶		12h
TOC	G	加硫酸（H_2SO_4），pH≤2	7d
F[b]	P		14d
Cl[b]	G，P		28d
Br[b]	G，P		14h
I^-[b]	G	氢氧化钠（NaOH），pH＝7	14d
SO_4^{2-}[b]	G，P		28d
PO_4^{3-}	G，P	氢氧化钠（NaOH），硫酸（H_2SO_4）调 pH＝7，三氯甲烷（$CHCl_3$）0.5%	7d
氨氮[b]	G，P	每升水样加入 0.8mL 浓硫酸（H_2SO_4）	24h
NO_2^-N[b]	G，P	冷藏	尽快测定
NO_3^-N[b]	G，P	每升水样加入 0.8mL 浓硫酸（H_2SO_4）	24h
硫化物	G	每 100mL 水样加入 4 滴乙酸锌溶液（220g/L）和 1mL 氢氧化钠溶液（40g/L），暗处放置	7d
挥发酚类[b]	G	氢氧化钠（NaOH），pH≥12，如有游离余氯，加亚砷酸钠除去	24h
B	P		14d
一般金属	P	硝酸（HNO_3），pH≤2	14d
Cr^{6+}	G，P（内壁无磨损）	氢氧化钠（NaOH），pH＝7~9	尽快测定
As	G，P	硫酸（H_2SO_4），至 pH≤2	7d
Ag	G，P（棕色）	硝酸（HNO_3），pH≤2	14d

项目	采样容器	保存方法	保存时间
Hg	G，P	硝酸（HNO_3）（1+9，含重铬酸钾 50g/L）至 pH≤2	30d
卤代烃类[b]	G	现场处理后冷藏	4h
油类	G（广口瓶）	加入盐酸（HCl）（1+10）调至 pH≤2	7d
微生物[b]	G（灭菌）	每 125mL 水样加入 0.1mg 硫代硫酸钠	4h

a 表示应现场测定；

b 表示应低温（0~4℃）避光保存；

G 为硬质玻璃瓶；

P 为聚乙烯瓶（桶）。

2.9.3　气样存放要求

气样存放应存放在带通风橱的样品柜里。

2.9.4　样品的流转

（1）样品按检验工作流程图流转，并在流转过程中保证样品识别的唯一性和有效性。

（2）样品管理员接受样品时，应核查样品标签和样品的完整性。

（3）检测人员领抽样品时，应办理领取登记手续。

（4）样品在制备、测试、传递过程中应加以保护，应严格遵守有关样品的使用说明，避免非检验性损坏或丢失。样品如遇到意外损坏或丢失，应在原始记录中说明，并向化验室负责人报告，必要时应立即与客户联系。

（5）检测人员在样品试验完毕后，应将需留存的样品交样品管理员入样品库保管。样品管理员应在试毕样品上加贴"留样"标签。

2.9.5　样品的贮存

1. 样品保留量

样品保留量要要根据样品全分析用量而定，不少于两次全分析量，一般液体为 500~1000mL；硫黄保留 2000g。

2. 样品的贮存

计量化验站应有专门且适宜的样品贮存场所，配备样品间及样品框架。样品间由样品管理员专人负责，限制出入。样品应分类存放，标识清楚，作到帐物一致。样品贮存环境应安全、无腐蚀、清洁干燥且通风良好。

对需要在特定环境条件下贮存的样品，应严格控制环境条件，环境条件应定期加以记录。

易然、易爆和有毒的危险样品应隔离存放，做出明显标记，并按有关规定进行保管和处理。

样品管理员负责样品室样品的完好性、完整性，检测人员负责检验过程中样品的管理。

3. 样品的处置

试毕样品留样期不得少于报告申诉期，留样期一般不超过 60d，硫黄润滑油留样期 30d，特殊样品根据需要另行商定。

天然气样一律保留至下次取样，胺液罐样品保留 1d。

超过留样期限的样品集中销毁，由留样管理员填写"销毁单"，注明品名、批号、剩余量、销毁原因、销毁方法等。

销毁按规定的销毁程序进行，有 2 人以上现场监督，并有销毁记录。

3.1 高压密闭采样器操作（表3-1）

表3-1 高压密闭采样器操作

1	现场检查确认	检查密闭取样器附件安装齐全、紧固
		检查采样钢瓶完好，且在规定使用期限内
		取样/平衡/关闭阀在关闭位置
		排气吹扫阀在排气位置，观察压力表指针回零
2	连接取样钢瓶	将取样钢瓶安装在钢瓶固定架上
		连接取样钢瓶与快速接头
		打开取样钢瓶两端阀门
3	置换	将取样/平衡/关闭阀开到取样位置
		打开流量控制阀至理想的样品流量
		将取样管线及钢瓶内的气体置换出去
4	取样	保持置换状态大约3min，关闭流量控制阀
		将取样/平衡/关闭阀开到平衡位置
		关闭采样钢瓶两端阀门
5	吹扫	打开氮气供应阀，将排气/吹扫阀开到吹扫位置
		用足够的时间吹扫采样系统的流程，一般约2min
		将氮气供应阀开到关闭状态
		将排气/吹扫阀开到排气位置，观察压力表压力降到0
		将取样/平衡/关闭阀开到关闭位置，移走取样钢瓶
6	作业后确认	检查确认各阀已关闭，现场无泄漏

3.2 低压密闭采样器操作（表3-2）

表3-2 低压密闭采样器操作

1	现场检查确认	检查密闭取样器附件安装齐全、紧固
		检查采样钢瓶完好，且在规定使用期限内
		取样箱内各阀门处于关闭位置
		观察压力表指针归零
2	连接取样钢瓶	将取样钢瓶安装在钢瓶固定架上
		连接取样钢瓶与快速接头
		打开取样钢瓶两端阀门
3	置换	打开冷却水进出口阀（如介质需冷却后采样）
		打开介质入口阀
		打开介质出口阀
		将取样管线及钢瓶内的液体置换出去
4	取样	保持置换状态大约3min，关闭介质出口阀
		关闭介质入口阀
		关闭采样钢瓶两端阀门
		取下采样钢瓶
		打开排液阀，排净残液后关闭
5	作业后确认	检查确认各阀已关闭，现场无泄漏

3.3 天然气净化厂取样管理规定

3.3.1 常规样品的取样

（1）取样时间的一般要求：每天一次的样品应安排在早上9：30采集；每天两次的样品应安排在9：30、16：30采集；每天3次的样品应安排在9：30、16：30、24：00采集；每两天一次的样品应安排在周一、周三、周五的9：30采集；每周一次的样品应安排在周一 9：30 采集；每月一次的样品应安排在每月第一个周一的 9：30 采集。

（2）经过计量化验站与生产车间共同确定后的取样频次在未经过双方同意后不得随意更改。取样人员原则上要按取样时间的一般要求在规定的时间点到达生产岗位上取样，生产车间也要在规定的时间点安排好人员进行现场监护。由于特殊原因不能及时到生产岗位上取样的，取样人员要提前通知生产车间，并共同确定下次取样时间。

3.3.2　临时样品的取样

（1）生产装置因特殊原因需临时加样的，由生产车间向生产办公室提出取样申请，生产办公室通知计量化验站到指定地点取样，生产车间配合现场监护。

（2）临时样品的化验分析结果由计量化验站分别报至生产办公室及生产车间。

3.3.3　特殊样品的取样

（1）取样点移位，需经质控组确认，以确保样品的代表性。

（2）取样点有问题或因生产急需而在非固定取样点取样的，值班领导牵头，安全工程师对取样点所在地的临时安全措施检查确认后，由计量化验站取样人员负责取样，生产车间在此过程中负责安全监护。

3.3.4　取样过程的 HSE 管理

（1）生产车间对取样环境的安全负责。车间监护人在取样人员到达取样点前，应认真检查取样点周边设施状况，及时消除安全隐患，保证取样点所处环境处于安全状态，并全程监护取样作业过程。

（2）涉及取样的流程切换、取样箱外的阀门开关由生产车间负责。取样人员除了操作取样箱内的阀门外，不得擅动与取样无关的设备、阀门等。

（3）取样人员要严格遵守取样安全操作规程，取样时要按照相关要求佩戴空气呼吸器等气防用品。

（4）取样点或其周围出现突发情况时，取样人应尽可能关闭取样阀门，并迅速撤离取样现场；现场处置由车间监护人员负责。

（5）在取样点存在安全隐患且不能保证人身安全的情况下，在取样作业监护人员不到位的情况下，取样人员有权拒绝作业，并及时向计量化验站领导汇报。

3.3.5 废样处理

（1）采样钢瓶内残留的废气或废液由计量化验站妥善保管，并由取样人员在下次取样时带回装置取样点，安装在取样器上，循环回装置流程内。

（2）从罐区采得的胺液残留样品由取样人员倒回装置或罐区的残液回收桶。残液回收桶由净化车间设置于固定地点。

（3）润滑油分析的残留样品由计量化验站收集到废油桶内，定期倒入维护维修站的废油桶。

（4）酸碱样品分析化验后的残留废液，在经中和后，方可排入下水道。

3.3.6 取样设施的管理

（1）各取样箱内设施由计量化验站负责日常维护保养。

（2）计量化验站发现取样设施不符合取样安全、质量等要求时，质控组提出整改意见，并落实整改措施。

（3）常规取样点，必须挂标志牌，标识出介质、温度、压力、危险性或毒害性、应急处理等，并列入到日常管理。

3.3.7 取样人员要求

（1）取样人员必须持证上岗，掌握取样的各项操作，熟悉取样点的环境和工艺介质情况，懂得正确的应急处理方法，应确保取样的真实性，不得弄虚作假。

（2）取样时，生产车间人员必须到现场监护，取样人员带取样记录本到现场后，由车间人员确认现场符合安全条件时，取样人员开始取样，取样结束时由双方在取样记录本上签字认可。

（3）无论何种取样，取样者和监护者都应佩戴好相应的劳动保护用品。

3.4　取样过程应急预案（表 3-3）

表 3-3　取样过程应急预案

步　骤	处　置	负责人
现场发现	发现取样人员中毒	取样监护人
报告	1. 向中控室外操及班长报告 2. 汇报厂调度室和车间值班干部 3. 大声呼叫事发周围人员远离事发地	取样监护人 外操
应急程序启动	1. 车间值班干部下达应急程序启动命令 2. 值班领导向车间负责人报告应急程序启动	车间值班干部
应急处置措施	1. 取样监护人立即佩戴空气呼吸器，将中毒人员拖离现场至空气新鲜处，进行人工呼吸等急救 2. 组织现场无关的人员（含施工人员）撤离 3. 中控室外操佩戴空气呼吸器到现场排除硫化氢泄漏	取样监护人、岗位外操
应急终止	1. 在外操排除硫化氢泄漏后，可下达应急终止指令 2. 向车间负责人报告应急终止	车间值班干部
注意	1. 进行高含硫化氢的天然气取样时必须一人操作、一人监护，同时中控室外操人员在场 2. 进入可能中毒区域戴空气呼吸器 3. 人员疏散应根据风向标指示，撤离至上风口的紧急集合点，并清点人数 4. 施工人员疏散时，应检查关闭现场火源，切断临时用电电源	

3.5 取样安全操作规程

（1）分析采样应严格执行操作规程，样品体积不应超过容器的80%。

（2）取样经过酸、碱、氨管线下面，如发现滴漏时，不得抬头仰望，不得在运行的设备上通行。

（3）在有压力的设备、容器、管道上取样时，应站在阀门的侧面和上风侧，应缓慢打开取样阀。

（4）取有毒、有腐蚀、有刺激的样品的岗位人员，采样前应了解采样装置有毒、有腐蚀、有刺激气体的分布地点及含量，采样时应佩带相应的防护用具。岗位更换时，岗位人员应把本岗位有毒、有腐蚀、有刺激气体的采样点状况、毒物的浓度及分析注意事项作认真交接。

（5）对含硫化氢样品取样，应采用密闭置换取样方式。分析取样必须两人，一人操作，一人监护。并用硫化氢报警仪对采样环境进行检测，一旦浓度超过标准 $10mg/m^3$ 时蜂鸣器报警，必须戴好防毒面具方可进入现场操作。

（6）取样置换仪器时，置换出来的有毒有害气体不得排放在室内。

（7）在危险性较大的现场或在大风、下雪天取样时，需有人监护。禁止进入未经处理的工艺设备管道容器内取样。

（8）通往采样点道路必须畅通，爬梯、平台、栏杆、登高设备必须完好，并符合安全要求。

（9）岗位人员采样发现采样设施不符合采样安全及分析要求，应停止取样并立即报告班长，班长接到报告后应马上联系采样设施管理单位维护处理；如果没有得到及时处理，影响后续采样安全或分析要求，要及时通报主管技术人员、安全技术人员或安全主管。

（10）发现采样口、采样设施、油罐等采样设备有安全问题或不具备采样条件时，及时与相关人员联系。采样区域挂有不准进入的安全警示牌时，不得擅自进入。

第 2 部分　气体分析

绪　　论

天然气分析岗主要承担着天然气净化厂天然气的室内分析工作。涉及的气体有从集气井站输送至天然气净化厂的原料天然气，净化装置中脱硫单元湿净化气，脱水单元净化产品气，硫黄回收单元酸性天然气、硫黄回收过程气，加氢尾气单元尾气、过程气及烟气，酸水汽提单元汽提气，外输商品天然气以及净化厂其他车间临时的气体样品。

普光气田的气质特殊，属高含硫化氢和二氧化碳。气体分析岗所分析的样品中，高含硫的天然气有原料天然气、硫黄回收酸性气。其中，原料天然气硫化氢含量为 15%～18%，二氧化碳为 8%～10%；硫黄回收酸性气硫化氢浓度高达 60%，二氧化碳含量高达 30%。针对天然气气质的特殊性，气体分析岗主要通过气相色谱仪对所涉及的气体进行组分分析，并根据国家标准要求，配备露点仪、微库仑总硫分析仪等仪器，完成各个样品的项目分析工作。

本部分教材简单介绍了气相色谱法的基本知识，涉及气相色谱仪的原理、操作和维护维修以及实验室分析方法的简要列举。

第4章

气相色谱法

色谱法是一种分离技术，这种分离技术应用于分析化学中，就是色谱分析。它的分离原理是使混合物中各组分在两相间进行分配，其中一相是不动的，称为固定相；另一相是携带混合物流过此固定相的流体，称为流动相。当流动相中所含混合物经过固定相时，就会与固定相发生作用。由于各组分在性质和结构上的差异，与固定相发生作用的大小、强弱也有差异，因此在同一推动力作用下，不同组分在固定相中的滞留时间有长有短，从而按先后的次序从固定相中流出。

色谱法有多种类型，从不同角度出发，有各种分类法。

按流动相的物态，色谱法可分为气相色谱法（流动相为气体）和液相色谱法（流动相为液体）；再按固定相的物态，又可分为气固色谱法（固定相为固体的吸附剂）、气液色谱法（固定相为涂在固体担体上或毛细管壁上的液体）、液固色谱法和液液色谱法等。

按固定相使用的形式，可分为柱色谱法（固定相装在色谱柱中）、纸色谱法（滤纸为固定相）和薄层色谱法（将吸附剂粉末制成薄层作固定相）等。

按分离过程的机制，可分为吸附色谱法（利用吸附剂表面对不同组分的物理吸附性能的差异进行分离）、分配色谱法（利用不同组分在两相中有不同的分配系数来进行分离）、离子交换色谱法（利用离子交换原理）和排阻色谱法（利用多孔性物质对不同大小的排阻作用）等。

由前述可知，气相色谱法是采用气体作为流动相的一种色谱法。在此法中，载气（是不与被测物作用，用来载送试样的惰性气体，如氢气、氮气等）载着欲分离的试样通过色谱柱中的固定相，使试样中的各组分分离，然后分别检测。

4.1　气相色谱仪系统介绍

典型的气相色谱仪具有稳定流量的载气，由载气将气化的样品带入色谱柱，在色谱柱中不同组分得到分离，并先后从色谱柱中流出，经过检测器和记录器，这些被分开的组分成为独立的色谱峰。色谱仪通常由下列 5 个部分组成，如图 4-1所示。

（1）气路系统：包括气源和流量的调节与测量元件等；

（2）进样系统：包括进样装置和汽化室两部分；

（3）分离系统：主要是色谱柱系统；

（4）检测、记录系统：包括检测器和记录器；

（5）辅助系统：包括温控系统和数据处理系统等。

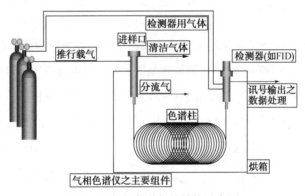

图 4-1　气相色谱仪的结构示意图

4.1.1　气路系统

气相色谱仪的流动相多用高压气瓶做气源，经减压阀把气瓶中 15 MPa 左右的压力减低到 0.2~0.5 MPa，通过净化器到稳压阀，保持气流压力稳定。程序升温用气相色谱仪，还要有稳流阀，以便在柱温升降时可保持气流稳定。压力表或流量计可指示载气的流量或流速。气化室是为液体或固体样品进行气化的装置。毛细管气相色谱仪与填充柱气相色谱仪不同之处是进样系统复杂，如在气化室中装分流/不分流系统，使用冷柱头进样系统。另外，在毛细管色谱柱末端进入检测器时，还要增加一个补充气的管线以保证检测器正常工作。

载气气路有单柱单气路和双柱双气路两种。前者比较简单，后者可以补偿因固定液流失、温度波动所造成的影响，因而基线比较稳定。单柱单气路一个柱子、一条气路，最简单、常用。也可以将两根装有不同固定相柱子串联起来，解决单柱不易解决的问题。双柱双气路是将载气分成两路，分别进入两个装填完全相同的柱子，再分别进入检测器的两臂或进入两个检测器，其中一路作为分析用，一路供补偿用，消除操作条件误差。

载气通常为氮气、氢气和氦气，由高压气瓶供给。由于载气流速的变化会引起保留值和检测灵敏度的变化，因此高压气瓶的载气要通过稳压阀、稳流阀或自动流量控制装置，确保流量恒定。并要经过装有活性炭或分子筛的净化器，除去载气中的水、氧等有害杂质。

4.1.2　进样系统

进样系统包括进样装置和汽化室。气体样品可以注射进样，也可以用定量阀进样。液体样品用微量注射器进样。固体样品则要溶解后用微量注射器进样。样品进入气化室后在一瞬间就被汽化，然后随载气进入色谱柱。根据分析样品的不同，汽化室温度可以在50~400℃范围内任意设定。为保证样品全部汽化，汽化室的温度要比柱温高10~50℃。进样量和进样速度会影响色谱柱效率。进样量过大造成色谱柱超负荷，进样速度慢会使色谱峰加宽，影响分离效果。因此要将样品快速、定量地加到柱头，气化室将样品瞬间气化后进入色谱柱分离。进样系统包括气化室，进样器两部分。气化室如图4-2所示，包括散热片、玻璃插入管、加热器、载气入口等。

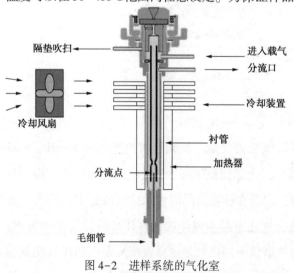

图 4-2　进样系统的气化室

4.1.3　分离系统

色谱柱是色谱仪的分离系统的核心部分。试样中各组分的分离在色谱柱中进行，色谱柱主要有填充柱和毛细管柱两类，现分别叙述如下。

1. 填充柱

填充柱由柱管和固定相组成，柱管材料为不锈钢或玻璃，内径为 2~6 mm，长为 0.5~10 m 的 U 形或螺旋形的管子。柱内装有固定相，固定相又分为固体固定相和液体固定相两种。

2. 毛细管柱

毛细管柱又叫空心柱，空心柱分涂壁空心柱、多孔层空心柱和涂载体空心柱。涂壁空心柱是将固定液均匀地涂在内径 0.1~0.5 mm 的毛细管内壁而成。毛细管的材料可以是不锈钢、玻璃或石英。这种色谱柱具有渗透性好、传质阻力小等特点，因此柱子可以做得很长（一般几十米，最长可到三百米）。和填充柱相比，其分离效率高，分析速度快，样品用量小。其缺点是样品负荷量小，因此经常需要采用分流技术。与填充柱的主要差别是柱前多一个分流/不分流进样器，柱后加一个尾吹气路。柱的制备方法也比较复杂；多孔层空心柱是在毛细管内壁适当沉积上一层多孔性物质，然后涂上固定液。这种柱容量比较大，渗透性好，故有稳定、高效、快速等优点。

4.1.4　色谱仪的检测系统

被检测组分经色谱柱分离后，是以气态分子与载气分子相混状态从柱后流出的，人的肉眼是看不见的。因此必须要有一个方法将混合气体中组分的真实浓度变成可测量的电信号，而且信号大小与组分的量要成正比。气相色谱检测器的作用就是将色谱柱分离后的各组分的浓度信号转变成电信号。检测器是用来连续监测经色谱柱分离后的流出物的组成和含量变化的装置。它利用溶质（被测物）的某一物理或化学性质与流动相有差异的原理，当溶质从色谱柱流出时，会导致流动相背景值发生变化，并将这种变化转变成可检测的信号，从而在色谱图上以色谱峰的形式记录下来。

气相色谱仪的检测系统主要由检测器、放大器和记录器等部件组成。气相色谱仪检测器的性能要求是通用性强或专用性好；响应范围宽，可用于常量和痕量分析；稳定性好，噪音低；死体积小，响应快；线性范围宽，便于定量；操作简便耐用。

4.2 气相色谱仪检测器

4.2.1 气相色谱检测器的分类

气相色谱检测器按其原理与检测特性可分为浓度型检测器、质量型检测器、通用型检测器、选择性检测器、破坏性检测器、非破坏性检测器等。详细介绍如下。

1. 浓度型检测器（concentration detector）

在一定浓度范围（线性范围）内，响应值 R（检测信号）大小与流动相中被测组分浓度成正比（$R \propto C$）。浓度型检测器当进样量一定时，瞬间响应值（峰高）与流动相流速无关，而积分响应值（峰面积）与流动相流速成反比，峰面积与流动相流速的乘积为一常数。绝大部分检测器都是浓度型检测器，如热导池检测器（TCD）、电子捕获检测器（ECD）、液相色谱法中的紫外—可见光检测器（UVD）、电导检测器与荧光检测器也是浓度型检测器。凡非破坏性检测器均为浓度型检测器。

2. 质量型检测器（mass detector）

质量型检测器在一定浓度范围（线性范围）内，响应值 R（检测信号）大小与单位时间内通过检测器的溶质的量（被测溶质质量流速）成正比，即响应值 R 与单位时间内进入检测器中的某组分质量成正比 $R \propto dm/dt$。质量型检测器其峰高响应值与流动相流速成正比，而积分响应值（峰面积）与流速无关。这类检测器较少，常见的有氢火焰离子化检测器（FID）、火焰光度检测器（FPD）、氮磷检测器（NPD）、质量选择检测器（MSD）等。

3. 通用型检测器（common detector）

通用型检测器是对所有溶质或含有溶质的柱流出物都有响应的检测器。所谓通用也只是相对的，不可能存在一种对任何物质都有响应，且具有一定响应强度的检测器。最常见的通用型检测器有热导池检测器（TCD）、窗式光电离检测器（PID）、液相色谱中的示差折光检测器。通用型检测器容易受共存非被测组分的干扰。

4. 选择性检测器（selective detector）

选择性检测器只对某类溶质或含有该类溶质的柱流出物有响应，而对其他物质无响应或响应很小的检测器。常用的选择性检测器有 PND、ECD、FPD 等。还有液相色谱中的紫外—可见光检测器、电导检测器、荧光检测器、化学发光检测器、安培检测器和光散射检测器等。

5. 非破坏性检测器（non-destructive detector）

非破坏性检测器检测过程中不改变样品化学结构和存在形态的检测器。如热导池检测器（TCD），还有液相色谱中紫外-可见光检测器、红外检测器、电导检测器和示差折光检测器都不破坏样品。

4.2.2　热导池检测器（Thermal Coductivity Detector，简称 TCD）

TCD 是利用被测组分和载气的热导率不同而响应的浓度型检测器，是气相色谱中使用最广泛的通用型检测器，属物理常数检测方法。不论对有机物还是无机气体都有响应。

1. 四臂热导检测器的结构（图 4-4）

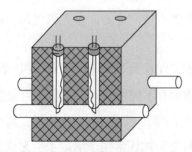
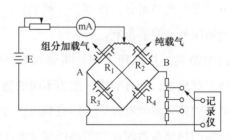

图 4-3　四臂热导检测器结构　　　　图 4-4　恒定桥电流的四臂热导电路图

2. 工作原理

热导检测器由热导池体和热敏元件组成。热敏元件是四根电阻值完全相同的金属丝（钨丝或白金丝），R_1、R_2、R_3、R_4 是阻值相等的热敏电阻作为四个臂接入惠斯顿电桥中，由恒定的电流加热。

如果热导池只有载气通过，载气从两个热敏元件带走的热量相同，四个热敏元件的温度变化是相同的，其电阻值变化也相同，电桥处于平衡状态。如果样品混在载气中通过测量池，由于样品气和载气的热导系数不同，两边带走的热量不相等，热敏元件的温度和阻值也就不同，从而使得电桥失去平衡，记录器上就有信号产生。

也就是说当参比池与测量池都只有一定流量的纯载气通过时，电桥平衡（$R_1R_4 = R_2R_3$），无信号输出（0mV，走基线）。当样品组分加载气通过测量池时，此时参比池还是由纯载气通过，由于组分与载气的导热系数不同，使热敏元件的电阻值和温度发生变化，电桥失去平衡（$R_1R_4 \neq R_2R_3$），图 4-4 的 AB 两端产生电位差，有信号输出，且信号与组分浓度成正比。

3. 性能特征

热导检测器结构简单、价廉、稳定性好，定量准确，操作维护简单。对有机物和无机气体都能进行分析，其缺点是灵敏度低。载气流量和热丝温度对灵敏度也有较大的影响。

1）属浓度型检测器

进样量一定时，峰面积 A 正比于 $1/Fd$，所以用 A 定量时要保持流速恒定。

2）属通用型检测器

可测多种类型组分，特别是可测 FID 所不能直接测定的许多无机气体，而且比其他通用型检测器价廉。

由 TCD 的工作原理可知，除载气本身外，TCD 对所有物质，无论是单质、无机物和有机物，均有响应。因为不同的物质均有不同的热导系数，只要被测组分与载气的热导系数有差异，即有响应。特别是用 H_2（或 He）作载气，其他各类化合物的热导系数均比它们小得多，极易响应。TCD 常用于测定水、无机化合物、永久性气体。

实验证明，不同色谱工作者测得的 TCD 相对响应值基本一致，相对响应值与所用 TCD 型号、结构、操作条件（桥流、温度、载气流速、样品浓度）等无关，可以通用，TCD 相对响应值可从文献中查到。

3）属非破坏型检测器

可用于样品收集或与其他仪器联用。

4. 检测条件的选择

1）载气种类、纯度、流速

（1）载气种类

载气和组分的热导系数差越大，在检测器两臂中产生的温差和电阻差也就越大，检测灵敏度也越高。一些物质的热导系数见表 4-1。

表 4-1　不同物质具有不同的导热系数

气体或蒸气	$\lambda/10^{-4}$ J · $(cm \cdot ℃)^{-1}$		气体或蒸气	$\lambda/10^{-4}$ J · $(cm \cdot ℃)^{-1}$	
	0℃	100℃		0℃	100℃
空气	2.17	3.14	正己烷	1.26	2.09
氢	17.41	22.4	环己烷		1.80
氦	14.57	17.41	乙烯	1.76	3.10
氧	2.47	3.18	乙炔	1.88	2.85
氮	2.43	3.14	苯	0.92	1.84
二氧化碳	1.47	2.22	甲醇	1.42	2.30
氩	2.18	3.26	乙醇		2.22
甲烷	3.01	4.56	丙酮	1.01	1.76
乙烷	1.80	3.06	乙醚	1.30	
丙烷	1.51	2.64	乙酸乙酯	0.67	1.72
正丁烷	1.34	2.34	四氯化碳		0.92
异丁烷	1.38	2.43	氯仿	0.67	1.05

TCD 常用 H_2、He 作载气，因为 H_2、He 的热导系数远远大于其他化合物。灵敏度高，峰形正常、响应因子稳定、线性范围宽、易于定量。氢的热导系数最大，传热好，通过的桥路电流也可适当加大，灵敏度进一步提高。氦气也具有较大的热导系数、安全，但价格较高。N_2 与 Ar 作载气，灵敏度低，易出 W 峰，响

应因子受温度影响、线性范围窄、一般只在分析 H_2、He 时用。

（2）载气纯度

载气纯度影响 TCD 灵敏度。纯度低将产生较大噪声，降低检测限。

载气纯度对峰形也有影响，用 TCD 做高纯气体中的杂质检测时，载气纯度应比被测气体高十倍以上，否则将出倒峰。

（3）载气流速

TCD 为浓度型检测器，对载气流速的波动很敏感，TCD 的峰面积响应值反比于载气流速。因此，在检测过程中，载气流速必须保持恒定，在柱分离条件许可时，以低载气流速为妥。对微型 TCD 而言，为有效消除峰形扩展，同时又保持高的灵敏度，通常载气加尾吹气的总流速在 $5\sim20mL/min$。

2）桥电流

桥路电流 I 对灵敏度影响最大。I 增大，热丝的温度增大，热丝与池体之间的温差增大，有利于热传导，检测器灵敏度也提高。检测器的响应值 E 与桥电流 I 的三次方成正比，所以用增大桥路电流提高灵敏度是最通用的办法。但桥电流的提高受到噪声和使用寿命的限制。如果桥电流太大，噪声急剧增大，结果是信噪比下降。另外，桥电流越高，热丝越易被氧化，使 TCD 寿命缩短。过高的桥电流有可能烧断热丝。所以，在满足分析灵敏度的前提下，采用低的桥电流为好，这样可减小噪声、延长热丝使用寿命、增加稳定性。

3）检测器池体温度

不同温度允许的桥电流值是不同的。温度高时桥电流不能太高，因为可能烧坏钨丝。

TCD 灵敏度与钨丝和池体温度差成正比。

4）几何因素

由几何结构决定。一般热导池的死体积越大，且灵敏度较低，为提高灵敏度并能在毛细管柱气相色谱仪上配用，应使用具有微型池体（$2.5\mu L$）的热导池。

5. TCD 使用注意事项

1）确保毛细柱插入 TCD 深度合适

毛细管柱端必须在样品池的入口处，若毛细管柱插入池体内，则灵敏度下降，峰形差，若毛细管柱离池入口处太远，峰变宽和拖尾，灵敏度亦低。装柱应按气相色谱仪说明书的要求操作（图 4-5）。如果说明书未明确装柱要求，即以得到最大的灵敏度和最好的峰形为最佳位置。

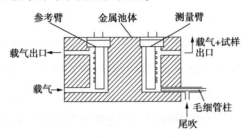

图 4-5　毛细柱插入热导池腔深度示意图

2）避免热丝温度过高被烧断

任何热丝都有一最高承受温度，高于此温度则烧断。热丝温度的高低是由载气种类、桥电流、池体温度决定的。如载气热导率小、桥电流和池体温度高，则热丝温度就高，反之亦然。图 4-6 所示，按此图调节桥电流，就能保证热丝温度不会太高。

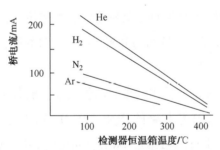

图 4-6　TCD 的最高桥电流曲线

一般，N_2 作载气时，桥电流 100~150mA；H_2 作载气时，桥电流 150~250mA。

图 4-6 中所推荐的桥电流值，是指无氧存在时。如果载气中含氧时，热丝会氧化而烧断、或使热丝寿命缩短，所以载气必须除氧，而且要用不锈钢输送管。不要使用聚四氟乙烯作载气输送管，因为聚四氟乙烯管会渗透氧气。

3）通桥电流前，务必要先通载气

为确保热丝不被烧断，在 TCD 通桥电流前，务必要先通载气，检查整个气路的气密性是否完好，调节 TCD 出口处的流速，稳定 10~15min 后，才能通桥电流。分析过程中，若需要更换色谱柱、进样垫或钢瓶，务必要先关桥电流，再更换。关机时也一定要先关电源（关桥电流），后关载气（否则检测器热丝会烧断）。

4）确保载气净化系统正常

载气和尾吹气应加净化装置，以除去氧气。载气净化系统使用一定时间后，因吸附饱和而失效，应立即更换，以确保载气正常净化。如不及时更换，载气净化系统就成了温度诱导漂移的根源。当室温下降时，净化器不再饱和，又开始吸附杂质，基线向下漂移；当室温升高，净化器处于气固平衡状态，向气相中解吸杂质增多，基线向上漂移。

5）TCD温度必须高于柱温

否则组分会在池体内冷凝。

4.2.3　氢火焰离子化检测器（Flame Ionization Detector，FID）

FID是利用氢火焰作电离源，使有机物电离，而产生微电流的检测器，是破坏性的、质量型检测器。FID特点是灵敏度高，响应迅速，线性范围宽，适合于能在火焰中电离的绝大部分有机物的分析。特别是对烃类，其响应与碳原子数成正比。

FID是目前应用最多最广的比较理想的检测器。能分析在火焰中离子化的有机物，不能分析在火焰中不电离的物质，如 H_2O、O_2、N_2、CO、CO_2、COS、SO_2 等无机物。也可利用 NH_3、H_2O、$SiCl_4$、$SiHCl_3$、SiF、CS_2 等不生成或很少生成离子流这一特点，很好的测定这些物质中能电离的杂质组分。也可用 N_2 作载气，把空气改为纯氧，增大高纯氢的流量，使 CO、CO_2、SO_2 和 H_2S 等硫化物、NO 等氮的氧化物产生很强的信号进行测定。

FID性能可靠，结构简单，操作方便。它的死体积几乎为零，可与毛细管柱直接相连，结合程序升温方法，分析复杂的宽沸程有机化合物。

FID的缺点是需要三种气源及其流速控制系统。

1. 氢火焰离子化检测器结构

氢火焰离子化检测器它的主要部件是一个用不锈钢制成的外壳离子室。离子室由收集极（+）、极化极（−）（发射极）、气体入口及火焰喷嘴组成（图4-7）。

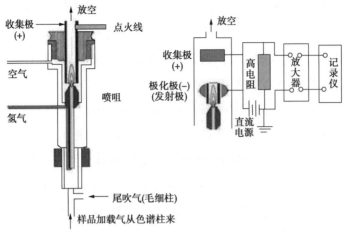

图 4-7　氢火焰离子化检测器的结构与电路图

FID 的性能决定于电率效率和收集效率，电率效率主要与氮氢比有关，收集效率与 FID 的结构（如喷嘴内径、收集极、极化极的形状和位置、极化电压等）以及样品浓度有关。

2. 工作原理

H_2 由喷嘴加入，通入空气助燃，H_2 与空气混合点火燃烧，形成氢火焰。极化极和收集极通过高阻、基流补偿和 50～350V 的直流电源组成检测电路，测量氢火焰中所产生的微电流，该检测电路在收集极和极化极间形成一高压静电场。H_2 与 O_2 燃烧能产生 2100℃ 高温，使被测有机组分电离。载气（N_2）本身不会被电离，只有载气中的有机杂质和流失的固定液会在氢火焰中被电离成正、负离子和电子。在电场作用下，正离子移向收集极（正极）。负离子和电子移向极化极（负极）。形成的微电流经高电阻，在其两端产生电压降，经微电流放大器放大后从输出衰减器中取出信号，在记录仪中记录下来即为基流，或称背景电流、本底电流。只要载气流速、柱温等条件不变，基流亦不变。如载气纯度高，流速小，柱温低或固定相耐热度性好，基流就低，反之就高。基流越小就越容易测到信号电流的微小变化。通常通过调节"基流补偿"使输入电阻的基流降至零。一般进样前均要使用"基流补偿"，将记录仪上的基线调至零。无样品时两极间离子很少，当载气加组分进入火焰时，在氢火焰作用下电离生成许多正、负离子和电子，使电路中形成的微电流显著增大。此即组分的信号，离子流经高阻放大、记录，即得色谱峰。

有机物 C_nH_m 在氢气中燃烧，被裂解产生含碳的自由基·CH，生成的自由基与火焰外面扩散的激发态氧反应。

$$CH + O^* \longrightarrow 2CHO^+ + e + \Delta H \tag{4-1}$$

形成的 CHO^+ 与氢气燃烧产生的水蒸气相碰撞，生成 H_3O

$$CHO^+ + H_2O \longrightarrow H_3O^+ + CO \tag{4-2}$$

在外电场作用下，CHO^+ 和 H_3O^+ 等正离子向负极移动，而被正极吸收，形成微电流。所产生的离子数与单位时间内进入火焰的碳原子质量有关，因此，氢焰检测器是一种质量型检测器。这种检测器对绝大多数有机物都有响应，其灵敏度比热导检测器要高几个数量级，可用于痕量有机物分析。其缺点是不能检测惰性气体、空气、水、CO、CO_2、NO、SO_2 及 H_2S 等。

3. 检测条件的选择

FID 检测器可供色谱工作者选择的参数有：毛细柱插入 FID 喷嘴深度；载气种类；载气、氢气、空气的流速；温度等。

1）毛细柱插入喷嘴深度

毛细柱插入喷嘴深度对改善峰形十分重要。通常是插入至喷嘴口平面下 1～3mm 处。若太少，组分与金属喷嘴表面接触，产生催化吸附，峰形拖尾。若插入太深，会产生很大噪声，灵敏度下降。

2）气体种类、流速和纯度

（1）载气、尾吹气种类和流速

载气不但将组分带入 FID 检测器，同时又是氢火焰的稀释剂。N_2、Ar、He、H_2 等均可作 FID 的载气。N_2、Ar 作载气，灵敏度高、线性范围宽。由于 N_2 价廉易得、响应值大，故 N_2 是一种常用的载气。

载气流速根据色谱柱分离要求调节，因为 FID 是典型的质量型检测器，峰高与载气流速成正比，而且在一定的流速范围内，峰面积不变。因此作峰高定量，又希望降低检测限时，可适当加大载气流速。当然为了提高定量准确性时，用峰面积定量比用峰高定量好。从线性范围考虑，流速低一点好。

加尾吹气的目的是为了不使柱后的峰变宽。尽管 FID 的死体积几乎为零，但在接毛细柱时通常在柱后要加尾吹气。用 N_2、Ar 作尾吹气，灵敏度高、线性范围宽。尾吹气流速视 FID 结构而定。

（2）氢气、空气的流速

① 氮、氢比。

氢气是保证氢火焰燃烧的气体，也为氢解反应和非甲烷烃类还原成甲烷提供氢原子。实验表明，氮气稀释氢焰的灵敏度高于纯氢焰。氮、氢比影响 FID 的灵敏度和线性范围。如果在痕量分析时，氮、氢比调至响应值最大处为佳。如果在常量分析，又要求准确定量时，可增大氢气流速，使氮、氢比下降至 0.43 ~ 0.72 范围内，用灵敏度的减小来换取线性范围的改善和提高。组分含量较高时，不需追求灵敏度，而要求准确度。

而当氮气流速相对固定时，随着氢气流量的增大，响应值也逐渐增大，增至一定值后又逐渐降低；当氮气流速不同时，最佳的氢气流速也不同，即氮气、氢气流速有一个最佳的比值。当氮气、氢气流速比相对最佳值时，不但响应值大，而且流速有微小变化时对信号的影响最小。一般氮气、氢气流速最佳比为（1 ~ 1.5）：1。

② 空气的流速。

空气作为助燃气体，并为离子化过程提供氧气，同时起着清扫离子室的作用。空气的流速也影响灵敏度。随着空气流量的增加，灵敏度也相对渐趋稳定，空气与氢气的比约为（10 ~ 20）：1；一般情况下为 300 ~ 500mL/min 比较合适。一般在选定氢气和氮气流速之后，逐渐增大空气流速到基流不再增大，再过量 50 mL/min 就足够了。

3）三种气体比例的选择

FID 是气相分析中常用的检测器，几乎所有能气化的有机物在 FID 上都有响应，正确控制好载气、H_2、空气的流速是顺利完成分析工作的必要条件。要使各种组分很好分离和有较高的响应值，三种气体的流速调节很重要。

FID 可用载气有 N_2、Ar、He、H_2 等，氮气的流速会影响灵敏度和分离度。

较高的流速虽然能提高灵敏度，但是某种程度上使分离度变差，较低的流速虽然能使组分得到完全的分离，但会使灵敏度变低，所以在实际分析工作中要根据色谱柱的分离效率调整载气到合适的流量。保证在有较高灵敏度的基础上，又能使组分得到良好分离。流速比例调得好则灵敏度大，各种气体流速和配比的选择，一般比较合适的范围为氢：载气：空气 = 1：（1~1.5）：（10~15）。

4）气体纯度

作常量分析时，载气、氢气和空气纯度在99.9%以上即可，但在作痕量分析时，则要求三种气体纯度相对提高，一般要求在99.999%以上，空气中的总烃就小于$0.1\mu L/L$。气源中的杂质会产生噪声、基线漂移、假峰、柱流失和缩短柱寿命。

5）温度

FID 为质量型检测器，对温度变化不敏感，但柱温变化影响基线漂移，检测器温度变化影响 FID 灵敏度和噪声，但汽化室温度变化对 FID 无直接影响。由于 FID 中氢燃烧产生大量的水蒸气，若检测器温度太低，水蒸气不能从检测器中排出，会冷凝成水，使灵敏度下降，噪声增加。

4. FID 使用注意事项

1）注意安全

FID 是用氢气和空气燃烧所产生的火焰使被测物质离子化的，故应注意安全问题。在未接色谱柱时，不要打开氢气阀门，以免氢气进入柱箱。测定流量时，一定不能让氢气和空气混合，即测氢气时，要关闭空气，反之亦然。无论什么原因导致火焰熄灭时，应尽快关闭氢气阀门，直到排除了故障，重新点火时，再打开氢气阀门。高档仪器有自动检测和保护功能，火焰熄灭时可自动关闭氢气。防止烫伤，因为 FID 外壳温度很高。

2）保持 FID 正常性能

（1）正常点火。点火时，FID 检测器温度务必在120℃以上，一般是在250~300℃下操作。点火困难时，适当增大氢气流速，减小空气流速，点着后再调回原来的比例。检测器要高于柱温20~50℃，防水冷凝。

（2）定期清洗喷嘴。一旦检测器被污染，轻则灵敏度下降或噪声增大，重则点不着火。消除污染的办法是清洗，主要是清洗喷嘴表面和气路管道。具体办法是拆下喷嘴，依次用不同的溶剂（丙酮、氯仿和乙醇）浸泡，并在超声波水浴中超声 10 min 以上。还可用细不锈钢丝穿过喷嘴中间的孔，或用酒精灯烧掉喷嘴内的油状物，以达到彻底清洗的目的。有时使用时间长了，喷嘴表面会积碳（一层黑色的沉积物），这会影响灵敏度。可用细砂纸轻轻打磨表面除去。清洗之后将喷嘴烘干，再装在检测器是进行测定。

（3）FID 的灵敏度与氢气、空气和氮气的比例有直接的关系，因此要注意优化。一般三者的比例接近或等于 1∶10∶1，如氢气 30～40mL/min，空气 300～400mL/min，氮气 30～40mL/min。另外，有些仪器设计有不同的喷嘴分别用于填充柱和毛细柱，使用时要查看说明书。

4.2.4　电子捕获检测器（ECD）

电子捕获检测器是一种选择性很强的检测器，它只对合有电负性元素的组分产生响应，检测下限 10^{-14} g /mL。因此，这种检测器适于分析合有卤素、硫、磷、氮、氧等元素的物质。在电子捕获检测器内一端有一个多放射源作为负极，另一端有一正极，两极间加适当电压。当载气（N_2）进入检测器时，受多射线的辐照发生电离，生成的正离子和电子分别向负极和正极移动，形成恒定的基流。合有电负性元素的样品 AB 进入检测器后，就会捕获电子而生成稳定的负离子，生成的负离子又与载气正离子复合。结果导致基流下降。因此，样品经过检测器，会产生一系列的倒峰。电子捕获检测器是常用的检测器之一，其灵敏度高，选择性好。主要缺点是线性范围较窄。ECD 的应用面尽次于 TCD 和 FID，较多应用于农副产品、食品及环境中农药残留量的测定。

1. 电子捕获检测器结构

ECD 系统由 ECD 池和检测电路组成，它与 FID 系统相比，仅两部分不同：电离室和电源 E（图 4-8）。

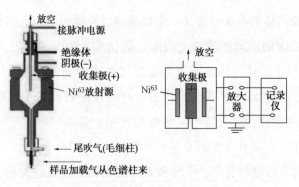

图 4-8　电子捕获检测器的结构与电路图

2. 工作原理

ECD 是放射性离子化检测器的一种，它是利用放射性同位素，在衰变过程中放射的具有一定能量的 β 粒子作为电离源，当只有纯载气分子通过离子源时，在 β 粒子的轰击下，电离成正离子和自由电子，在所施电场的作用下离子和电子都将做定向移动，因为电子移动的速度比正离子快得多，所以正离子和电子的复合机率很小，只要条件一定就形成了一定的离子流（基流），当载气带有微量的电负性组分进入离子室时，亲电子的组分，大量捕获电子形成负离子或带电负分子。因为负离子（分子）的移动速度和正离子差不多，正负离子的复合机率比正离子和电子的复合几率高 $10^5 \sim 10^8$ 倍，因而基流明显下降，这样就仪器就输出了一个负极性的电信号，因此和 FID 相反，通过 ECD 被测组分输出，在数据处理上出负峰。

电负性物质在离子室中，捕获电子被离解的类型有四种以上。但实践表明，主要电离形式是离解和非离解型两种。在离解反应中，当一个多原子分子 AB 进入离子室时，样品的分子 AB 与一个电子反应，离解成一个游离基和一个负离子，例如：脂肪烃的 Cl、Br、I 化合物就属离解型；在非离解式反应中，样品 AB 与一个电子反应，生成一个带负电的分子，如芳烃和多芳烃的羟基、F、CH_3-、$-OCH_3$ 等的衍生物就属于非离解类型；离解型在大多数情况下都要吸收一定的能量，电子吸收截面将随温度而增加，因此，离解型在温度较高时，有利于提高灵敏度。而非离解型则释放出能量，电子吸收截面将随检测器的温度升高而减小。因此较低的温度有利于提高灵敏度。

（1）Ni^{63}放射源放射出 β 粒子与载气 N_2 碰撞产生电子，这些电子在电场作用下向收集极移动，形成恒定的基流。

$$N_2+\beta_{粒子}\longrightarrow N_2^{+}+e \tag{4-3}$$

（2）电负性组分分子捕获这些低能量的电子，使基流降低，产生倒色谱峰讯号。

$$AB+e\longrightarrow AB^{-} \tag{4-4}$$

（3）复合

$$AB^{-}+N_2^{+}\longrightarrow AB+N_2 \tag{4-5}$$

由于以上过程使基流下降，下降的程度与组分的浓度成正比，因此，在记录仪上产生倒峰。

3. 检测条件的选择

1）载气种类、纯度和流速

载气选择通常用 N_2 作载气，纯度必须是 99.999% 以上，低纯度的载气会使灵敏度和线性度变差。稀有气体如 He 或 Ar 作载气比 N_2 能得到更好的特性，但必须加入 5%~10% 的 CH_4（其浓度不要求）。载气流速和激流的关系是：当载气流速增加时，基流也随之增加；当增大到一定流速后，基流基本保持不变；但当基流保持常数时，所对应的流速不是常数，它和 ECD 结构、检测器温度、极化电压等操作参数有关。

2）色谱柱和柱温

由于 ECD 是选择性检测器，它对极性固定液要比非极性固定液敏感，选择固定液应尽可能选非极性固定液。固定液重量百分比最好低于 5%。为减轻固定液流失或分解产物的影响，它要求柱温的控温精度应优于 ±0.1 ℃。另外，通常固定相的最高使用温度比常规检测器低 50~100℃。

3）检测器温度和稳定性

随着检测器温度的升高，载气的密度将减小，正常情况下，从室温升至 300℃，基流下降 20% 左右，ECD 检测器的响应明显受检测器温度的影响。因此，检测器温度波动应优于 ±0.1 ℃，避免温度对基流的影响。另外，在比较同一化合物的响应值或最小检测量时，注意温度应相同，并要标明温度。

4. ECD 使用注意事项

ECD 在常用的检测器中是最难操作的检测器，它的性能几乎和所有操作参数都有一定的关系，而且关系非常复杂，各参数之间互有影响。在操作 ECD 之前，了解一下注意事项是必不可少的。

1）ECD 排气

Ni^{63} 本身是高熔点金属，在 400℃ 以下不含有金属蒸汽，不需要把尾气排出室外。ECD 为非破坏型检测器，而检测的绝大部分样品是对人体有害的，为防止室内污染，通过通风柜把排出气通到室外。

2）载气的纯度

为保证 ECD 的灵敏度、线性、防止系统污染，最好选用 99.9995% 以上浓度的 N_2 作载气。

3）气路检测系统的漏气

O_2 和 H_2O 都具有亲电子的性质，为防止 O_2 和 H_2O 渗透入 ECD 系统，ECD 的气路系统的试漏要求在常用检测器中是最严的，要避免漏气情况的发生。

4）停机不停气

如果第二天继续操作 ECD，最好不停气。这里的不停气不是指不停载气，因为载气在低温时也可把气路、汽化室、色谱柱中的污染带入 ECD 池。因此应关死载气，只用补充气吹洗 ECD，流量在 5~10mL/min 即可。

4.2.5 火焰光度检测器（FPD）

FPD 是光度法检测器，属光度法中的分子发射检测器。FPD 是一种高灵敏度和高选择性检测器，是质量型检测器。主要用于含硫，磷化合物，特别是硫化物的痕量检测，所以也叫硫磷检测器。

当含磷、硫的化合物，在富氢火焰中燃烧时，在适当的条件下，将发射一系列的特征光谱。其中，硫化物发射光谱波长范围约在 300~450nm 之间，最大波长约在 394nm 左右；磷化合物发射光谱波长范围约在 480~575nm 之间，最大波长约在 526 nm 左右。含磷化合物，一般认为首先氧化燃烧生成磷的氧化物，然后被富氢焰中的氢还原成 HPO，这个被火焰高温激发的磷裂片将发射一定频率范围波长的光，其光强度正比于 HPO 的浓度，所以 FPD 测磷化合物响应为线性。含硫的化合物在富氢火焰中燃烧，在适当温度下生成激发态的 S_2^* 分子，当回到基态时，也发射某一波段的特征光。它和含磷的化合物工作机理的不同是：必须由两个硫原子，并且在适当的温度条件下，方能生成具有发射特征光的激发态 S_2^* 分子，所以发射光强度正比于 S_2^* 分子，而 S_2^* 分子与 SO_2 的浓度的平方成正比，故 FPD 测硫时，响应为非线性，但在实际上，硫发射光谱强度（IS_2^*）与含硫化物的质量、流速之间的关系为 $IS_2=I_0 [SO_2] n$，式中：n 不一定恰好等于 2，它和操作条件以及化合物的种类有很大的关系，特别是在单火焰定量操作时，若以 $n=2$ 计算将会造成很大的定量误差。

1. 火焰光度检测器结构

火焰光度检测器主要由火焰喷嘴、滤光片、光电倍增管三部分组成（图 4-9）。

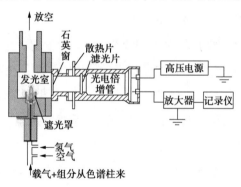

图 4-9　火焰光度检测器的结构与电路图

FPD 性能特征是：高灵敏度和高选择性；对磷的响应为线性；对硫的响应为非线性。用于测含 S、P 化合物，信号约比 C-H 化合物大 10^4 倍。用 P 滤光片时，P 的响应值/S 的响应值>20；用 S 滤光片时，S 的响应值/P 的响应值>10。

2. 工作原理

当含有硫（或磷）的试样进入氢火焰离子室，在富氢-空气火焰中燃烧时，有下述反应：

$$RS+空气+O_2 \longrightarrow SO_2+CO_2 \tag{4-6}$$

$$2SO_2+8H^+ \longrightarrow 2S+4H_2O \tag{4-7}$$

有机硫化物首先被氧化成 SO_2，然后被 H_2 还原成 S 原子，S 原子在适当的温度下生成激发态的 S_2^* 分子，当其跃迁回基态时，发射出 $350\sim430nm$ 的特征分子光谱

$$S+S \longrightarrow S_2^* \tag{4-8}$$

$$S_2^* \longrightarrow S_2+h\nu \tag{4-9}$$

由色谱柱分离的各组分（含 S，P 化合物）在富氢火焰中燃烧产生激发态 S_2^* 或发光 HPO^* 同时发射出不同波长的特征光谱（硫特征波长 394 nm，磷 526 nm），发出特征波长的光谱线分别使用不同的滤光片，此光谱经干涉滤光片选择，将特定波长光输入光电倍增管产生光电流，放大后记录。

3. FPD 使用注意事项

使用 FPD 除注意光电倍增管的保护和调节、线性化装置的正确使用，以及保持 FPD 的良好性能外，还要注意安全。

1) 光电倍增管（PMT）的保护和调节

（1）保护：PMT 通电后，切勿见强光。使用中注意，在通电后切勿卸下 FPD 帽观察火焰颜色或点火。如卸帽或点火，均应在高压电源关闭时进行。

（2）调节：PMT 信噪比和工作电压间的关系是：加至 PMT 上电压太低，信噪比小；随着电压的升高，信噪比增大；当电压升至一定值后，信噪比最大。两只相同型号的管子，在相同的电压下，其暗电流和电流放大倍数未必相等。同样，一只管子随使用时间的增加，电流放大倍数也逐渐下降。因此，为了保持 FPD 灵敏度不变，应定期调整 PMT 的工作电压。换新 PMT 后，应先稳定数小时，然后重调最佳电压值。

2) 保持 FPD 的正常性能

（1）FPD 点火。检测器温度必须加热到 120 ℃以上，在富氢焰时点火困难，可适当增大空气流速或降低氢流速，至接近 FID 富氧焰的 O_2/H_2 比，即可点燃。点燃后稍稳定几分钟，再将富氧焰变至富氢焰的 O_2/H_2 比即可。

（2）噪声。通常 FPD 的噪声在 $5\times10^{-12}\sim5\times10^{-10}$ A，如果过大应寻找原因排除之。FPD 的噪声主要来自两方面：一是 PMT；二是火焰。灭掉火焰若噪声仍较大，示为前者；反之为后者。

（3）载气的选择。N_2 作为载气，在低流速时，响应值随流速增加而增大，达到 20mL/min 后，流速增加，响应值下降。在 N_2 作为载气时，FPD 对硫的响应值随流速的增加而减小。所以，硫检测不宜用 N_2 作载气，用 He、H_2 均可，最好用 H_2。He 在一定范围内，随流速增加，响应值增大，至很高流速时，才逐渐降低。H_2 作为载气，相当大范围内，响应值随流速增加而增大，最适于做 FPD 载气。

第5章

气相色谱仪的使用及维护维修

5.1 气相色谱仪使用操作通则

（1）检查气源状况，确保气量充足后，打开仪器各供气源开关，调节减压阀后气体压力。

（2）打开仪器电源开关，观察仪器是否能够通过自检，若没有通过自检，及时与相关人员联系。

（3）在仪器通过自检后，登录仪器。按照仪器参数表，通过仪器面板，给仪器手动设置各种参数。

（4）按色谱仪工作站图标，进入仪器主界面。按"A"进样器，进入载气流量设定界面。依次按"程控"、"初始值"，用"键盘"输入数字，按"ENTER"键确认，设定载气流量；使用同样的方法设定 B 路载气流量。载气流量的设定根据仪器配置的色谱柱和分离的组分的需要适当调整。设置进样口温度；如色谱仪未配置进样口，则不用设置进样口温度。

（5）按"柱箱（OVEN）"，进入柱箱温度设定界面，设定初温、初温保持时间。如为程序升温设置，还要继续输入升温速率、一阶程序升温的终温、一阶程序升温终温的保留时间；二阶程序升温速率、二阶程序升温的终温、二阶程序升温终温的保留时间；三阶升温速率、三阶程序升温的终温、三阶程序升温终温的保留时间等。

（6）按"检测器 A"，进入检测器 A 设定界面。对 TCD 检测器应将检测器温度设定，依次按"工具"、"配置"、设定参考气流量；对 FID 检测器应将检测器温度设定，依次按"工具"、"配置"、设定氢气和空气流量；对 FPD 检测器应将检测器温度设定，依次按"工具"、"配置"、设定氢气和空气流量。

（7）按检测器设定量程和衰减，输入数值后按回车键确认。

（8）当检测室达到设定温度，检测室各气体流量达到设定值后，对于氢火焰检测器（FID），按下仪器检测器控制面板上右下方的点火图标进行点火；对于火焰光度检测器 FPD，使用专用的点火器点火。

（9）检查仪器和电脑连接是否正常，电脑接受仪器信号是否正常。

（10）需要关闭仪器，应先进入检测器界面，按"加热器关闭"，让检测器自然降温，同时将 FID 和 FPD 检测器熄火，即将氢气和空气的流量均设定为"0"；再进入柱箱界面，将柱箱温度设定为 30 ℃；最后进入进样器界面，按"加热器关闭"，让进样器自然降温。等待检测器的进样器温度降至室温附近，即可关闭电源，最后关闭各气源。

5.2　气相色谱分析仪的维护和常见故障的解决

气相色谱仪在化工企业的应用过程中，由于生产连续性的需要，通常都是 24 h 运行，很难有机会对仪器进行系统清洗、维护。一旦有合适的机会，就有必要根据仪器运行的实际情况，尽可能的对仪器的重点部件进行彻底的清洗和维护。在使用过程中，通过仪器出现的现象，判断仪器出现问题的系统，逐一进行尝试排除，直到解决故障。

5.2.1　气相色谱仪的清洗

气相色谱仪经常用于有机物的定量分析，在使用过程中极易被高分子有机物污染，或造成仪器部件堵塞。气相色谱仪在运行一段时间后，由于静电原因，仪器内部容易吸附较多的灰尘；电路板及电路板插口除吸附有积灰外，还经常和某些有机蒸汽吸附在一起；因为部分有机物的冷凝点较低，在进样口经常发现凝固的有机物，分流管线在使用一段时间后，内径变细，甚至被有机物堵塞；在使用过程中，TCD 检测器很有可能被有机物污染；FID 检测器长时间用于有机物分析，有机物在喷嘴或收集极位置部分积炭经常发生。

1. 仪器内部的吹扫、清洁

气相色谱仪停机后，打开仪器的侧面和后面面板，用仪表空气或氮气对仪器内部灰尘进行吹扫，对积尘较多或不容易吹扫的地方用软毛刷配合处理。吹扫完成后，对仪器内部存在有机污染物的地方用水或有机溶剂进行擦洗，对水溶性有机物可以先用水进行擦拭，对不能彻底清洁的地方可以再用有机溶剂进行处理，对非水溶性或可能与水发生化学反应的有机物用不与之发生反应的有机溶剂进行清洁，如甲苯、丙酮、四氯化碳等。注意，在擦拭仪器过程中不能对仪器表面或其他部件造成腐蚀或二次污染。

2. 电路板的维护和清洁

气相色谱仪准备检修前，切断仪器电源，首先用仪表空气或氮气对电路板和电路板插槽进行吹扫，吹扫时用软毛刷配合对电路板和插槽中灰尘较多的部分进行仔细清理。操作过程中尽量戴手套操作，防止静电或手上的汗渍等对电路板上的部分元件造成影响。

吹扫工作完成后，应仔细观察电路板的使用情况，看印刷电路板或电子元件是否有明显被腐蚀现象。对电路板上沾染有机物的电子元件和印刷电路用脱脂棉蘸取酒精小心擦拭，电路板接口和插槽部分也要进行擦拭。

3. 进样口的清洗

用于有机物和高分子化合物定量分析的气相色谱仪一般采用分流进样的毛细管色谱柱。在检修时，对气相色谱仪进样口的玻璃衬管、分流平板，进样口的分流管线等部件分别进行清洗是十分必要的。

1）玻璃衬管和分流平板的清洗

从仪器中小心取出玻璃衬管，用镊子或其他小工具小心移去衬管内的玻璃毛和其他杂质，移取过程不要划伤衬管表面。如果条件允许，可将初步清理过的玻璃衬管在有机溶剂中用超声波进行清洗，烘干后使用。也可以用丙酮、甲苯等有机溶剂直接清洗，清洗完成后经过干燥即可使用。

分流平板最为理想的清洗方法是在溶剂中超声波处理，烘干后使用。也可以选择合适的有机溶剂清洗，如从进样口取出分流平板后，首先采用甲苯等惰性溶剂清洗，再用甲醇等醇类溶剂进行清洗，烘干后使用。

2）分流管线的清洗

气相色谱仪用于有机物和高分子化合物的分析时，许多有机物的凝固点较低，样品从汽化室经过分流管线放空的过程中，部分有机物在分流管线凝固。气相色谱仪经过长时间的使用后，分流管线的内径逐渐变小，甚至完全被堵塞。分流管线被堵塞后，仪器进样口显示压力异常，峰形变差，分析结果异常。分流管线的清洗一般选择丙酮、甲苯等有机溶剂，对堵塞严重的分流管线有时用单纯清洗的方法很难清洗干净，需要采取一些其他辅助的机械方法来完成。可以选取粗细合适的钢丝对分流管线进行简单的疏通，然后再用丙酮、甲苯等有机溶剂进行清洗。

3）样口的清洗

由于进样等原因，进样口的外部随时可能会形成部分有机物凝结，可用脱脂棉蘸取丙酮、甲苯等有机物对进样口进行初步的擦拭，然后对擦不掉的有机物先用机械方法去除，注意在去除凝固有机物的过程中一定要小心操作，不要对仪器部件造成损伤。将凝固的有机物去除后，然后用有机溶剂对仪器部件进行仔细擦拭。

4. 检测器的清洗

（1）TCD 检测器在使用过程中可能会被柱流出的沉积物或样品中夹带的其他物质所污染。TCD 检测器一旦被污染，仪器的基线出现抖动、噪声增加，有必要对检测器进行清洗。TCD 检测器可以采用热清洗的方法，具体方法如下：关闭检测器，把柱子从检测器接头上拆下，把柱箱内检测器的接头用死堵堵死，将参考气的流量设置到 20~30mL/min，设置检测器温度为 250 ℃，热清洗 4~8 h，降温后即可使用。

（2）FID 检测器在使用中稳定性好，对使用要求相对较低，使用普遍，但在长时间使用过程中，容易出现检测器喷嘴和收集极积炭等问题，或有机物在喷嘴或收集极处沉积等情况。对 FID 积炭或有机物沉积等问题，可以先对检测器喷嘴和收集极用丙酮、甲苯、甲醇等有机溶剂进行清洗。当积炭较厚不能清洗干净的时候，可以对检测器积炭较厚的部分用细砂纸小心打磨。注意在打磨过程中不要对检测器造成损伤。初步打磨完成后，对污染部分进一步用软布进行擦拭，再用有机溶剂进行最后清洗，一般即可消除。

（3）ECD 检测器中有放射源，通常为 H^3 或 Ni^{63}，因此要特别小心。先拆开鉴定器中有放射源箔片，然后用 2：1：4 的硫酸、硝酸及水溶液洗鉴测器的金属及聚四氟乙烯部分。当清洗液已干净时，再用蒸馏水清洗，然后用丙酮洗，再置于 100 ℃左右的烘箱中烘干。对 H^3 源箔片，先用己烷或戊烷淋洗，绝不能用水洗。废液要用大量水稀释后弃去。对 Ni^{63} 源更应小心，绝不能与皮肤接触，只能用长镊子操作。先用乙酸乙酯加碳酸钠淋洗或用苯淋洗，再于沸水中浸泡 5 min，取出烘干，装入鉴定器中。装入仪器后通载气 30 min，再升至操作温度，几小时后备用。清洗剩下的废液要用大量水稀释后才能弃去。

（4）FPD 检测器与 FID 结构基本相似，故清洗方法参考 FID 的清洗。而 FPD 则应注重光窗的清洗，但注意不要将光电管暴露于强光下。

5.2.2　气相色谱仪常见故障问题的解决措施

1. 气路系统故障

气相色谱仪的气路系统是一个载气连续运行、管路密闭的系统。气路系统的气密性、载气流速的稳定性以及流量的准确性都会对气相色谱检测结果产生影响。气路系统故障主要表现为流量不能稳定地调节到预定值，分析其可能原因为：①气路系统有漏气或堵塞；②减压阀或稳压阀故障；③气源压力不足或波动；④流量控制阀件被污染或损坏。

处理方法：①在气路中按照气体走向顺序查到具体故障发生位置进行消漏或清堵；②更换减压阀或稳压阀；③调整气源压力至合适范围内，并有稳定的输出；④清洗阀件，必要时更换。

2. 检测器点不着火

故障产生原因：①检测器点火线圈断线；②气路中氢气、空气和载气的流量配比不当；③极化电压不稳；④喷嘴堵塞。

解决办法：①更换点火线圈；②重新调节氢气、空气和载气的流量配比；③提供稳定的电压源，并排除接线故障；④清理喷嘴。

3. 基线产生噪声

故障产生的原因：①H_2、空气与载气中有杂质污染；②气路中 H_2、空气和载气的流量配比不当；③电气单元接地不良，屏蔽不良；④喷嘴被玷污；⑤气路系统有漏气。

解决办法：①更换气源或再生氢气、空气过滤器；②重新调整氢气、空气和载气的流量；③检查地线是否接好，有无外来电场干扰；④清洗喷嘴；⑤排除漏气现象。

4. 温控系统故障

温控系统故障主要表现为色谱柱恒温箱不升温，其可能原因为：①仪器温控部件老化或本身质量就有问题；②使用温度比较高，时间一长就容易造成加热丝和铂电阻坏；③仪器使用的电压不稳，从而使温控部件工作不正常；④仪器被雷击，电路损坏，所以仪器接地要良好。

5. 出峰故障

前延峰故障原因：①样品在系统中冷凝；②样品在系统中冷凝；③载气流速太低；④进样口汽化温度太低；⑤两个峰同时出现；⑥进样量过大，造成色谱柱过载。

处理方法：①适当升高汽化室、色谱柱和检测器的温度；②重复进样，提高进样技术；③适当提高载气流速；④升高进样口的温度，以缩短汽化时间；⑤优化色谱条件，必要时更换色谱柱；⑥改小定量管。

拖尾峰故障原因：①色谱柱有固体碎屑；②柱子使用不当或柱性能下降，样品与载体发生相互作用；③柱温太低；④进样气管有污垢。

处理方法：①老化柱子；②重选色谱柱，改用极性较强的填料；③适当提高柱温；④清洗或更换进样气管。

平顶峰故障原因：①记录系统机械部分有故障；②超过记录仪测量范围；③进样量过大。

处理方法：①检修记录系统；②减少进样量。

第6章

天然气净化厂气体项目分析方法

6.1 天然气中有机硫含量的测定

6.1.1 范围

本方法适用于天然气净化厂进料天然气、净化天然气有机硫组分的测定。

6.1.2 方法概要

让样品气通过色谱柱使各组分得到分离，用 FPD 检测器检测并记录色谱图，用外标法计算各组分的含量。

6.1.3 试剂和材料

1. 载气
氢气，体积分数不低于 99.999%。

2. 标准气
分析需要的标准气可采用国家二级标准物质，或按 GB/T 5274 制备。

标准气的所有组分必须处于均匀的气态。对于摩尔分数不大于 5% 的组分，与样品相比，标准气中相应组分的摩尔分数应不大于 10%，也不低于样品中相应组分浓度的一半。对于摩尔分数大于 5% 的组分，标准气中相应组分的浓度，应不低于样品中组分浓度的一半，也不大于该组分浓度的两倍。

6.1.4 仪器

（1）PE-Clarus500 色谱仪。
（2）Clarus500 色谱工作站。

6.1.5　操作条件

柱箱温度：70℃，保持 15min；

FPD：300℃；

衰减：8；

载气：10mL/min；

H_2：78 mL/min；

空气：90mL/min。

6.1.6　分析步骤

（1）检查气源状况，确保气量充足后，打开仪器各供气源开关。

（2）打开仪器电源开关，观察仪器是否能够通过自检，若没有通过自检，及时与相关人员联系。

（3）在仪器通过自检后，登录仪器。按照仪器参数表，通过仪器面板，给仪器手动设置各种参数。

（4）按色谱仪图标，进入仪器主界面。按"A"进样器，进入载气流量设定界面。依次按"程控"、"初始值"，用"键盘"输入数字，按 ENTER 键确认，设定载气流量；使用同样的方法设定 B 路载气流量。载气流量的设定根据仪器配置的色谱柱和分离的组分的需要适当调整。

（5）按柱箱"（OVEN）"，进入柱箱温度设定界面，设定初温 70℃、初温保持 15min。

（6）按"检测器 A"，进入检测器 A 设定界面，对 FPD 检测器温度设定为 300℃，依次按"Tool（工具）"、"配置"、设定参考气。

（7）按检测器设定量程（RANGE）和衰减（ATTN），输入数值后按 ENTER 确认。

（8）当检测室达到设定温度，检测室各气体流量达到设定值后，对于火焰光度检测器 FPD，使用专用的点火器点火。可以用冷的玻璃片放在检测器出口处，如无水汽凝结，点火即未成功，应再次点火，至玻璃片上有水汽凝结即确信点火成功。

（9）检查仪器和电脑连接是否正常，电脑接受仪器信号是否正常。

（10）点击设置进入界面后选择正确的方法、序列、保存路径；填写合适的样品名称、构建小瓶序列，然后确定。等待仪器和工作站连接和准备就绪后，从进样口进样品，然后点击开始运行，分析并记录结果。

（11）如需要关闭仪器，应先进入检测器界面，按"加热器关闭"，让检测器自然降温，同时将 FPD 检测器熄火，即将氢气和空气的流量均设定为"0"；再进入柱箱界面，将柱箱温度设定为 30 ℃；等待检测器温度降至室温附近，即可关闭电源，最后关闭各气源。

6.1.7　计算

1. 外标法

测量每个组分的峰面积，将气样和标气中相应组分的响应换算到同一衰减，气样中组分的浓度按下式计算：

$$y_i = y_{Si} \left(A_i / A_{Si} \right) \tag{6-1}$$

式中　y_i——气样中 i 组分的浓度，mg/m^3；

y_{Si}——标气中 i 组分的浓度，mg/m^3；

A_i——气样中 i 组分的峰面积，mm^2；

A_{Si}——标气中 i 组分的峰面积，mm^2。

2. 数据取舍

每个组分浓度的有效数字应按量器的精度和标气的有效数字取舍。气样中任何组分浓度的有效数字位数，不应多于标气中相应组分浓度的有效数字位数。

6.1.8　标气含量（表6-1~表6-3）

表6-1　原料气中有机硫标气

组分名称	含量	组分名称	含量
H_2S	16%	乙硫醇	$1.5×10^{-6}$
COS	$300×10^{-6}$	N_2	底气
甲硫醇	$20×10^{-6}$		

表 6-2　水解天然气气中有机硫标气

组分名称	含量	组分名称	含量
H_2S	190×10^{-6}	乙硫醇	1.00×10^{-6}
COS	150×10^{-6}	N_2	底气
甲硫醇	36×10^{-6}		

表 6-3　净化天然气气中有机硫标气

组分名称	含量	组分名称	含量
H_2S	5×10^{-6}	乙硫醇	0.5×10^{-6}
COS	30×10^{-6}	N_2	底气
甲硫醇	8×10^{-6}		

6.2　原料天然气组分的测定

6.2.1　范围

本方法适用于天然气净化厂原料天然气组分的测定。

6.2.2　方法概要

让样品气通过色谱柱使各组分得到分离，用 TCD 检测器和 FPD 检测器检测并记录色谱图，用外标法计算各组分的含量。

6.2.3　试剂和材料

1. 载气

氢气，体积分数不低于 99.999%。

2. 标准气

分析需要的标准气可采用国家二级标准物质，或按 GB/T 5274 制备。

标准气的所有组分必须处于均匀的气态。对于摩尔分数不大于 5% 的组分，与样品相比，标准气中相应组分的摩尔分数应不大于10%，也不低于样品中相应组分浓度的一半。对于摩尔分数大于5%的组分，标准气中相应组分的浓度，应不低于样品中组分浓度的一半，也不大于该组分浓度的两倍。

6.2.4　仪器

（1）PE-Clarus500色谱仪。

（2）Clarus500色谱工作站。

6.2.5　操作条件

柱箱温度：60 ℃，保持8 min；

TCD：200 ℃；

FID：250 ℃；

衰减：8；

载气A：44 mL/min，载气B：42 mL/min，参考气：20 mL/min；

辅助气1：60 mL/min，辅助气2：20 mL/min。

6.2.6　分析步骤

（1）检查气源状况，确保气量充足后，打开仪器各供气源开关。

（2）打开仪器电源开关，观察仪器是否能够通过自检，若没有通过自检，及时与相关人员联系。

（3）在仪器通过自检后，登录仪器。按照仪器参数表，通过仪器面板，给仪器手动设置各种参数。

（4）按色谱仪右上角图标，进入仪器主界面。按"A"进样器，进入载气流量设定界面。依次按"程控"、"初始值"，用"键盘"输入数字，按ENTER键确认，设定载气流量；使用同样的方法设定B路载气流量。载气流量的设定根据仪器配置的色谱柱和分离的组分的需要适当调整。

（5）按柱箱"（OVEN）"，进入柱箱温度设定界面，设定初温60 ℃、初温保持8 min。

（6）按"检测器 A"，进入检测器 A 设定界面。对 TCD 检测器应将检测器温度设定为 200 ℃，对 FID 检测器应将检测器温度设定为 250 ℃，依次按"Tool（工具）"、"配置"、设定参考气为 20 mL/min。

（7）按检测器设定量程（RANGE）和衰减（ATTN），输入数值后按 ENTER 确认。

（8）当检测室达到设定温度，检测室各气体流量达到设定值后，对火焰光度检测器 FID 点火。可以用冷的玻璃片放在检测器出口处，如无水汽凝结，点火即未成功，应再次点火，至玻璃片上有水汽凝结即确信点火成功。

（9）检查仪器和电脑连接是否正常，电脑接受仪器信号是否正常。

（10）点击设置进入界面后选择正确的方法、序列、保存路径；填写合适的样品名称、构建小瓶序列，然后确定。等待仪器和工作站连接和准备就绪后，从进样口进样品，然后点击开始运行，分析并记录结果。

（11）如需要关闭仪器，应先进入检测器界面，按"加热器关闭"，让检测器自然降温，同时将 FPD 检测器熄火，即将氢气和空气的流量均设定为"0"；再进入柱箱界面，将柱箱温度设定为 30℃；等待检测器温度降至室温附近，即可关闭电源，最后关闭各气源。

6.2.7　计算

1. 外标法

测量每个组分的峰面积，将气样和标气中相应组分的响应换算到同一衰减，气样中组分的浓度按下式计算：

$$y_i = y_{si}(A_i/A_{Si}) \qquad (6\text{-}2)$$

式中　y_i——气样中 i 组分的浓度，mg/m^3；

　　　y_{si}——标气中 i 组分的浓度，mg/m^3；

　　　A_i——气样中 i 组分的峰面积，mm^2；

　　　A_{Si}——标气中 i 组分的峰面积，mm^2。

2. 数据取舍

每个组分浓度的有效数字应按量器的精度和标气的有效数字取舍。气样中任何组分浓度的有效数字位数，不应多于标气中相应组分浓度的有效数字位数。

6.2.8 标气含量（表6-4）

表6-4 原料气标气含量

组分名称	含量/%	组分名称	含量/%
He	0.01	H_2S	16
H_2	0.05	CH_4	75
O_2	0.20	C_2H_6	0.15
N_2	0.50	C_3H_8	0.01
CO_2	8		

6.3 净化天然气组分的测定

6.3.1 范围

本方法适用于天然气净化厂净化天然气组分的测定。

6.3.2 方法概要

让样品气通过色谱柱使各组分得到分离，用 TCD 热导检测器和 FPD 检测器检测并记录色谱图，用外标法计算各组分的含量。

6.3.3 试剂和材料

1. 载气
氢气，体积分数不低于99.999%。

2. 标准气
分析需要的标准气可采用国家二级标准物质，或按 GB/T 5274 制备。
标准气的所有组分必须处于均匀的气态。对于摩尔分数不大于5%的组分，与样品相比，标准气中相应组分的摩尔分数应不大于10%，也不低于样品中相应组分浓度的一半。对于摩尔分数大于 5% 的组分，标准气中相应组分的浓度，应不低于样品中组分浓度的一半，也不大于该组分浓度的两倍。

6.3.4　仪器

（1）PE-Clarus500 色谱仪。

（2）Clarus500 色谱工作站。

6.3.5　操作条件

柱箱温度：60℃，保持 6min；

TCD：200℃；

FID：250 ℃；

衰减：8；

载气 A：42 mL/min，载气 B：44 mL/min，参考气：30 mL/min；

辅助气 1：60 mL/min，辅助气 2：30 mL/min。

6.3.6　分析步骤

（1）检查气源状况，确保气量充足后，打开仪器各供气源开关。

（2）打开仪器电源开关，观察仪器是否能够通过自检，若没有通过自检，及时与相关人员联系。

（3）在仪器通过自检后，登录仪器。按照仪器参数表，通过仪器面板，给仪器手动设置各种参数。

（4）按色谱仪右上角图标，进入仪器主界面。按"A"进样器，进入载气流量设定界面。依次按"程控"、"初始值"，用"键盘"输入数字，按 ENTER 键确认，设定载气流量；使用同样的方法设定 B 路载气流量。载气流量的设定根据仪器配置的色谱柱和分离的组分的需要适当调整。

（5）按柱箱"（OVEN）"，进入柱箱温度设定界面，设定初温 60 ℃、初温保持 8 min。

（6）按"检测器 A"，进入检测器 A 设定界面。对 TCD 检测器应将检测器温度设定为200℃，对 FID 检测器应将检测器温度设定为 250 ℃，依次按"Tool（工具）"、"配置"、设定参考气为 30 mL/min。

（7）按检测器设定量程（RANGE）和衰减（ATTN），输入数值后按 ENTER 确认。

（8）当检测室达到设定温度，检测室各气体流量达到设定值后，对于火焰光度检测器 FPD，使用专用的点火器点火。可以用冷的玻璃片放在检测器出口处，如无水汽凝结，点火即未成功，应再次点火，至玻璃片上有水汽凝结即确信点火成功。

（9）检查仪器和电脑连接是否正常，电脑接受仪器信号是否正常。

（10）点击设置进入界面后选择正确的方法、序列、保存路径；填写合适的样品名称、构建小瓶序列，然后确定。等待仪器和工作站连接和准备就绪后，从进样口进样品，然后点击开始运行，分析并记录结果。

（11）如需要关闭仪器，应先进入检测器界面，按"加热器关闭"，让检测器自然降温，同时将 FPD 检测器熄火，即将氢气和空气的流量均设定为"0"；再进入柱箱界面，将柱箱温度设定为 30℃；等待检测器温度降至室温附近，即可关闭电源，最后关闭各气源。

6.3.7　计算

1. 外标法

测量每个组分的峰面积，将气样和标气中相应组分的响应换算到同一衰减，气样中组分的浓度按下式计算：

$$y_i = y_{si}(A_i/A_{Si}) \tag{6-3}$$

式中　y_i——气样中 i 组分的浓度，mg/m³；

　　y_{si}——标气中 i 组分的浓度，mg/m³；

　　A_i——气样中 i 组分的峰面积，mm²；

　　A_{Si}——标气中 i 组分的峰面积，mm²。

2. 数据取舍

每个组分浓度的有效数字应按量器的精度和标气的有效数字取舍。气样中任何组分浓度的有效数字位数，不应多于标气中相应组分浓度的有效数字位数。

6.3.8　标气含量（表6-5）

表6-5　净化天然气组分标气含量

组分名称	含量/%	组分名称	含量/%
He	0.10	CH_4	97
H_2	0.04	C_2H_6	0.15
N_2	0.70	C_3H_8	0.01
CO_2	2.0		

6.4　硫黄回收酸性气组成的测定

6.4.1　范围

本方法适用于天然气净化厂硫黄回收装置中酸性气组成的测定。

6.4.2　方法概要

让样品气通过色谱柱使各组分得到分离，用 TCD 热导检测器检测并记录色谱图，用外标法计算各组分的含量。

6.4.3　试剂和材料

1. 载气

氢气，体积分数不低于 99.999%。

2. 标准气

分析需要的标准气可采用国家二级标准物质，或按 GB/T 5274 制备。

标准气的所有组分必须处于均匀的气态。对于摩尔分数不大于 5% 的组分，与样品相比，标准气中相应组分的摩尔分数应不大于 10%，也不低于样品中相应组分浓度的一半。对于摩尔分数大于 5% 的组分，标准气中相应组分的浓度，应不低于样品中组分浓度的一半，也不大于该组分浓度的两倍。

6.4.4　仪器

（1）色谱仪：PE-Clarus500 色谱一台。

（2）Clarus500 色谱工作站。

6.4.5　操作条件

柱箱温度：90 ℃，保持 4.5 min；

TCD：200 ℃；

衰减：8；载气：20 mL/min，参考气：20 mL/min。

6.4.6　分析步骤

（1）检查气源状况，确保气量充足后，打开仪器各供气开关。

（2）打开仪器电源开关，观察仪器是否能够通过自检，若没有通过自检，及时与相关人员联系。

（3）在仪器通过自检后，登录仪器。按照仪器参数表，通过仪器面板，给仪器手动设置各种参数。

（4）按色谱仪右上角图标，进入仪器主界面。按"A"进样器，进入载气流量设定界面。依次按"程控"、"初始值"，用"键盘"输入数字，按 ENTER 键确认，设定载气流量。载气流量的设定根据仪器配置的色谱柱和分离组分的需要适当调整。

（5）按"柱箱（OVEN）"，进入柱箱温度设定界面，设定初温、初温保持时间、升温速率和最高温度。

（6）按"检测器 A"，进入检测器 A 设定界面。对 TCD 检测器温度设定200℃，依次按"Tool（工具）"、"配置"、设定参考气 2 mL/min。

（7）按检测器设定量程（RANGE）和衰减（ATTN），输入数值后按 ENTER 确认。

（8）检查仪器和电脑连接是否正常，电脑接受仪器信号是否正常。

（9）点击设置进入界面后选择正确的方法、序列、保存路径；填写合适的样品名称、构建小瓶序列，然后确定。等待仪器和工作站连接及准备就绪后，从进样口进样品，然后点击开始运行。

（10）样品分析结束后在图谱编辑里查看结果数据，分析并记录结果。

（11）如需要关闭仪器，应先进入检测器界面，按"加热器关闭"，让检测器自然降温；进入柱箱界面，设置柱箱温度为 30 ℃，让柱箱自然降温；等待检测器温度降至室温附近，即可关闭电源，最后关闭各气源。

6.4.7　计算

1. 外标法

测量每个组分的峰面积，将气样和标气中相应组分的响应换算到同一衰减，气样中组分的浓度按下式计算：

$$y_i = y_{si} \left(A_i / A_{Si} \right) \tag{6-4}$$

式中　y_i——气样中 i 组分的浓度，mg/m^3；

$\quad\quad y_{si}$——标气中 i 组分的浓度，mg/m^3；

$\quad\quad A_i$——气样中 i 组分的峰面积，mm^2；

$\quad\quad A_{Si}$——标气中 i 组分的峰面积，mm^2。

2. 数据取舍

每个组分浓度的有效数字应按量器的精度和标气的有效数字取舍。气样中任何组分浓度的有效数字位数，不应多于标气中相应组分浓度的有效数字位数。

6.4.8　标气含量（表 6-6）

表 6-6　硫黄回收酸性气标气含量

组分名称	含量/%	组分名称	含量/%
H_2S	60	CH_4	3
CO_2	30	N_2	底气

6.5 硫黄回收过程气组成的测定

6.5.1 范围

本方法适用于天然气净化厂硫黄回收过程气组成的测定。

6.5.2 方法概要

让样品气通过色谱柱使各组分得到分离，用 TCD 热导检测器记录色谱图，用外标法计算各组分的含量。

6.5.3 试剂和材料

1. 载气
氢气，体积分数不低于 99.999%；
氮气，体积分数不低于 99.999%。

2. 标准气
分析需要的标准气可采用国家二级标准物质，或按 GB/T 5274 制备。

标准气的所有组分必须处于均匀的气态。对于摩尔分数不大于 5% 的组分，与样品相比，标准气中相应组分的摩尔分数应不大于 10%，也不低于样品中相应组分浓度的一半。对于摩尔分数大于 5% 的组分，标准气中相应组分的浓度，应不低于样品中组分浓度的一半，也不大于该组分浓度的两倍。

6.5.4 仪器

（1）PE-Clarus500 色谱仪。
（2）Clarus500 色谱工作站。

6.5.5 操作条件

柱箱温度：70 ℃，保持 7.0 min；

TCD：200 ℃；

衰减：8；

参考气：30 mL/min。

6.5.6　分析步骤

（1）检查气源状况，确保气量充足后，打开仪器各供气源开关。

（2）打开仪器电源开关，观察仪器是否能够通过自检，若没有通过自检，及时与相关人员联系。

（3）在仪器通过自检后，登录仪器。按照仪器参数表，通过仪器面板，给仪器手动设置各种参数。

（4）按色谱仪右上角图标，进入仪器主界面。按"A"进样器，进入载气流量设定界面。依次按"程控"、"初始值"，用"键盘"输入数字，按 ENTER 键确认，设定载气流量；使用同样的方法设定 B 路载气流量。载气流量的设定根据仪器配置的色谱柱和分离的组分的需要适当调整。

（5）按"柱箱（OVEN）"，进入柱箱温度设定界面，设定初温、初温保持时间。

（6）按"检测器 A"，进入检测器 A 设定界面。对 TCD 检测器应将检测器温度设定为 200 ℃，依次按"Tool（工具）"、"配置"、设定参考气为 30 mL/min。

（7）按检测器设定量程（RANGE）和衰减（ATTN），输入数值后按 ENTER 确认。

（8）检查仪器和电脑连接是否正常，电脑接受仪器信号是否正常。

（9）点击设置进入界面后选择正确的方法、序列、保存路径；填写合适的样品名称、构建小瓶序列，然后确定。等待仪器和工作站连接和准备就绪后，从进样口进样品，然后点击开始运行。

（10）分析并记录结果。

（11）如需要关闭仪器，应先进入检测器界面，按"加热器关闭"，让检测器自然降温；进入柱箱界面，设置柱箱温度为 30℃，让柱箱自然降温；等待检测器温度降至室温附近，即可关闭电源，最后关闭各气源。

6.5.7 计算

1. 外标法

测量每个组分的峰面积，将气样和标气中相应组分的响应换算到同一衰减，气样中组分的浓度按下式计算：

$$y_i = y_{si} (A_i/A_{Si}) \tag{6-5}$$

式中　y_i——气样中 i 组分的浓度，mg/m^3；

　　　y_{si}——标气中 i 组分的浓度，mg/m^3；

　　　A_i——气样中 i 组分的峰面积，mm^2；

　　　A_{Si}——标气中 i 组分的峰面积，mm^2。

2. 数据取舍

每个组分浓度的有效数字应按量器的精度和标气的有效数字取舍。气样中任何组分浓度的有效数字位数，不应多于标气中相应组分浓度的有效数字位数。

6.5.8 标气含量（表6-7）

表 6-7　硫黄回收过程气标气含量

组分名称	含量/%	组分名称	含量/%
H_2	1.5	O_2	5
CO_2	14	H_2S	1
CO	5	He	平衡气

6.6　加氢过程气组成的测定

6.6.1　范围

本方法适用于天然气净化厂加氢过程气组成的测定。

6.6.2　方法概要

让样品气通过色谱柱使各组分得到分离，用 TCD 热导检测器检测并记录色谱图，用外标法计算各组分的含量。

6.6.3　试剂和材料

1. 载气

氢气，体积分数不低于 99.999%；

氮气，体积分数不低于 99.999%。

2. 标准气

分析需要的标准气可采用国家二级标准物质，或按 GB/T 5274 制备。

标准气的所有组分必须处于均匀的气态。对于摩尔分数不大于 5%的组分，与样品相比，标准气中相应组分的摩尔分数应不大于 10%，也不低于样品中相应组分浓度的一半。对于摩尔分数大于 5%的组分，标准气中相应组分的浓度，应不低于样品中组分浓度的一半，也不大于该组分浓度的两倍。

6.6.4　仪器

（1）PE-Clarus500 色谱仪。

（2）Clarus500 色谱工作站。

6.6.5　操作条件

柱箱温度：90℃，保持 8.5min；

双 TCD：200℃；

衰减：8；

参考气：20mL/min。

6.6.6　分析步骤

（1）检查气源状况，确保气量充足后，打开仪器各供气源开关。

（2）打开仪器电源开关，观察仪器是否能够通过自检，若没有通过自检，及时与相关人员联系。

（3）在仪器通过自检后，登录仪器。按照仪器参数表，通过仪器面板，给仪器手动设置各种参数。

（4）按色谱仪右上角图标，进入仪器主界面。按"A"进样器，进入载气流量设定界面。依次按"程控"、"初始值"，用"键盘"输入数字，按 ENTER 键确认，设定载气流量；使用同样的方法设定 B 路载气流量。载气流量的设定根据仪器配置的色谱柱和分离的组分的需要适当调整。

（5）按"柱箱（OVEN）"，进入柱箱温度设定界面，设定初温、初温保持时间。

（6）按"检测器 A"，进入检测器 A 设定界面。对 TCD 检测器应将检测器温度设定为 200 ℃，依次按"Tool（工具）"、"配置"、设定参考气为 20 mL/min。

（7）按检测器设定量程（RANGE）和衰减（ATTN），输入数值后按 ENTER 确认。

（8）检查仪器和电脑连接是否正常，电脑接受仪器信号是否正常。

（9）点击设置进入界面后选择正确的方法、序列、保存路径；填写合适的样品名称、构建小瓶序列，然后确定。等待仪器和工作站连接和准备就绪后，从进样口进样品，然后点击开始运行。

（10）分析并记录结果。

（11）如需要关闭仪器，应先进入检测器界面，按"加热器关闭"，让检测器自然降温；进入柱箱界面，设置柱箱温度为 30℃，让柱箱自然降温；等待检测器温度降至室温附近，即可关闭电源，最后关闭各气源。

6.6.7　计算

1. 外标法

测量每个组分的峰面积，将气样和标气中相应组分的响应换算到同一衰减，气样中组分的浓度按下式计算：

$$y_i = y_{si} \left(A_i / A_{Si} \right) \tag{6-6}$$

式中　y_i——气样中 i 组分的浓度，mg/m^3；

　　　y_{si}——标气中 i 组分的浓度，mg/m^3；

　　　A_i——气样中 i 组分的峰面积，mm^2；

　　　A_{Si}——标气中 i 组分的峰面积，mm^2。

2. 数据取舍

每个组分浓度的有效数字应按量器的精度和标气的有效数字取舍。气样中任何组分浓度的有效数字位数，不应多于标气中相应组分浓度的有效数字位数。

6.6.8　标气含量（表 6-8）

表 6-8　加氢尾气标气含量

组分名称	浓度/%	组分名称	浓度/%
H_2	3	N_2	72
O_2	5	H_2S	1
CO_2	14	He	平衡气
CH_4	3		

6.7　天然气水露点的测定

6.7.1　范围

本方法描述了用于天然气水露点测定的湿度计，该湿度计是通过检测湿度计冷却镜面上的水蒸气凝析物或检查镜面上凝析物的稳定性来测定水露点。

6.7.2　应用领域

经处理的管输天然气的水露点范围一般为 $-25 \sim 5℃$，在相应的气体压力下，水含量范围（体积分数）为 $50 \times 10^{-6} \sim 200 \times 10^{-6}$。在特殊情况下，水露点的范围也可能更宽。

在系统操作中，如果样品测试总压大于或等于大气压，本标准所述的湿度计不需校正也可用于水的蒸气压，水蒸气分压与所测露点之间的关系取决于所用方法和测量的水平。

如果测试环境中含有气体的凝析温度在水露点附近区域或高于水露点，则很难测出水蒸气的凝析。

6.7.3 原理

1. 仪器原理

使用这种类型的仪器，是通过测定气体相对应的水露点来计算气体中的水含量。用于水露点测定的湿度计通常带有一个镜面（一般为金属界面），当样品气流经该镜面时，其温度可以人为降低并且可准确测量。镜面温度被冷却至有凝析物产生时，可观察到镜面上开始结露。

当低于此温度时，凝析物会随时间延长逐渐增加；高于此温度时，凝析物则减少直至消失，此时的镜面温度即为通过仪器的被测气体的露点。

2. 水蒸气压的测定

在样品气取样压力与通过湿度计的气体压力一致的情况下，测得的露点所对应的饱和蒸气压即为样品气的水蒸气分压。

查阅相关手册，可得到饱和水蒸气压与温度之间的关系。

必须注意：如果气体中含有甲醇，它将和水一起发生凝析，所得到的则是水和甲醇混合物的露点。如果已知甲醇含量，附录1中给出了计算实际水露点所需的校正因子。

3. 注意事项

在水露点测定时的一个基本点就是取样管线应尽可能短，其尺寸应在测定过程中产生的压降可忽略。除镜面外，仪器其余部分和取样管线的湿度必须高于水露点。

6.7.4 仪器性能

1. 概述

仪器可以按不同的方式设计，主要的区别在于凝析镜面的特性，冷却镜面和控制镜面湿度的方法，测定镜面温度和检测凝析物的方法。镜子及相应部件通常在一个样品气通过的小测定室内，在高压下，此测定室必须具有相应的机械强度和密封性。

推荐使用容易拆下的镜子，便于清洗。

如测定过程中有烃露的出现，则应引起足够的注意并采取相应的措施。

测定过程中可以人工或自动进行。

2. 自动和手动烃露点仪

露点测定仪要设计为既可在不同的时间分别对样品进行测定，也可进行连续测定。对于分别测定时，要求所选择的冷却镜面的方法能使操作人员对用肉眼观察到凝聚相的生成变化情况，能够进行连续的观测。如果样品气中水含量很少即露点很低，单位时间内流经仪器的水蒸气很少，以至于露的形成很慢，很难辨别其是增加还是消失。若使用一个光电管或其他任何对光敏感的部件，则很容易对露的凝聚进行观察。当保持对制冷部件的人工控制时，还需要一个简单的显示器。

在有烃类凝析存在的情况下，使用手动操作的露点仪将很难观测到水露的形成，在此情况下可用液烃起泡器来辅助观测，然而重要的是必须了解所使用起泡器的原理及使用局限性。

起泡器在一定的温度和压力下，通过起泡器的样品气与盛装在起泡器里的液态烃之间将建立平衡，其中包括如下反应：

（1）开始通过新鲜液烃起泡器的样品气流出时会失去部分水分，直到平衡建立后，出口处样品气中的水含量才和入口处样品气中的水含量相等。因此，起泡器的温度必须高于所测定样品气的水露点温度，且必须通入足够的样品气以便在测定进行之前，使样品气和起泡器间达到平衡。

（2）样品气的重烃组分由气相进入液态烃中直到建立平衡，正是这种交换减少了在气体中潜在的凝析烃的量，从而减少了凝析烃液的掩蔽效应。随着组分的连续交换，液态烃被样品气中可凝析烃所饱和，则样品气中可凝析烃的含量也相应增大。在进一步测定以前，液烃必须更换，并且使起泡器达到所要求的状态。

通过使用光电管的输出信号，可在所要求的凝析温度下稳定观测镜面上的凝析物，从而使整个装置完全自动化。为了连续读数或记录，自动操作必不可少。

3. 镜面照射

手动装置适用于肉眼观察凝析物的生成，如果使用一个光电管，镜面将会被安装在测定室里的一个光源所照射。灯和光电管可用多种方式安置，镜面在光源的方向上所产生的散射可以通过抛光镜面而减少。任何情况下，使用之前镜面必须是清洁的。

没有任何凝析物时，落在光电管上的散射光线必然减少。若将测定池的内表面涂黑，则可降低测定室内表面光线的散射效应，也可通过安装一个光学系统作为对上述措施的进一步补充，从而使只有镜面被照射，这样光电管观察到的只是镜面的情况。

4. 镜面致冷及其温度控制方法

用下列方法降低和调节镜面温度。其中，在 1 和 2 中所叙述的方法中要求操作人员要进行连续的观察，而这些方法不适用于自动露点测定仪。对于自动仪，可用在 3 和 4 中所述的两种致冷方法：致冷剂间接接触致冷和热电（珀尔帖）效应制冷。无论采用哪种方法，镜面的降温速度不能超过 1 ℃/min。

1）溶剂蒸发致冷

使用一种挥发性液体与镜子背面接触，通入空气流使其气化而致冷。为达到这一目的，一般使用手动鼓风机，若使用可调节气源的低压压缩空气或其他合适的带压气体气源，则效果更佳，在手动鼓风机的情况下，若使用高效的乙烯氧化物作为挥发性溶剂，则无需太大的努力便可使镜面温度下降 30 ℃左右，如考虑到其毒性危害，则选用丙酮作为溶剂，在手动鼓风机的情况下，也可使镜面温度下降 20 ℃左右，如通入压缩空气或其他合适的带压气体，致冷效果会更好。

2）绝热膨胀法致冷

使一种气体通过喷嘴后流经镜子背面，由于气体膨胀而使镜面冷却，这种气体通常使用小钢瓶装的压缩二氧化碳，也可使用其他气体，如压缩空气、压缩氮气、丙烷或卤化烃等。本法至少可使镜面温度相对于所用气体温度下降 40 ℃。

3）致冷剂间接致冷法

通过热电阻将镜子与制冷器相连。通常将已插入制冷剂中的铜棒和一小片绝热材料所构成的热电阻和镜子相连，镜子通过电子元件而被加热，其电流强度应可以控制以便使镜面温度可以容易且准确地调节。如用液氮作致冷剂，可使镜面温度下降至-80～-70℃；用干冰和丙酮的混合液作为致冷剂，可使镜面温度下降-50℃（取决于仪器的设计）；用液化丙烷，可使镜面温度下降至-30℃左右。

4）热电（珀而帖）效应制冷

单级珀而帖效应元件通常所能达到的最大致冷温降为50℃左右。用两级时，可获得70℃左右的致冷温降。通过改变珀而帖效应元件中的电流，可以调节镜面温度，但此法热惯性较大；通过保持一个恒定的致冷电流，同时将镜面与一个热电阻连接，用一个可调节的电热装置来加热镜面，则可快速调节镜面温度。

5）温度测量

当镜面上有露形成时，应当尽可能准确地测量结露时的温度，为了避免镜面上的温度差异，最好选用高导热性材料制作的镜子。在进行镜面温度测量时，手动测定仪一般采用精密水银温度计，自动测定仪则采用电热探头（如电阻温度计、热敏电阻或热电偶）。

6.7.5　误差来源及操作注意事项

1. 干扰物质

除气体或水蒸气外，一些其他物质，如固体颗粒、灰尘等也可进入仪器，并能在镜面上沉积，影响仪器的操作性能。除水蒸气外的其他蒸汽也可能在镜表面上冷凝。在测定露点时，自然或偶然带进样品测定室的可溶于水的气体，都会使所观察到的露点与实际水蒸气含量相对应的露点有所差异。

1）固体杂质

如果固体杂质绝对不溶于水，它们将不影响所观察到的露点温度，但会妨碍结露的观察。在自动装置中，对固体杂质如果没有采用补偿装置，而且出露量较低时，这些杂质将会妨碍仪器操作。若镜面上固体杂质过多，一般将导致镜面温度会在几分钟内出人意料的突然增加，这时就要求拆卸装置，并清洗镜面。拆卸清洗装置时，由于测定室具有吸湿性，拆装应快速进行。为了避免这个困难，最好使用一个不吸湿的过滤器以除去固体杂质。

为了防止灰尘颗粒的影响，在一些自动装置上安装了"校正"程序。"校正"程序由一个可选择的镜面过滤器组成，以便除去镜面上所有的凝析物、水和烃类物质，然后使测量桥重新达到平衡。

2）蒸汽状态的杂质

烃类能够在镜面上产生凝析。从原理上讲，由于烃的表面张力与水的表面张力非常不同，因此，其不会干扰正常测量。烃可在镜面上扩展，并形成一个不散射光线的连续层。然而，手动检测结果结露也是相当不容易的，因为尽管水露点比烃类的凝析温度低得多，但在大量的烃液滴中仅有极少数的水滴能被检测到。

由于水和烃的凝析物是不混溶的，所以烃凝析物的存在不会改变水露点。

如果气体中含有甲醇，它将与水一起凝析，这样得到的将是水和甲醇的混合物的露点。如果气体中同时含有甲醇和烃，将形成水状和油状的两种凝析物，在这种情况下，水状凝析物的凝析温度将不完全取决于水含量。

2. 冷壁误差

除镜面外，管道和装置的其他部分的温度必须高于凝析温度，否则水蒸气将会在最冷点发生凝析，从而使样品气中水分的含量发生改变。

3. 平衡温度的控制

如果单位时间内镜面上凝析的水量很少，那么镜面应尽可能的缓慢地冷却，因为，如果冷却太快，会导致还没有观察到初露时，就已经到了实际的凝析温度，从而产生误差。

能用眼正常观察到的结露的水量大约为 $10^{-5}/cm^2$。如果自动装置灵敏度高的话，则能够检测到更低的结露量。

如果有必要使用手动装置，特别是所测露点相对较低时，应采取下列措施：

（1）在凝析温度范围内，镜面的冷却速度尽可能小（在进行准确测量以前，可先进行一次快速测定以便测得大致的凝析温度，这是一种很好的使用技巧）。

（2）在镜面温度缓慢降低的过程中，记录最初结露的温度；在镜面温度缓慢升高的过程中，记录露滴完全消失的温度。初露温度和消露温度的平均值便认为是被测气体的露点。

在用自动仪器进行测量时，初露和消露两者温度之间温差不应大于 2 ℃；而在手动装置情况下，两者之间的温差不应大于 4 ℃。

6.7.6　凝析物的消除

如果烃的露点低于水蒸气的露点，则不会有特别的问题。反之，在测量之前，应尽可能捕集并除去凝析物，然后假定所有的烃类已凝析并从镜面和测定室中除去。

1. 在镜面上的凝析

通过在镜面之上设置一个由制造商所指定的具有合适形状的装置（或盖子），从而引导气体在镜面之上通过有小孔的管子进入测定室，从而达到在镜面上使烃类凝析的目的。

由于直接和镜面相连，盖子上的温度和镜面温度相接近，但经进入测定室的测试气体加热后，其温度高于镜面温度。

2. 从镜面上除去凝析物

从镜面上除去烃类凝析物是非常重要的。若镜面之上安装了盖子后，烃类凝析物的清除则变得更加重要。

通过垂直放置镜面，或至少给它一个明显的倾斜，以及在镜面的较低点设计安装一个部件等都可达到除去镜面上凝析物的目的。这个设计的部件也可以就是盖子本身。

烃类凝析物持续地流过镜面，并在所设计的部件上形成液滴，从而有助于液滴的清除。这些液滴随着时间不断地落下并流入测定室的底部。在某种情况下，例如在校正时，如果有必要，它也可被重新气化。

3. 从测定室中除去凝析物

从镜面上流入到测定室中的凝析物应当被除去。这可通过将测定室的出口设置在它的最低点来实现，然后将凝析物排出管线。

6.7.7　准确度

在-25~5 ℃的测量范围，当使用自动测定仪时，水露点测量的准确度一般为±1 ℃。使用手动装置时，测量的准确度则取决于烃的含量，在多数情况下，可以获得±2℃的准确度。

如果气体中含有甲醇，它将和水一起发生凝析，所得到的则是水和甲醇混合物的露点。表6-9给出了从实际测量露点中减去甲醇部分的修正值，从而得到了真实的水露点。

表6-9 甲醇存在下水露点的修正值

甲醇含量/ (mg/m³)	压力/MPa	没有修正的露点/℃			
		−10	−5	0	5
		将被减去的修正值/℃			
250	1.5	1	1	0.5	0.5
250	3.0	2	1.5	1	0.5
250	4.0	3	2	1.5	1
250	5.5	4	3	2	1.5
250	7.0	4.5	3.5	3	2
400	1.5	1.5	1	1	0.5
400	3.0	3.5	3	1.5	1
400	4.0	5	4	2	1.5
400	5.5	6.5	4.5	3.5	2
400	7.0	8	5.5	4	3

6.8 微库仑综合分析仪

微库仑综合分析仪是应用微库仑分析技术，采用计算机控制微库仑滴定的最新产品，具有性能可靠、操作简易、稳定性好、便于安装等特点，可用于石油化工产品中微量硫、氯、氮的分析，广泛应用于石油、化工、科研等部门。

微库仑综合分析仪以Windows XP操作系统为工作平台，其友好的用户界面使分析人员操作更为方便、快捷。在系统分析过程中，操作条件、分析参数和分析结果均在显示器上直接显示，并根据需要可将参数、结果进行存盘和打印，以便日后调用、存档。

6.8.1　基本原理

法拉第定律原理：在电解池中每通过 96500C 的电量，在电极上即会析出或溶入 1mol 的物质。用公式表示如下：

$$W = \frac{Q}{96500} \times \frac{M}{n} \tag{6-7}$$

式中　W——析出物质的量，以克计算；

　　　n——在电极上每析出或溶入一个分子或原子所消耗的电子数目；

　　　M——析出物质的分子或原子量；

　　　Q——电解时通过电极的电量。

仪器原理：样品被载气带入裂解管中和氧气充分燃烧，其中的硫或氯定量地转化为 SO_2 或 HCl。SO_2 或 HCl 被电解液吸收并发生如下反应：

$$SO_2 + H_2O + I_2 \Longrightarrow SO_3 + 2H^+ + 2I^- \tag{6-8}$$

或　　　　　　　　　$HCl + Ag^+ \Longrightarrow AgCl \downarrow + H^+ \tag{6-9}$

反应消耗电解溶中的 I_2 或 Ag^+，引起电解池测量电极电位的变化，仪器检测出这一变化并给电解池电解电极一个相应的电解电压。在电极上电解出 I_2 或 Ag^+，直至电解池中 I_2 或 Ag^+ 恢复到原先的浓度。仪器检测出这一电解过程所消耗电量，推算出反应消耗的 I_2 或 Ag^+ 的量，从而得到样品中 S 或 Cl 的浓度。

仪器原理如图 6-1 所示。

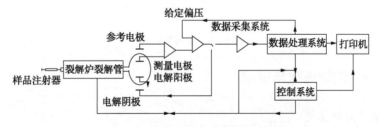

图 6-1　微库仑综合分析仪原理图

用已知浓度的标准样品或对照样品来标定仪器，调整仪器的工作状态，直到标准样品或对照样品的回收率在 80%～120% 之间时，即认为仪器已达到正常的工作状态。将末知浓度的样品注入裂解炉，根据标准样品或对照样品的转化率即可算出样品的浓度。

6.8.2 仪器结构

仪器由主机、温度气体流量控制单元、搅拌器、进样器、电脑等组成。如图6-2所示。搅拌器是放置电解池的装置，外壳应保持良好的接地，僻光和屏蔽。

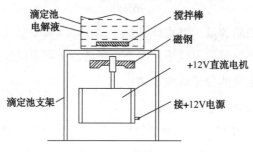

图6-2 搅拌器示意图

温度气体流量控制单元为样品裂解所用裂解管提供热量并为样品燃烧提供载气和氧气。进样器能自动把样品注入裂解管中，它可以自由调节进样速度和距离，满足不同样品的分析要求。主机是进行数据采集和分析控制的地方，是整个仪器的核心。要求有良好的接地。

另外仪器还有裂解管和电解池。裂解管简单结构如图6-3所示。

图6-3 裂解管结构

6.8.3 滴定池使用说明

1. 滴定池的结构

滴定池分池体、池盖、参考侧臂、阴极侧臂及搅拌子五个部分（图6-4）。

测量电极和电解阳极位于池盖上，由0.1 mm×7 mm×7 mm的铂片点焊在Φ0.4 mm长130 mm的铂丝上。

参考电极：Φ0.6 mm长110 mm铂丝插在含饱和碘的电解液中。

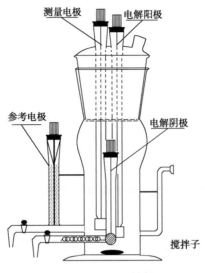

图 6-4 电解池结构

电解阴极：Φ0.4 mm 长 260 mm 的铂丝，下端做成螺旋状。

2. 电解液的配制

取 0.5g KI，0.6g NaN₃ 溶于约 500 mL 去离子水中，加入 5 mL 冰醋酸，再用去离子水稀释至 1000 mL。配制电解液所用试剂均为优级纯，去离子水的阻值要求 2 mΩ 以上，配好的电解液用棕色瓶在阴暗凉爽处放置。S 电解液不能长期保存，有效期一般在一周左右。

3. 滴定池的洗涤

用新鲜的铬酸洗液浸泡整个滴定池 5~10min，然后分别用自来水、去离子水及丙酮洗涤吹干，将侧臂活塞涂以少许润滑脂并用橡皮筋固定。

4. 滴定池维护与常见故障排除

（1）硫滴定池应在阴凉无空气污染处保存。

（2）电解池内要时刻保持储有一定量的电解液，并使铂片在液面以下。

（3）切不可拨动参考电极。

（4）电解液要经常配制，保持新鲜。

（5）若无去离子水，可用二次蒸馏水代替，阻值应在 2mΩ 以上。

（6）要时刻保持电解池清洁。

（7）任何情况下，不得用手碰铂电极。

（8）清洗时不要让洗液或丙酮渗入参考侧臂，否则要重新安装整个电解池。

6.8.4 仪器操作方法

依次打开微库仑综合分析仪主机、计算机、温度流量控制器、搅拌器、进样器的电源。

把准备好的滴定池置于搅拌器内平台上，调节搅拌器的高度，使滴定池毛细管入口对准石英管出口，并用铜夹子夹紧，调整电解池位置，使搅拌子转动平稳。

将库仑放大器的电极连接线按标记分别接到滴定池的参考、测量、阳极、阴极的接线柱上，并拧紧以保证接触良好。

将洁净的石英裂解管用硅橡胶堵紧其进样口，并放入裂解炉，用聚四氟乙烯管（$\Phi 4$）将石英裂解管的各路进气支管与温度流量控制器的对应输出口相连接。

1. 联机操作

在电脑桌面上打开"微库仑分析系统"应用软件，显示其主窗体。主窗体中有菜单栏、工具栏等。单击"联机"图标，联机正常后，主窗体左下方显示"联机状态"；否则，按屏幕提示重新检查端口和连线。

2. 温度设置

单击"参数设置"栏，指向"温控参数设计"，弹出"温控设计"对话框。分别设定三段所需的温度值（以分析硫含量为例：稳定段设为 700 ℃，燃烧段设为 800 ℃，汽化段设为 600 ℃）。要改变某段温度值，只要单击该段文本框，删除原温度值，输入所要设定的值。选择"升温"状态，单击"确定"按钮。

3. 测试偏压

待炉温到达所设温度值，打开气源，用新鲜的电解液冲洗电解池 2~3 遍，将电解池与石英管连接好，即可采集电解池偏压。单击工具栏中"V"图标（偏压测定与设定），弹出"偏压测定与设定"对话框，单击"开始测量"按钮，仪器自动采集电解池偏压，待偏压稳定后，单击"确定"按钮，完成电解池偏压的测定。一般新鲜电解液冲洗过的硫电解池，偏压应在 180 mV 以上。

4. 修改偏压

单击菜单栏中的"分析控制"项，然后指向"工作挡"，单击该项，使仪器处于工作档。此时，若要修改电解池偏压，单击"V"图标，删除原有偏压值，输入所需偏压值，按"确定"按钮，完成电解池偏压的修改。此时，基线的位置会有所改变，待仪器平衡一段时间以后，基线重新回到原来的位置上。

5. 选择工作参数

以分析 10mg/L 液体硫标样为例，单击"参数设定"项，然后指向"其他参数设定"，单击该项，弹出"其他参数设定"对话框，单击"元素状态选择"框中的"液体"；"含量单位选择"框中自动选中"mg/L"；"分析元素选择"框中的"硫"；"标样/样品选择"框中的"标样"；"元素含量选择"框中的"低"（高或低由硫含量决定，通常高于 1000 mg/L，选择"高"挡），最后按确定键。

6. 选择放大倍数和积分电阻

在主窗体中单击"标样浓度"、"进样体积"数据输入框中的"?"，用删除键删除"?"，并输入标准浓度值"10"，进样体积数"8.4"。单击工具栏中"K"图标（放大倍数选择），弹出"放大倍数选择"对话框，选择相应的放大倍数（100~500）后按"确定"按钮，完成放大倍数的设定。

与此相类似，单击工具栏中"R"图标（积分电阻选择），弹出"积分电阻选择"对话框，按上述步骤，完成积分电阻的设定。一般分析硫含量小于1mg/L时，积分电阻选 10k 档，硫含量大于 10mg/L 时，积分电阻选 2 kΩ 挡以下。

7. 转化系统调试

完成了以上操作步骤，就可以用标样进行转化系统的分析：待基线平稳后，单击"启动"按钮，或按一下快捷键"Enter"后，"启动"按钮名称变为"正在积分"，即可进样。出峰结束后，自动显示转化率及其序号（如"f_1"、"f_2"等），只要每次进样前按一下"Enter"键，或单击"启动"按钮，就可以进行标样的连续分析。若出峰太小或拖尾大，可单击"结束积分"按钮，强行停止数据的积分。转化系统正常时，其转化率应在 75%~115% 之间。

8. 求平均转化率

单击"数据处理"菜单项，然后指向"求平均转化率"，单击该项，弹出

"平均转化率"对话框，选择你认为合适的转化率，点击"确定"，可求出平均转化率。

9. 求平均含量

转化系统分析完成后，就可进行样品分析。选择"样品/标样选择"框中的"样品"，其余分析步骤与以上分析标样的步骤相同，在连续分析 3~6 次后，求出样品的平均含量。

10. 保存、打开、打印数据

标样分析结束后，单击"断开联接"后，单击"保存"图标，弹出"保存采样数据文件"对话框，输入文件名保存结果；单击"打开"图标，弹出"打开采样数据文件"对话框，选择需要打开的数据文件，弹出"显示页面选择"对话框，即可显示或打印结果。

11. 关机顺序

最后，依次关闭仪器主机、微机、显示器、打印机、搅拌器、进样器的电源，把滴定池与裂解管断开，给滴定池换上新鲜电解液。关闭气路阀，待炉温冷却 1~2h 后，关闭温度控制流量器电源，整理好仪器。

6.8.5 常见故障排除

一般来说故障分为仪器和化试两个部分，仪器故障和化试故障。

1. 仪器故障

仪器故障是指仪器硬性损坏或非正常使用造成仪器的损坏。前者一般指仪器因使用时间太长达到使用寿命或部分元件老化损坏。后者则指由于操作失误或不可抗拒的外力使仪器损坏。对由于操作失误或因外因而损坏的仪器只要经过及时的维修一般都可正常使用。

常见仪器故障如下所示：

1）裂解炉不升温或超温

裂解炉不升温有几种现象，应分别处理。

（1）炉丝发红而显示器显示不升温或显示器显示温度很高但炉丝不红，此一般是热电偶损坏或温度控制器损坏。

（2）显示器显示温度很低且炉丝不红，当确定裂解炉保险丝未断且 220 V 交流电已加到电炉丝上（固态继电器也可能损坏）则表示某一段电炉丝烧断。裂解炉超温常常是固态继电器损坏或热电偶损坏。

2）搅拌器不搅拌或加热带不热

先检查搅拌器电源及保险丝，然后检查搅拌器转动磁体是否脱落。电机和调节电位器也可能损坏。加热带不热常常是加热带断。

3）主机

主机故障常涉及系统问题，下面是一些常见故障现象处理方法：

基线不好

未接地线，或地线接触不良

测量、参考两电极引线虚焊，氧化，断开等

干簧继电器老化，内部接触不良

4）放大器无电解电流

仔细检查"参考""测量""阴极""阳极"四根电极线中的屏蔽线与信号线是否发生了短路。

5）流量控制系统

气路出现故障的可能性极小，使用时要注意不漏气，管道清洁，畅通，气源不要接错。实验中流量先小后大，分析结束关机时，不能以针形阀代替开关阀关气源，而应关闭钢瓶上的总阀。

2. 化试故障

一般来说，当确定仪器的温度控制系统、主机、搅拌器、气路等均正常但仪器仍不能正常工作时可以认定故障出现在化试部分。

1）基线有噪声

①偏压太高；②增益太高；③池侧臂有气泡；④搅拌速度太快，搅拌子碰壁；⑤池帽氧化；⑥电解液受污染。

2）基线下漂

①电解液水质不好；②气体不干净。

3）拖尾

①偏压太低；②加热带不热；③进样速度太慢；④出口段温度偏低；⑤反应气/载气比例不当；⑥样品吸附在石英管上。

4）超调

①偏压太高；②增益太高；③搅拌速度太慢；④载气流量太大；⑤进样量太大。

5）双峰

①出口段温度太低；②加热带接触不好或电压偏低；③环境温度过低；④进样速度不均；⑤样品有干扰。

6）转化率偏低

①偏压太低或太高；②增益不够；③氧气流量太高或载气流量太低；④裂解系统或注射器漏气；⑤炉区加热温度偏低；⑥石英管失去光泽吸附严重；⑦裂解管或电解池积炭。

7）转化率偏高

①增益太高，偏压太高或太低；②硅胶垫污染。

8）结果不重复

①样品不均匀；②进样针或系统漏气；③炉温波动；④电极失效；⑤硅胶垫漏气；⑥电解液太少。

第 3 部分　水 质 分 析

绪　　论

水环境监测作为实验室质量控制和环境质量保证的技术关键，主要担负净化厂水系统的稳定工作。主要负责有：

水处理和凝结水站。阴阳混床系列的出口水质进行定时检测，对一些储水罐体及水处理系统中间环节进行监控，具体位置有阴床出水系列 A 到 D 活性炭过滤器出口 A-F 水质（包括水处理和凝水水站），精密过滤器、生水罐、凝结回水、外供除盐水管线等。

净化水厂，后河原水、处理过的生产给水的具体水质，其中包括水质颜色、气味、浊度、化学需氧量、氨氮、余氯、大肠杆菌、耐热大肠杆菌的分析等。循环水厂，主要分析循环水系统第一循环系统和第二循环系统，以及其衍生水系统的分析监控，具体包括旁虑纤维罐的进出口水样进行定时取样分析。动力站，每日定期检测动力站锅炉水和高低压饱和蒸汽，具体分析项目有 pH、电导率、二氧化硅、无机磷、钠离子含量等，并每日对锅炉补给水和除氧水进行全项的分析。生产管理中心，食堂以及办公用水的大肠杆菌、耐热大肠杆菌等细菌检测。

联合装置，对净化厂六套联合装置的锅炉水，急冷水，净化水，污水进行常规分析。污水处理厂 SBR 池的上清液，主要分析项目有 pH、COD_{Cr}、硫化物、水中油、氨氮以及悬浮物。原料废碱液、脱臭后废碱液的 COD_{Cr}、硫化物；中和后出水的 pH、COD_{Cr}、硫化物。

根据生产需要，每种类型的水需定时监测，分析项目各有不同但均有其严格的控制指标。本章依据测量原理和使用仪器的不同，将水环境监测相关分析法分为滴定分析法、重量分析法、光学分析法、电化学分析法和细菌分析法五大类。

第7章
滴定分析

7.1 硬度的测定

7.1.1 范围

本方法适用于天然水、冷却水、软化水、H 型阳离子交换器出水、锅炉给水水样的测定。

使用铬黑 T 作指示剂时，硬度超过 5mmol/L 时，可适当减少取样体积，稀释到 100mL 后测定；使用酸性络蓝 K 作指示剂时，硬度的测定范围是 0.1～100μmol/L。

7.1.2 方法概要

1. 低硬度测定原理

在 pH 为（10.0±0.1）的水溶液中，用酸性铬蓝 K 作指示剂，以乙二胺四乙酸二钠盐（简称 EDTA）标准溶液滴定至蓝色为终点。根据消耗 EDTA 的体积即可计算出硬度值。

2. 高硬度测定原理

在 pH 为（10.0±0.1）的水溶液中，用铬黑 T 作指示剂，以乙二胺四乙酸二钠盐（简称 EDTA）标准溶液滴定至蓝色为终点。根据消耗 EDTA 的体积即可计算出硬度值。

3. 干扰的消除

铁大于 2mg/L、铝大于 2mg/L、铜大于 0.01mg/L、锰大于 0.1mg/L 对测定

有干扰，可在加指示剂前用 2mL1%L-半胱胺酸盐酸盐溶液和 2mL 三乙醇胺溶液（1+4）进行联合掩蔽消除干扰。

7.1.3 试剂

（1）氨-氯化铵缓冲溶液：称取 67.7g 氯化铵，溶于 570mL 浓氨水中，加入 1gEDTA 二钠镁盐，并用水稀释 1L。

（2）硼砂缓冲溶液：称取 40g 硼砂（$Na_2B_4O_7 \cdot 10H_2O$），加 10g 氢氧化钠，溶于水中并稀释至 1L。储于塑料瓶中。硼砂缓冲溶液也可用氨-氯化铵缓冲溶液代替使用。

（3）酸性铬蓝 K 指示剂 5g/L：称取 0.5g 酸性铬蓝 K（$C_{16}H_9O_{12}N_2S_3Na_3$）与 4.5g 盐酸羟胺，在研钵中研匀，加 10mL 硼砂缓冲溶液，溶解于 40mL 水中，用 95%乙醇稀释至 100mL，储于棕色滴瓶中。使用期不应超过一个月。

（4）氢氧化钠溶液：50g/L。

（5）盐酸溶液：1+1。

（6）L-半胱胺酸盐酸盐溶液：10g/L。

（7）铬黑 T 指示液：5g/L。

（8）三乙醇胺溶液：1+4。

（9）乙二胺四乙酸二钠标准溶液：c（EDTA）约 0.005mol/L。

（10）乙二胺四乙酸二钠标准溶液：c（EDTA）约 0.01mol/L。

乙二胺四乙酸二钠标准溶液配制与标定如下。

EDTA 标准溶液的配制：称取 4gEDTA，溶于一定量的 Ⅱ 级试剂水中，用 Ⅱ 级试剂水稀释至 1L。再吸取此溶液 50mL，准确地稀释至 1L，储存于塑料瓶中。

EDTA 标准溶液的标定：吸取 20mL 钙标准溶液于 250mL 锥形瓶中，加入 80mL Ⅱ 级试剂水，按分析步骤标定。EDTA 标准溶液对钙的滴定度 T（μmol/mL）按式（7-1）计算：

$$T = \frac{0.1 \times 20}{c - b} \tag{7-1}$$

式中　0.1——钙标准溶液相当的硬度，μmol/mL；

20——吸取钙标准溶液的体积，mL；

c——标定时消耗 EDTA 标准溶液的体积，mL；

b——滴定空白溶液时消耗 EDTA 标准溶液的体积，mL。

7.1.4 分析步骤

1. 高硬度的测定

（1）取 100mL 水样，注入 250mL 锥形瓶中。水样酸性或碱性很高时，可用氢氧化钠溶液或盐酸溶液中和后再加缓冲溶液。

（2）加 5mL 氨-氯化铵缓冲溶液，加 2~3 滴铬黑 T 指示剂。

（3）在不断摇动下，用 EDTA 标准溶液进行滴定，接近终点时缓慢滴定，溶液由酒红色转为蓝色即为终点。同时做空白实验。

2. 低硬度的测定

（1）取 100mL 水样，注入 250mL 锥形瓶中。水样酸性或碱性很高时，可用氢氧化钠溶液或盐酸溶液中和后再加缓冲溶液。

（2）加 1mL 硼砂缓冲溶液，加 2~3 滴 0.5% 酸性铬蓝 K 指示剂。

（3）在不断摇动下，用 EDTA 标准溶液进行滴定，接近终点时缓慢滴定，溶液由红转为蓝色即为终点。同时做空白实验。水样硬度小于 25μmol/L 时应采用 5mL 微量滴定管滴定。

7.1.5 计算

高硬度含量以质量浓度 c_1 计，数值以 mmol/L 表示，按式（7-2）计算：

$$c_1 = \frac{(V_1 - V_0) \times C_1}{V} \times 1000 \qquad (7-2)$$

低硬度含量以质量浓度 c_2 计，数值以 μmol/L 表示，按式（7-3）计算：

$$c_2 = \frac{(V_1 - V_0) \times C_2}{V} \times 1000 \qquad (7-3)$$

式中　V_1——滴定水样消耗 EDTA 标准溶液体积，mL；

V_2——滴定空白溶液消耗 EDTA 标准溶液体积，mL；

C_1——滴定高硬度所用的 EDTA 标准溶液的浓度，$mmol/mL$；

C_2——滴定低硬度所用的 EDTA 标准溶液的浓度，$\mu mol/mL$；

V——水样体积，mL。

7.1.6　允许差

取平行测定结果的算术平均值为测定结果。高硬度两次平行测定结果的绝对差值不大于 $0.02mmol/mL$。低硬度两次平行测定结果的绝对差值不大于 $1.0\mu mol/mL$。

7.2　碱度的测定

7.2.1　范围

本方法适用于含量 $2.5\sim1000mg/L$（以 $CaCO_3$ 计）的工业循环冷却水中碱度的测定，也适用于天然水和饮用水中碱度的测定。

7.2.2　方法概要

以酚酞和溴甲酚绿-甲基红为指示液，用盐酸标准滴定溶液滴定水样，测得酚酞碱度及甲基橙碱度（又称总碱度）。

7.2.3　试剂

（1）盐酸：$0.05000mol/L$ 标准滴定溶液。

（2）酚酞：$5g/L$ 乙醇溶液。

（3）溴甲酚绿-甲基红指示液。

7.2.4　分析步骤

1. 酚酞碱度的测定

移取 $100.00mL$ 水样于 $250mL$ 锥形瓶中，加 4 滴酚酞指示液，若水样出现红色，用盐酸标准滴定溶液滴定至红色刚好褪去，即为终点。如果加入酚酞指示液后，无红色出现，则表示水样酚酞碱度为零。

2. 甲基橙碱度的测定

在测定过酚酞碱度的水样中，加 10 滴溴甲酚绿-甲基红指示液，用盐酸标准滴定溶液滴定至溶液由绿色变为暗红色。煮沸 2min，冷却后继续滴定至暗红色，即为终点。

7.2.5 分析结果

（1）酚酞碱度 X_1（以 $CaCO_3$ 计）mg/L，按式（7-4）计算。

$$X_1 = \frac{V_1 \times c \times \dfrac{0.1001}{2}}{V} \times 10^6 \qquad (7-4)$$

式中　V_1——滴定酚酞碱度时，消耗盐酸标准滴定溶液的体积，mL；

　　　c——盐酸标准滴定溶液的浓度，mol/L；

　　　V——水样的体积，mL；

　0.1001——与 1.00mL 盐酸标准滴定溶液 [c（HCl）= 1.0000mol/L] 相当的，以克表示的碳酸钙（$CaCO_3$）的质量。

（2）甲基橙碱度（以 $CaCO_3$ 计）mg/L，X_2 按式（7-5）计算：

$$X_2 = \frac{V_2 \times c \times \dfrac{0.1001}{2}}{V} \times 10^6 \qquad (7-5)$$

式中　V_2——滴定甲基橙碱度时，消耗盐酸标准滴定溶液的体积，mL；

　　　c——盐酸标准滴定溶液的浓度，mol/L；

　　　V——水样的体积，mL；

　0.1001——与 1.00mL 盐酸标准滴定溶液 [c（HCl）= 1.0000mol/L] 相当的，以克表示的碳酸钙（$CaCO_3$）的质量。

7.2.6 允许差

取平行测定结果的算术平均值为测定结果，平行测定结果的允许差不大于 1.5mg/L（以 $CaCO_3$ 计）。

7.3 氯化物的测定

7.3.1 范围

本方法适用于天然水、循环冷却水、以软化水为补给水的锅炉炉水中氯离子含量的测定，测定范围为 5~150mg/L。

7.3.2 方法概要

以铬酸钾为指示剂，在 pH 值为 5~9.5 的范围内用硝酸银标准溶液直接滴定。硝酸银与氯化物作用生成白色氯化银沉淀，当有过量的硝酸银存在时，则与铬酸钾指示剂反应，生成砖红色铬酸银，表示反应达到终点。反应式为：

$$Ag^+ + Cl^- \longrightarrow AgCl\downarrow \quad （白色）$$

$$2Ag^+ + CrO_4{}^{2-} \longrightarrow Ag_2CrO_4\downarrow \quad （砖红色）$$

7.3.3 试剂

（1）硝酸银标准滴定溶液：c（$AgNO_3$）约 0.01mol/L。

（2）铬酸钾指示剂：50g/L。

（3）硝酸溶液：1+300。

（4）氢氧化钠：2g/L。

（5）酚酞指示剂：10g/L 乙醇溶液。

7.3.4 分析步骤

（1）移取适量体积的水样于 250mL 锥形瓶中，加入 2 滴酚酞指示剂，用氢氧化钠溶液和硝酸溶液调节水样的 pH 值，使红色刚好变为无色。

（2）加入 1.0mL 铬酸钾指示剂，在不断摇动情况下，在白色背景条件下用硝酸银标准滴定溶液滴定，直至出现砖红色为止。同时做空白实验。

7.3.5 分析结果

氯离子含量 ρ_1（mg/L），按式（7-6）计算：

$$\rho_1 = \frac{(V_1 - V_0) \times c \times M}{1000 \times V} \times 10^6 \qquad (7-6)$$

式中　V_1——试样消耗的硝酸银标准滴定溶液的体积，mL；

　　　V_0——空白试验消耗的硝酸银标准滴定溶液的体积，mL；

　　　V——水样的体积，mL；

　　　c——硝酸银标准滴定溶液的浓度，mol/L；

　　　M——氯的摩尔质量，35.45g/mol。

7.3.6 允许差

取平行测定结果的算术平均值为测定结果，平行测定结果的绝对差值不大于 0.5mg/L。

7.4 磷酸盐的测定

7.4.1 范围

本方法适用于锅炉用水和冷却水中正磷酸盐、总无机磷酸盐、总磷酸盐含量（以 PO_4^{3-} 计）在 0.05~50mg/L 的测定。

7.4.2 方法概要

1. 正磷酸盐测定原理

在酸性条件下，正磷酸盐与钼酸铵反应生成黄色的磷钼锑络合物，再用抗坏血酸还原成磷钼蓝，于710nm最大吸收波长处用分光光度法测定。

2. 总无机磷酸盐测定原理

在酸性条件下，聚磷酸盐水解成正磷酸盐，正磷酸盐与钼酸铵反应生成黄色的磷钼锑络合物，再用抗坏血酸还原成磷钼蓝，于 710nm 最大吸收波长处用分光光度法测定。

3. 总磷酸盐测定原理

在酸性溶液中，用过硫酸钾作分解剂，将聚磷酸盐和有机磷转化为正磷酸盐，正磷酸盐与钼酸铵反应生成黄色的磷钼锑络合物，再用抗坏血酸还原成磷钼蓝，于 710nm 最大吸收波长处用分光光度法测定。

$$12（NH_4）_2MoO_4+H_2PO^{4+}+24H^+ \xrightarrow{\text{KSbOC}_4\text{H}_4\text{O}_6}$$

$$[H_2PMo_{12}O_{40}]^- +24（NH_4）^{4+}+12H_2O$$

$$[H_2PMo_{12}O_{40}]^- \xrightarrow{\text{C}_6\text{H}_8\text{O}_6} H_3PO_4 \cdot 10MoO_3 \cdot Mo_2O_5$$

7.4.3 试剂

（1）磷酸二氢钾。

（2）硫酸溶液：1+1。

（3）抗坏血酸溶液：100g/L。溶解 10g±0.5g 抗坏血酸于 100mL±5mL 水中，摇匀储存于棕色瓶中，在冰箱中可稳定放置 2 周。

（4）钼酸铵溶液：26g/L。称取 13g 钼酸铵，精确至 0.5g，称取 0.35g 酒石酸锑钾（KSbOC$_4$H$_4$O$_6$·1/2H$_2$O），精确至 0.01g，溶于 200mL 水中，加入 230mL 硫酸溶液，混匀，冷却后用水稀释至 500mL，混匀，储存于棕色瓶中（有效期 2 个月）。

（5）磷标准储备溶液：1mL 含有 0.5mgPO$_4^{3-}$。称取 0.7165g 预先在 100~105℃ 干燥并已恒重过的磷酸二氢钾，精确至 0.2mg，溶于约 500mL 水中，定量转移至 1L 容量瓶中，用水稀释至刻度，摇匀。

（6）磷标准溶液：1mL 含有 0.02mgPO$_4^{3-}$。取 20.00mL 磷标准储备溶液于 500mL 容量瓶中，用水稀释至刻度，摇匀。

（7）氢氧化钠溶液：80g/L。称取 20g 氢氧化钠，精确至 0.5g，溶于 250mL 水中，摇匀，储存于塑料瓶中。

（8）硫酸溶液：1+35。

（9）过硫酸钾溶液：40g/L。称取 20g 过硫酸钾，精确至 0.5g，溶于 500mL 水中，摇匀，储存于棕色瓶中。该溶液有效期为 1 个月。

7.4.4　仪器

分光光度计：带有厚度为 1cm 的吸收池。

7.4.5　分析步骤

1. 试样的准备

现场取约 250mL 实验室样品经中速滤纸过滤后储存于 500mL 烧杯中即制成试样。

2. 标准曲线的绘制

分别取 0（空白）、1.00mL、2.00mL、3.00mL、4.00mL、5.00mL、6.00mL、7.00mL、8.00mL 磷标准溶液于 9 个 50mL 容量瓶中，用水稀释至约 40mL。依次加入 2.0mL 钼酸铵溶液、1.0mL 抗坏血酸溶液，用水稀释至刻度，摇匀，于室温下放置 10min。在分光光度计 710nm 处，用 1cm 吸收池，空白调零，以测得的吸光度为纵坐标，相对应的量 PO_4^{3-}（μg）为横坐标绘制标准曲线。

3. 正磷酸盐分析步骤

移取适量体积的试样于 50mL 容量瓶中，加入 2.0mL 钼酸铵溶液、1.0mL 抗坏血酸溶液，用水稀释至刻度，摇匀，于室温下放置 10min。在分光光度计 710nm 处，用 1cm 吸收池，以不加试验溶液的空白调零，测吸光度。

4. 总无机磷酸盐分析步骤

移取适量体积的试样于 100mL 锥形瓶中，用水稀释至约 40mL，加入 1.0mL 硫酸溶液，小火煮沸至近干，冷却后转移至 50mL 容量瓶中，加入 2.0mL 钼酸铵溶液、1.0mL 抗坏血酸溶液，用水稀释至刻度，摇匀，于室温下放置 10min。在分光光度计 710nm 处，用 1cm 吸收池，以空白调零测吸光度。

5. 总磷酸盐分析步骤

移取适量体积的试样（7.4.5.1）于 100mL 锥形瓶中，加入 1.0mL 硫酸溶液

（7.4.3.8），使 pH 值小于 1。再加入 5.0mL 过硫酸钾溶液，小火煮沸近 30min。煮沸时，随时添加水使体积保持在 25~30mL 之间，冷却。用氢氧化钠溶液将 pH 值调节至 3~10，转移至 50mL 容量瓶中。加入 2.0mL 钼酸铵溶液、1.0mL 抗坏血酸溶液，用水稀释至刻度，摇匀，于室温下放置 10min。在分光光度计 710nm 处，用 1cm 吸收池，空白调零，测吸光度。

7.4.6 分析结果的表述

正磷酸盐含量（以 PO_4^{3-} 计）ρ_1，数值以 mg/L 表示，按式（7-7）计算：

$$\rho_1 = \frac{m_1}{V_1} \tag{7-7}$$

总无机磷酸盐含量（以 PO_4^{3-} 计）ρ_2，数值以 mg/L 表示，按式（7-8）计算：

$$\rho_2 = \frac{m_2}{V_2} \tag{7-8}$$

总磷酸盐含量（以 PO_4^{3-} 计）ρ_3，数值以 mg/L 表示，按式（7-9）计算：

$$\rho_3 = \frac{m_3}{V_3} \tag{7-9}$$

有机磷酸盐（以 PO_4^{3-} 计）ρ_4，数值以 mg/L 表示，按式（7-10）计算：

$$\rho_4 = \rho_3 - \rho_2 \tag{7-10}$$

式中 m_1、m_2、m_3——从校准曲线（7.4.5.2）上查得的 PO_4^{3-} 的量的数值，μg；

V_1、V_2、V_3——移取试验溶液体积的数值，mL。

7.4.7 允许差

取平行测定结果的算术平均值为测定结果。

正磷酸盐不大于 0.10mg/L。

总无机磷酸盐平行测定结果的绝对差值应符合表 7-1 的规定。

总磷酸盐平行测定结果的绝对差值应符合表 7-2 的规定。

表 7-1　总无机磷酸盐测定的允许差

总磷酸盐含量/（mg/L）	允许差/（mg/L）
<10.00	<0.50
>10.00	<1.00

表 7-2　总磷酸盐测定的允许差

总磷酸盐含量/（mg/L）	允许差/（mg/L）
≤10.00	≤0.50
>10.00	<1.00

7.5　耗氧量的测定（酸性高锰酸钾法）

7.5.1　范围

本方法适用于氯化物质量浓度低于 300mg/L（以 Cl^- 计）的生活饮用水及其水源水中耗氧量的测定。

本方法检测下限为 0.05mg/L，检测上限为 5.0mg/L（均取 100mL 水样时以 O_2 计）。

7.5.2　方法概要

高锰酸钾在酸性溶液中将还原性物质氧化，过量的高锰酸钾用草酸还原。根据高锰酸钾消耗量表示耗氧量（以 O_2 计）。

7.5.3　试剂

（1）硫酸溶液，1+3。将 1 体积硫酸（$\rho_{20} = 1.84g/mL$）在水浴冷却下缓缓加到 3 体积纯水中，煮沸，滴加高锰酸钾溶液至溶液保持微红色。

（2）草酸钠标准储备溶液，$c(1/2Na_2C_2O_4) = 0.1000mL$。称取 6.701g 草酸钠（$Na_2C_2O_4$），溶于少量纯水中，并于 1000mL 容量瓶中用纯水定容。置暗处保存。

（3）高锰酸钾溶液，c（$1/5KMnO_4$）$= 0.1000mol/L$。

① 配置：称取 3.3g 高锰酸钾（$KMnO_4$），溶于少量纯水中，并稀释至 1000mL。煮沸 15min，静置 2w。然后用玻璃砂芯漏斗过滤至棕色瓶中，置暗处保存。

② 标定：吸取 25.00mL 草酸钠溶液于 250mL 锥形瓶中，加入 75mL 新煮沸放冷的纯水及 2.5mL 硫酸（$\rho_{20} = 1.84g/mL$）。迅速自滴定管中加入约 24mL 高锰酸钾溶液，待褪色后加热至 65℃，再继续滴定至微红色并保持 30s 不褪。当滴定终了时，溶液温度不得低于 55℃。记录高锰酸钾溶液用量。

7.5.4　仪器

（1）电热恒温水浴锅（可调至 100℃）。

（2）锥形瓶：100mL。

（3）滴定管。

7.5.5　分析步骤

（1）锥形瓶的预处理。向 250mL 锥形瓶内加入 1mL 硫酸溶液及少量高锰酸钾标准溶液。煮沸数 min，取下锥形瓶用草酸钠标准使用液滴定至微红色，将溶液弃去。

（2）吸取 100mL 充分混匀的水样（若水样中有机物含量较高，可取适量水样以纯水稀释至 100mL），置于上述处理过的锥形瓶中。加入 5mL 硫酸溶液。用滴定管加入 10.00mL 高锰酸钾标准溶液。

（3）将锥形瓶放入沸腾的水浴中，准确放置 30min。如加热过程中红色明显减褪，须将水样稀释重做。

（4）取下锥形瓶，趁热加入 10.00mL 草酸钠标准使用液，充分振摇，使红色褪尽。

（5）于白色背景上，自滴定管滴入高锰酸钾标准溶液，至溶液呈微红色即为终点，记录用量 V_1（mL）。测定时如水样消耗的高锰酸钾标准溶液超过了加入量的一半，由于高锰酸钾标准溶液的浓度过低，影响了氧化能力，使测定结果偏低。遇此情况，应取少量样品稀释后重做。

（6）向滴定至终点的水样中，趁热（70~80℃）加入 10.00mL 草酸钠溶液。立即用高锰酸钾标准溶液滴定至微红色，记录用量 V_2（mL）。如高锰酸钾标准溶液物质的量浓度为准确的 0.01mol/L，滴定时用量应为 10.00mL，否则可求一校正系数（K），计算公式如下：

$$K = \frac{10}{V_2} \qquad (7-11)$$

（7）如水样用纯水稀释，则另取 100mL，纯水，同上述步骤滴定，记录高锰酸钾标准溶液消耗量 V_0（mL）。

7.5.6 计算

耗氧量浓度的计算见下式：

$$\rho(O_2) = \frac{(10 + V_1) \times K - 10}{100} \times C \times 8 \times 1000 = [(10 + V_1) \times K - 10] \times C \times 8$$

$$(7-12)$$

如水样用纯水稀释，则采用下式计算水样的耗氧量：

$$\rho(O_2) = \frac{\{[(10 + V_1) \times K - 10] - [(10 + V_0) \times K - 10]R\} \times C \times 8}{V_3} \qquad (7-13)$$

式中　R——稀释水样时，纯水在 100mL 体积内所占的比例值［例如：25mL 水样用纯水稀释至 100mL，则 R =（100-25）/100 = 0.75］；

　　　ρ——耗氧量的浓度，mg/L；

　　　C——高锰酸钾标准溶液的浓度，c（1/5KMnO$_4$）= 0.01000mol/L；

　　　8——与 1.00mL 高锰酸钾标准溶液 [c（1/5KMnO$_4$）= 1.000mol/L] 相当的以毫克（mg）表示氧的质量；

　　　V_3——水样体积，单位为毫升（mL）；

V_1，K，V_0 分别见步骤 7.5.5.5，7.5.5.6 和 7.5.5.7。

7.5.7 允许差

取平行测定结果的算术平均值为测定结果，平行测定结果的绝对差值不大于 0.5mg/L。

7.6 氨氮的测定（蒸馏-中和滴定法）

7.6.1 范围

本方法适用于生活污水和工业废水中氨氮的测定。

当试样体积为 250mL，方法的检出限为 0.2mg/L，测定下限为 0.8mg/L（均以 N 计）。

7.6.2 方法概要

调节水样的 pH 值在 6.0~7.4 之间，加入轻质氧化镁使呈微碱性，蒸馏释出的氨用硼酸溶液吸收。以甲基红-亚甲蓝为指示剂，用盐酸标准溶液滴定馏出液中的氨氮（以 N 计）。

7.6.3 试剂和材料

除非另有说明，分析时所用试剂均使用符合国家标准的分析纯化学试剂，实验用水为无氨水，使用经过检定的容量器皿和量器。

（1）无氨水，在无氨环境中用下述方法之一制备。

① 离子交换法。蒸馏水通过强酸性阳离子交换树脂（氢型）柱，将流出液收集在带有磨口塞的玻璃瓶内。每升流出液加 10g 同样的树脂，以利于保存。

② 蒸馏法。在 1000mL 的蒸馏水中，加 0.1mL 硫酸，在全玻璃蒸馏器中重蒸馏，弃去前 50mL 蒸出液，然后将约 800mL 蒸出液收集在带有磨口塞的玻璃瓶内。每升蒸出液加 10g 强酸性阳离子交换树脂（氢型）。

③ 纯水器法。用市售纯水器直接制备。

（2）硫酸，$\rho = 1.84g/mL$。

（3）盐酸，$\rho = 1.19g/mL$。

（4）无水乙醇，$\rho = 0.79g/mL$。

（5）无水碳酸钠，基准试剂。

（6）轻质氧化镁，不含碳酸盐：在500℃下加热，以除去碳酸盐。

（7）氢氧化钠溶液，c（NaOH）= 1mol/L：将20g氢氧化钠溶于约200mL水中，冷至室温，稀释至500mL。

（8）硫酸溶液，c（$1/2H_2SO_4$）= 1mol/L：量取2.7mL硫酸缓慢加入100mL水中。

（9）硼酸吸收液，ρ = 20g/L。

（10）甲基红指示液，ρ = 0.5g/L：称取50mg甲基红溶于100mL乙醇中。

（11）溴百里酚蓝指示剂，ρ = 1g/L：称取0.10g溴百里酚蓝溶于50mL水中，加入20mL乙醇，用于稀释至100mL。

（12）混合指示剂：称取200mg甲基红溶于100mL乙醇中，另称取100mg亚甲蓝溶于100mL乙醇中。

取两份甲基红溶液与一份亚甲蓝溶液混合备用，此溶液可稳定一个月。

（13）碳酸钠标准溶液，c（$1/2NaCO_3$）= 0.02000mol/L。

称取经180℃干燥2h的无水碳酸钠0.5300g，溶于新煮沸放冷的水中，移入500mL容量瓶中，稀释至标线。

（14）盐酸标准滴定溶液，c（HCl）= 0.02mol/L。取1.7mL盐酸于1000mL容量瓶中，用水稀释至标线。

标定方法：移取25.00mL碳酸钠标准溶液于150mL锥形瓶中，加25mL水，加1滴甲基红指示液，用盐酸标准溶液滴定至淡红色为止。记录消耗的体积。用下列公式计算盐酸溶液的浓度：

$$c_{HCl} = \frac{c_1 \times V_1}{V_2} \qquad (7-14)$$

式中　c_{HCl}——盐酸标准滴定溶液的浓度，mol/L；

　　　c_1——碳酸钠标准溶液的浓度，mol/L；

　　　V_1——碳酸钠标准溶液的体积，mL；

　　　V_2——盐酸标准滴定溶液的体积，mL。

（15）玻璃珠。

（16）防沫剂，如石蜡碎片。

（17）无氨水的检查：用盐酸标准溶液滴定 250mL 水，消耗盐酸标准溶液的体积不得大于 0.04mL。

7.6.4　仪器

（1）氨氮蒸馏装置：有 500mL 凯式烧瓶、氮球、直形冷凝管和导管组成，冷凝管末端可连接一段适当长度的滴管，使出口尖端浸入吸收液液面下。亦可使用蒸馏烧瓶。

（2）酸式滴定管：50mL。

7.6.5　样品

1. 样品保存

水样采集在聚乙烯瓶或玻璃瓶内，要尽快分析。如需保存，应加硫酸使水样酸化至 pH 值<2，在 2~5℃下可保存 7d。

2. 样品预蒸馏

将 50mL 的硼酸吸收液移入接收瓶内，确保冷凝管出口在硼酸溶液液面之下。取 250mL 水样（如氨氮含量高，可适当少取水样，加水至 250mL）移入烧瓶中，加 2 滴溴百里酚蓝指示剂，用氢氧化钠溶液或硫酸溶液调整 pH 至 6.0（指示剂呈黄色）~7.4（指示剂呈蓝色）之间，加入 0.25g 轻质氧化镁及数粒玻璃珠，必要时加入防沫剂。立即连接氮球和冷凝管加热蒸馏，使馏出液速率约为 10mL/min，待流出液达 200mL 时，停止蒸馏。

7.6.6　分析步骤

1. 样品分析

将全部馏出液转移到锥形瓶中，加入 2 滴混合试剂，用盐酸标准滴定溶液滴定，至馏出液由绿色变成淡紫色为终点，并记录消耗的盐酸标准滴定溶液的体积 V_s。

2. 空白实验

用 250mL 水代替水样，按步骤进行预蒸馏和滴定，并记录消耗的盐酸标准滴定溶液的体积 V_b。

7.6.7 结果

水样中氨氮的浓度用公式计算：

$$\rho_N = \frac{V_s - V_b}{V} \times c \times 14.01 \times 1000 \qquad (7-15)$$

式中　ρ_N——水样中氨氮的浓度（以氮计），mg/L；

　　　V——试样的体积，mL；

　　　V_s——滴定试样所消耗的盐酸标准滴定溶液的体积，mL；

　　　V_b——滴定空白所消耗的盐酸标准滴定溶液的体积，mL；

　　　c——滴定用盐酸标准溶液的浓度，mol/L；

14.01——氮的原子量，g/mol。

7.6.8 准确度和精密度（表7-3）

表7-3　标准样品和实际样品的准确度和精密度

样品	氨氮含量/（mg/L）	重复性/（mg/L）	再现性/（mg/L）	相对误差/%
标样1	2.76	0.106	0.146	0.73
标样2	23.8	0.641	1.39	-0.42
地表水	6.60	0.109	0.515	
生活污水	21.4	0.694	3.09	

第8章
重量分析

8.1 水质悬浮物的测定

8.1.1 范围

本方法规定了水中悬浮物的测定。

本方法适用于地面水、地下水，也适用于生活污水和工业废水中悬浮物测定。

8.1.2 方法概要

水质中的悬浮物是指水样通过孔径为 $0.45\mu m$ 的滤膜，截留在滤膜上并于 $103\sim105℃$ 烘干至恒重的固体物质。

8.1.3 试剂

蒸馏水或同等纯度的水。

8.1.4 仪器

常用实验室仪器；全玻璃微孔滤膜过滤器；CN-CA 滤膜（孔径 $0.45\mu m$、直径 60mm）；吸滤瓶；真空泵；无齿扁嘴镊子。

8.1.5 采样及样品储存

1. 采样

所用聚乙烯瓶或硬质玻璃瓶要用洗涤剂洗净。再依次用自来水和蒸馏水冲洗干净。在采样之前，再用即将采集的水样清洗三次。然后，采集具有代表性的水样 500~1000mL，盖严瓶塞。漂浮或浸没的不均匀固体物质，应从水样中除去。

2. 样品储存

采集的水样应尽快分析测定。如需放置，应储存在 4℃冷藏箱中，但最长不得超过七天。

8.1.6　步骤

1. 滤膜准备

用无齿扁嘴镊子夹取微孔滤膜放于事先恒重的称量瓶里，移入烘箱中于 103~105℃烘干半小时后取出置干燥器内冷却至室温，称其重量。反复烘干、冷却、称量，直至两次称量的重量差≤0.2mg。将恒重的微孔滤膜正确的放在滤膜过滤器的滤膜托盘上，加盖配套的漏斗，并用夹子固定好。以蒸馏水湿润滤膜，并不断吸滤。

2. 测定

量取混合均匀的试样 100mL 抽吸过滤。使水分全部通过滤膜。再以每次 10mL 蒸馏水连续洗涤三次，继续吸滤以除去痕量水分。停止吸滤，取出载有悬浮物的滤膜放在原恒重的称量瓶里，移入烘箱中于 103~105℃下烘干 1h 后移入干燥器中，使冷却到室温，称其重量。反复烘干、冷却、称量，直至两次称量的重量差≤0.4mg 为止。

3. 注意事项

滤膜上截留过多的悬浮物可能夹带过多的水分，除延长干燥时间外，还可能造成过滤困难，遇此情况，可酌情少取试样。滤膜上悬浮物过少，则会增大称量误差，影响测定精度，必要时，可增大试样体积。一般以 5~100mg 悬浮物量作为量取试样体积的实用范围。

8.1.7　计算

悬浮物含量按下式计算：

$$C = \frac{(A - B) \times 10^6}{V} \tag{8-1}$$

式中　*C*——水中悬浮物浓度，mg/L；

　　　A——悬浮物+滤膜+称量瓶重量，g；

　　　B——滤膜+称量瓶重量，g；

　　　V——试样体积，mL。

8.1.8　精密度

两次称量的重量差≤0.4mg。

第9章

光学分析

9.1 浊度的测定

9.1.1 适用范围

依据 GB/T 6903—2005《锅炉用水和冷却水分析方法通则》

本方法适用于锅炉用水和冷却水的分析，浊度范围是：0~40FTU。

9.1.2 方法概要

本方法以福马肼悬浊液作标准，采用分光光度法比较被测水样透过光和标准悬浊液透过光的强度进行定量。

水样带有颜色可用 0.15μm 滤膜过滤器过滤，以此溶液为空白，消除干扰。

9.1.3 试剂

（1）无浊度水：将二级试剂水以 3mL/min 流速经 0.15μm 滤膜过滤器过滤，初始 200mL 舍去。

（2）福马肼浊度储备标准液（400FTU）。

（3）硫酸联氨溶液：称取 1.000g 硫酸联氨，用少量无浊度水溶解，移入 100mL 容量瓶中，并稀释至刻度。

（4）六次甲基四胺溶液：称取 10.00g 六次甲基四胺，用少量无浊度水溶解，移入 100mL 容量瓶中，并稀释至刻度。

（5）福马肼浊度储备标准液：分别移取硫酸联氨溶液和六次甲基四胺溶液各

5mL，注入 100mL 容量瓶中，充分摇匀，在 25℃±3℃下保温 24h 后，用无浊度水稀释至刻度。

9.1.4　仪器

（1）分光光度计，带有厚度为 1cm、5cm 的比色皿。

（2）滤膜过滤器：滤膜孔径为 0.15μm。

9.1.5　分析步骤

1. 工作曲线的绘制

1）浊度为 40~400FTU 的工作曲线

按表 9-1 移取浊度储备液注入一组 100mL 容量瓶中，用无浊度水稀释至刻度，摇匀，放入 10cm 比色皿中，以无浊度水作参比，在波长为 600nm 处测定透光度并绘制工作曲线。

表 9-1　浊度标准液配制（40~400FTU）

储备标准液/mL	0	10.00	15.00	20.00	25.00	50.00	75.00	100.0
相当水样浊度/FTU	0	40	60	80	100	200	300	400

2）浊度为 4~40FTU 的工作曲线

按表 9-2 移取浊度储备液注入一组 100mL 容量瓶中，用无浊度水稀释至刻度，摇匀，放入 5cm 比色皿中，以无浊度水作参比，在波长为 600nm 处测定透光度并绘制工作曲线。

表 9-2　浊度标准液配制（4~40FTU）

储备标准液/mL	0	1.00	1.50	2.00	2.50	5.00	7.50	10.0
相当水样浊度/FTU	0	4	6	8	10	20	30	40

2. 水样的测定

取充分摇匀的水样，直接注入比色皿中，用绘制工作曲线的相同条件测定透光度，从工作曲线上求其浊度。

9.2　总铁的测定（邻菲罗啉分光光度法）

9.2.1　范围

本方法适用于锅炉给水、冷却水、原水及工业废水中总铁的测定，测定范围为 0.01~5mg/L。

9.2.2　方法概要

铁（Ⅱ）菲啰啉络合物在 pH 为 2.5~9 是最稳定的，颜色的强度与铁（Ⅱ）存在量成正比。在铁浓度为 5.0mg/L 以下时，浓度与吸光度呈线性关系。最大吸光度值在 510nm 波长处。

9.2.3　试剂

（1）硫酸。

（2）硝酸。

（3）盐酸。

（4）硫酸，1+3。

（5）乙酸缓冲溶液。溶解 40g 乙酸铵和 50mL 冰乙酸（$\rho = 1.06g/mL$）于水中并稀释至 100mL。

（6）盐酸羟胺溶液：100g/L。

（7）1，10-菲罗啉溶液：5g/L。溶解 0.5g 1，10-菲啰啉氯化物（一水合物）于水中并稀释至 100mL。

此溶液储存在暗处，可稳定放置一周。

（8）过硫酸钾溶液：40g/L。溶解过硫酸钾于水中并稀释至 100mL，室温下储存于棕色瓶中。此溶液可稳定放置几周。

（9）铁标准储备溶液：100mg/L。

（10）铁标准溶液Ⅰ：20mg/L。吸取 100mL 铁标准储备液于 500mL 容量瓶中并稀释至刻度。使用当天配制该溶液。

（11）铁标准溶液Ⅱ：0.2mg/L。吸取 5mL 铁标准溶液Ⅰ于 500mL 容量瓶中并稀释至刻度。使用当天配制该溶液。

9.2.4 仪器

（1）分光光度计，带 1cm 比色皿。

（2）一般实验室用玻璃器皿。

9.2.5 操作步骤

1. 准备

准确移取一定体积的铁标准溶液（铁标准溶液Ⅰ和铁标准溶液Ⅱ）于一系列 50mL 比色管中，制备一系列质量浓度范围的含铁参比液，参比溶液的质量浓度范围应与待测试液含铁质量浓度相适应。加 0.5mL 硫酸溶液于每一个比色管中，并用水稀释至 50mL。加入 5mL 过硫酸铵溶液，微沸约 40min，剩余体积不低于 20mL，冷却后转移至 50mL 比色管中，并补水至 50mL。再加 1.0mL 盐酸羟胺并充分混匀，后加入 2.0mL 乙酸-乙酸铵缓冲液使 pH 值为 3.5~5.5，最好为 4.5。最后加入 2.0mL 1，10-菲啰啉溶液并放在暗处 15min。

分光光度计设置波长为 510nm，用 10cm 长比色皿，以Ⅰ级试剂水为参比测定吸光度。以铁离子的质量浓度为横坐标，所测吸光度为纵坐标绘制校正曲线。

2. 水样的测定

（1）取样后立即酸化至 pH=1，通常 1mL 硫酸满足 100mL 水样的要求；

（2）取 50mL 酸化后水样于 100mL 比色管中，加 5mL 过硫酸铵溶液，微沸约 40min，剩余体积不低于 20mL，冷却后转移至 50mL 比色管中，并补水至 50mL；

（3）加 1.0mL 盐酸羟胺并充分混匀，加 2.0mL 乙酸-乙酸铵缓冲液使 pH 值为 3.5~5.5，最好为 4.5；

（4）加 2.0mL 1，10-菲啰啉溶液并放在暗处 15min；

（5）用分光光度计上在波长 510nm 处以空白溶液为参比测定。

9.2.6　计算

铁含量以质量浓度 ρ 计，数值以 mg/L 计，按式（9-1）计算：

$$\rho = f(A_1 - A_0) \tag{9-1}$$

式中　f——校正曲线斜率；

　　　A_1——试样的吸光度；

　　　A_2——空白试样的吸光度。

9.2.7　精密度

（1）铁含量为 0.010~0.100mg/L 时，结果应精密至 0.001mg/L。

（2）铁含量为 0.100~10mg/L 时，结果应精密至 0.01mg/L。

（3）铁含量大于 10mg/L 时，结果应精密至 0.1mg/L。

9.3　余氯的测定

9.3.1　范围

本方法适用于原水和工业循环冷却水中余氯、游离氯的分析，测定范围为 0.03~2.5mg/L。

9.3.2　原理

1. 游离氯的测定

当 pH 值为 6.2~6.5 时，试样中的游离氯与 N，N-二乙基-1，4-苯二胺（以下简称 DPD）直接反应，生成红色化合物，于 510nm 波长处，用分光光度法测定。干扰的消除见 3.3.10。

2. 余氯的测定

当 pH 值为 6.2~6.5 时，在过量的碘化钾存在下，试样中余氯与 DPD 反应，生成红色化合物，于 510nm 波长处，用分光光度法测定。干扰的消除见 9.3.9。

9.3.3 试剂和材料

(1) 水 (不含氧化性和还原性物质)。

蒸馏水必须按下述步骤进行检验：取两只 250mL 锥形瓶，第一个瓶内放置 100mL 待检验的水及 1g 碘化钾混合，1min 后加入 5.0mL 缓冲溶液和 5.0mLDPD 溶液混合。在第二个瓶内放置 100mL 待检验水样和两滴次氯酸钠溶液 II 混合，2min 后加入 5.0mL 缓冲溶液和 5.0mL DPD 溶液混合。

若第一个瓶无色，第二个瓶出现淡粉色，则水符合质量要求。

若蒸馏水不符合质量要求，必须进行下述处理：将 3000mL 蒸馏水置于烧杯中，加入 0.50mL 次氯酸钠溶液 I，混匀，盖上玻璃盖，放置至少 20h 后，去盖用 H 型紫外灯 (9W) 插入水中，或在强日光下照射或与活性炭接触 10h 以上脱氯，并按上述方法检验，如不合格，仍需重新处理。

(2) 碘化钾。

(3) 次氯酸钠溶液 I：活性氯浓度为 5.2% (质量分数) 的溶液。

(4) 次氯酸钠溶液 II：活性氯浓度约为 0.1g/L 的溶液。称取约 2g 次氯酸钠溶液 I，精确至 1mg。用水稀释至 1000mL 混匀。

(5) 缓冲溶液：pH 值为 6.5。用水分别将 60.5g 十二水磷酸氢二钠或 24g 无水磷酸氢二钠，46.0g 磷酸二氢钾和 0.8g 乙二胺四乙酸二钠 ($C_{10}H_{14}N_2O_8Na_2 \cdot 2H_2O$) 溶解后，移入 1000mL 容量瓶中，用水稀释至刻度，摇匀。

(6) N，N-二乙基-1，4-苯二胺 (以下简称 DPD) [$NH_2-C_6H_4-N(C_2H_5)_2 \cdot H_2SO_4$] 溶液：1.1g/L。在 250mL 水中加入 2.0mL 硫酸并溶解 0.2g 乙二胺四乙酸二钠和 1.1g 无水 DPD，用水稀释到 1000mL 混匀。置于棕色瓶中，防止受热。一个月后或当溶液变色时，须更新溶液。

(7) 硫酸溶液：1+17。

(8) 氢氧化钠溶液：80g/L。

(9) 硫代乙酰胺 (CH_3CSNH_2) 溶液：2.5g/L 或亚砷酸钠 ($NaAsO_2$) 溶液：2g/L。

(10) 碘酸钾溶液：ρ (KIO_3) = 1.006g/L。称取 1.006g 碘酸钾 (KIO_3)，精

确至 0.2mg。溶于 200mL 水中，移入 1000mL 的容量瓶，并用水稀释至刻度，摇匀。

（11）碘酸钾溶液 II：ρ（KIO_3）= 10.06mg/L。移取 10mL 碘酸钾溶液 I 置于 1000mL 容量瓶中，加 1g 碘化钾，用水稀释至刻度，摇匀，须当天配制。1mL 该溶液相当于 10μgCl。

9.3.4 仪器

分光光度计：带有厚度为 3cm 的比色皿。

一般实验室用仪器。

实验中所用的玻璃器皿需用次氯酸钠溶液 II 注满器皿，1h 后用大量自来水冲洗，再用水洗净。在分析过程中，为避免污染游离氯那一组，应一组玻璃容器用于测定游离氯，另一组用于余氯的测定。

9.3.5 分析步骤

1. 校准曲线的绘制

移取碘酸钾标准溶液 II 0、0.30mL、1.00mL、3.00mL、5.00mL、7.00mL、9.00mL、12.00mL、15.00mL、20.00mL 分别置于 100mL 容量瓶中，在第一个容量瓶内加 1.00mL 硫酸溶液混匀，1min 后加 1.0mL 氢氧化钠溶液混匀，用水稀释至刻度，摇匀。依次将其余容量瓶逐个按同样方法操作。各容量瓶中溶液相当于余氯量分别为 0、0.03mg/L、0.10mg/L、0.30mg/L、0.50mg/L、0.70mg/L、0.90mg/L、1.20mg/L、1.50mg/L、2.00mg/L（以 Cl 计）。

在 250mL 锥形瓶内，加 5.0mL 缓冲溶液和 5.0mLDPD 溶液混匀，立即加入第一个容量瓶内的溶液（不冲洗）摇匀，控制显色时间在 2min 内，用 3cm 吸收池，在 510nm 波长处，以水的试剂空白为参比测定其吸光度。

依次将其余容量瓶逐个按同样方法进行显色和测定操作。每个标准显色溶液的制度需分开，以免预先加入的缓冲溶液与试剂的混合物放置时间过长，产生红色干扰。

将测定各吸光度值扣除空白值后，以吸光度为纵坐标，余氯含量（mg/L，以 Cl 计）为横坐标绘制校准曲线。

2. 游离氯的测定

在 250mL 锥形瓶中，加 5.0mL 缓冲溶液和 5.0mL DPD 溶液摇匀，随后加 100.00mL 试样溶液摇匀。控制显色时间在 2min，用 3cm 吸收池，510nm 波长处，以水的试剂空白为参比，迅速测定吸光度，并从校准曲线上查得氯的质量浓度 ρ_1。

3. 余氯的测定

在 250mL 锥形瓶申，加 5.0mL 缓冲溶液和 5.0mL DPD 溶液摇匀，随后加 100.00mL 试样溶液摇匀。再加 1g 碘化钾混匀。控制显色时间在 2min 后，用 3cm 吸收池，在 510nm 波长处，以水的试剂空白为参比，迅速测定吸光度，并从校准曲线上查得氯的质量浓度 ρ_2。

当试样溶液为强酸性、强碱性或高浓度盐时，调整加入缓冲溶液的体积，使水样 pH 值为 6.2~6.5。

4. 锰氧化物干扰的校正

在 250mL 锥形瓶中，放置 100.00mL 试样溶液，加入 1mL 硫代乙酰胺溶液或亚砷酸钠溶液，混匀，再加 5.0mL 缓冲溶液和 5.0mL DPD 溶液，混匀。用 3cm 吸收池，在 510nm 波长处，以水的试剂空白为参比液，立即测定吸光度。并由测得的吸光度，从校准曲线上查得相当于锰氧化物存在的氯的质量浓度 ρ_3。

若试样溶液中氯量超过 1.50mg/L（以 Cl 计），则适当减少取样量，但应以水稀释至 100mL。

9.3.6 分析结果的表述

1. 游离氯含量的计算

试样中游离氯的含量（以 Cl 计）以质量浓度 ρ_{FCl} 计，数值以毫克每升（mg/L）表示，按式（9-2）计算：

$$\rho_{FCl} = \frac{(\rho_1 - \rho_3) \times 100.00}{V} \tag{9-2}$$

式中 ρ_1——按游离氯的测定查得的氯的质量浓度，mg/L（以 Cl 计）；

ρ_3——按锰氧化物干扰的校正查得相当的氯的质量浓度，mg/L（以 Cl

计）；

    V——移取试样溶液的体积的数值，mL；

100.00——将试样稀释后所得试料的体积的数值，mL。

2. 余氯含量的计算

试样中游离氯的含量（以 Cl 计）以质量浓度 ρ_{TCl} 计，数值以毫克每升（mg/L）表示，按式（9-3）计算：

$$\rho_{TCl} = \frac{(\rho_2 - \rho_3) \times 100.00}{V} \tag{9-3}$$

式中 ρ_2——按余氯的测定查得的氯的质量浓度，mg/L（以 Cl 计）；

    ρ_3——按锰氧化物干扰的校正查得相当的氯的质量浓度，mg/L（以 Cl 计）；

    V——移取试样溶液的体积的数值，mL；

100.00——将试样稀释后所得试料的体积的数值，mL。

9.3.7　允许差

取平行测定结果的算术平均值为测定结果。平行测定结果的绝对差值不超过 0.03mg/L。

9.3.8　干扰试验

1. 其他氯化物引起的干扰

可能存在的任何二氧化氯的一小部分都会作为游离氯被测定。这些干扰可以通过测定水中的二氧化氯进行校正。

2. 氯化物以外的物质引起的干扰

DPD 的氧化不仅是由氯化物引起的，由于浓度和潜在的化学氧化物，反应可被其他氧化剂影响。下列物质被特别提出：溴化物，碘化物，溴胺，碘胺，臭氧，过氧化氢，铬酸盐，锰酸盐，亚硝酸盐，铁离子（Ⅲ）以及铜离子。当铜离子的质量浓度<8mg/L，铁离子（Ⅲ）的质量浓度<20mg/L 时，该干扰可由 pH 值为 6.5 的缓冲溶液和 DPD 中的 EDTA 的加入来消除。

铬酸盐的干扰可通过氯化钡的加入来消除。

9.4 挥发酚的测定

9.4.1 范围

本方法规定了测定工业废水和生活污水中挥发酚的 4-氨基安替比林分光光度法。工业废水和生活污水用直接分光光度法测定，检出限为 0.01mg/L，测定下限为 0.04mg/L，测定上限 2.50mg/L。

对于浓度高于标准测定上限的样品，可适当稀释后进行测定。

9.4.2 方法概要

用蒸馏法使挥发性酚类化合物蒸馏出，并与干扰物质和固定剂分离。由于酚类化合物的挥发速度是随馏出液体积而变化，因此，馏出液体积必须与试样体积相等。

被蒸馏出的酚类化合物，置于 pH 值 10.0±0.2 介质中，在铁氰化钾存在下，与 4-氨基安替比林反应生成橙色的安替比林染料。

显色后，在 30min 内，置于 510nm 波长测定吸光度。

9.4.3 试剂

(1) 无酚水：应储于玻璃瓶中，取用时，应避免与橡胶制品接触。

(2) 酚标准储备液：ρ（C_6H_5OH）≈1.00g/L。

(3) 酚标准中间液：ρ（C_6H_5OH）= 10mg/L。取适量酚标准储备液用水稀释至 100mL 容量瓶中，使用时当天配制。

(4) 甲基橙指示液：ρ（甲基橙）= 0.5g/L。称取 0.1g 甲基橙溶于水，溶解后移入 200mL 容量瓶中，用水稀释至标线。

(5) 磷酸溶液，1+9。

(6) 氨水：ρ（$NH_3 \cdot H_2O$）= 0.9g/mL。

（7）缓冲溶液：pH=10.7。称取 20g 氯化铵溶于 100mL 氨水中，密塞，置冰箱中保存。

（8）4-氨基安替比林溶液：称取 2g 4-氨基安替比林溶于水中，溶解后移入 100mL 容量瓶中，用水稀释至标线，提纯，收集滤液后置冰箱中冷藏，可保存 7d。

（9）铁氰化钾溶液：ρ（K_3［Fe（CN）$_6$］）=80g/L。称取 8g 铁氰化钾溶于水，溶解后移入 100mL 容量瓶中，用水稀释至标线。置冰箱内冷藏，可保存一周。

9.4.4 仪器

（1）分光光度计：具 510nm 波长，并配有光程为 2cm 的比色皿。

（2）一般实验室常用仪器。

9.4.5 分析步骤

1. 预蒸馏

取 250mL 样品移入 500mL 全玻璃蒸馏器中，加 25mL 水，加数粒玻璃珠以防暴沸，再加数滴甲基橙指示液，若试样未显橙红色，则需继续补加磷酸溶液。

连接冷凝器，加热蒸馏，收集馏出液 250mL 至容量瓶中。

蒸馏过程中，若发现甲基橙红色褪去，应在蒸馏结束后，放冷，再加 1 滴甲基橙指示液。若发现蒸馏后残液不呈酸性，则应重新取样，增加磷酸溶液加入量，进行蒸馏。

2. 显色

分取馏出液 50mL 加入 50mL 比色管中，加 0.5mL 缓冲溶液，混匀，此时 pH 值为 10.0±0.2，加 1.0mL 的 4-氨基安替比林溶液，混匀，再加 1.0mL 铁氰化钾溶液，充分混匀，密塞，放置 10min。

3. 吸光度测定

置于 510nm 波长，用光程为 2cm 的比色皿，以水为参比，于 30min 内测定溶液的吸光度值。

4. 空白试验

用水代替试样，按以上步骤测定其吸光度值。空白应与试样同时测定。

5. 校准

1）校准系列的制备

置于一组 8 支 50mL 比色管中，分别加入 0、0.50mL、1.00mL、3.00mL、5.00mL、7.00mL、10.00mL 和 12.50mL 酚标准中间液，加水至标线。

按步骤进行测定。

2）校准曲线的绘制

由校准系列测得的吸光度值减去零浓度管的吸光度值，绘制吸光度值对酚含量（mg）的曲线，校准曲线回归方程相关系数应达到 0.999 以上。

9.4.6　结果计算

试样中挥发酚的浓度（以苯酚计），按公式计算：

$$\rho = \frac{(A_s - A_b - a) \times 1000}{bV} \tag{9-4}$$

式中　ρ——试样中挥发酚浓度，mg/L；

　　　A_s——试样的吸光度值；

　　　A_b——空白试验的吸光度值；

　　　a——校准曲线的截距值；

　　　b——校准曲线的斜率；

　　　V——试样的体积，mL。

当计算结果小于 1mg/L 时，保留到小数点后 3 位；大于等于 1mg/L 时，保留三位有效数字。

9.4.7　精密度和准确度

表 9-3　标准样品和实际样品的准确度和精密度

样品	酚含量/ （mg/L）	重复性/ （mg/L）	再现性/ （mg/L）	实验室间相对 标准偏差/%	实验室内相对 标准偏差/%
标样 1	0.25	0.01	0.02	2.2	2.0~2.1
标样 2	1.25	0.02	0.03	0.4	0.6~0.9
标样 3	2.25	0.03	0.03	0.2	0.4~0.6

9.5 硫化物的测定

9.5.1 范围

硫化物指水中溶解性无机硫化物和酸溶性金属硫化物，包括溶解性的 H_2S、HS^-、S^{2-}，以及存在于悬浮物中的可溶性硫化物和酸可溶性金属硫化物。

本方法适用于地面水、地下水、生活污水和工业废水中硫化物的测定。

试料体积为 100mL，使用光程为 1cm 的比色皿时，方法的检出限为 0.005mg/L，测定上限为 0.700mg/L。对硫化物含量较高的水样，可适当减少取样量或将样品稀释后测定。

9.5.2 方法概要

样品经酸化，硫化物转化成硫化氢，用氮气将硫化氢吹出，转移至盛乙酸锌-乙酸钠溶液的吸收显色管中，与 N，N-二甲基对苯二胺和硫酸铁铵反应生成蓝色的络合物亚甲基蓝，在 665nm 波长处测定。

9.5.3 试剂

除非另有说明，分析时均使用符合国家标准的分析纯试剂和去离子除氧水。

（1）去离子除氧水：将蒸馏水通过离子交换柱制得去离子水，通入氮气至饱和（以 200～300mL/min 的速度通氮气约 200min），以除去水中溶解氧。制得的去离子除氧水应立即盖严，并存放于玻璃瓶内。

（2）氮气：纯度>99.99%。

（3）硫酸（H_2SO_4）：$\rho = 1.64g/mL$。

（4）磷酸（H_3PO_4）：$\rho = 1.69g/mL$。

（5）N，N-二甲基对苯二胺溶液：称取 2gN，N-二甲基对苯二胺盐酸盐 $[NH_2C_6H_4N(CH_3)_2 \cdot 2HCl]$ 溶于 200mL 水中，缓缓加入 200mL 浓 H_2SO_4，冷却后，用水稀释至 1000mL，此溶液室温下储存于密闭的棕色瓶内，可稳定三个月。

（6）硫酸铁铵溶液：取 25g［$FeNH_4(SO_4)_2 \cdot 12H_2O$］溶解于含有 5mL 浓 H_2SO_4的水中，用水稀释至 250mL，摇匀。溶液如出现不溶物或浑浊，应过滤后使用。

（7）磷酸溶液：1+1。

（8）抗氧化剂溶液：称取 2g 抗坏血酸、0.1g 乙二胺四乙酸二钠和 0.5g 氢氧化钠溶于 100mL 水中，摇匀并储于棕色瓶内。本溶液应在使用当天配制。

（9）乙酸锌–乙酸钠溶液：称取 50g 乙酸锌和 12.5g 乙酸钠溶于水中，摇匀。

（10）硫酸溶液：1+5。

（11）氢氧化钠溶液：4g/100mL。

（12）1%淀粉指示液。

（13）碘标准溶液，$c(1/2I_2) = 0.10mol/L$：准确称取 6.345g 的 I_2于 250mL 烧杯中，加入 20g 碘化钾和 10mL 水，搅拌至完全溶解，用水稀释至 500mL，摇匀并储存于棕色瓶中。

（14）重铬酸钾标准溶液，$c(1/6K_2Cr_2O_7) = 0.1000mol/L$：准确称取 4.9030g（重铬酸钾，优级纯，经 110℃ 干燥 2h）溶于水，移入 1000mL 容量瓶，用水稀释至标线，摇匀。

（15）硫代硫酸钠标准溶液＝0.1mol/L：称取 24.8g（$Na_2S_2O_3 \cdot 5H_2O$）溶于水，加 1g 无水碳酸钠，移入 1000mL 棕色容量瓶，用水稀释至标线，摇匀。放置一周后标定其准确浓度。溶液如呈现浑浊，必须过滤。

标定方法：在 250mL 碘量瓶中，加 1g 碘化钾和 50mL 水，加 15.00mL 重铬酸钾标准溶液，振摇至完全溶解后，加 5mL 硫酸溶液，立即密塞摇匀，于暗处放置 5min 后，用待标定的硫代硫酸钠标准溶液滴定至溶液呈淡黄色时，加 1mL 淀粉溶液，继续滴定至蓝色刚好消失为终点。记录硫代硫酸钠标准溶液的用量，同时作空白滴定。

硫代硫酸钠标准溶液的准确浓度计算：

$$c(Na_2S_2O_3) = \frac{0.1000 \times 15.00}{V_1 - V_2} \tag{9-5}$$

式中 V_1——滴定重铬酸钾标准溶液消耗硫代硫酸钠标准溶液的体积，mL；

V_2——滴定空白溶液消耗硫代硫酸钠标准溶液的体积，mL。

（16）Na_2S 标准储备液：取一定量结晶状硫化钠（$Na_2S \cdot 9H_2O$）于布氏漏斗中或小烧杯中，用水淋洗除去表面杂质，用干滤纸吸去水分后，称取 0.75g 溶于少量水，移入 100mL 棕色容量瓶，用水稀释至标线，摇匀后标定其准确浓度。

标定方法：在 250mL 碘量瓶中，加入 10mL 乙酸锌-乙酸钠溶液、10.00mL 待标定的硫化钠标准溶液和 20mL 的 0.05mol/L 碘标准溶液，用水稀释至约 60mL，加入 5mL 硫酸溶液，立即密塞摇匀。于暗处放置 5min 后，用硫代硫酸钠标准溶液滴黄色时，加入 1mL 淀粉指示液，继续滴定至蓝色刚好消失为终点，记录硫代硫酸钠标准溶液的用量。同时以 10mL 水代替硫化钠标准溶液，作空白滴定。

硫化钠标准溶液中硫化物的含量计算：

$$硫化物（mg/mL） = \frac{(V_0 - V_1) \times C \times 16.03}{10.00} \tag{9-6}$$

式中 V_1——滴定硫化钠标准溶液消耗硫代硫酸钠标准溶液的体积，mL；

V_0——滴定空白溶液消耗硫代硫酸钠标准溶液的体积，mL；

C——硫代硫酸钠（$Na_2S_2O_3$）标准溶液的浓度，mol/L；

16.03——硫化物（$1/2S^{2-}$）的摩尔质量，g/mol。

（17）硫化钠标准使用液：以新配制的氢氧化钠溶液调节去离子除氧水 pH=10~12 后，取约 400mL 水置于 500mL 棕色容量瓶内，加入 1~2mL 乙酸锌-乙酸钠溶液，混匀。吸取一定量刚标定过的硫化钠标准液，移入上述棕色瓶内，注意边振荡边成滴状加入，然后加已调 pH=10~12 的水稀释至标线，充分摇匀，使之成均匀含硫离子（S^{2-}）浓度为 10.00μg/mL 的硫化锌混悬液。本方法使用液在室温下保存可稳定半年，每次使用时，应在充分摇匀后取用。

9.5.4　仪器和装置

（1）酸化-吹气-吸收装置，如图 9-1 所示。

（2）氮气流量计：测量范围 0~500mL/min。

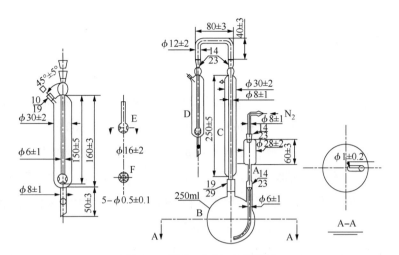

图 9-1　酸化-吹气-吸收装置

A—加酸通氮管；B—反应瓶；C—直型冷凝管；

D—吸收显色管；E—吸收显色内管；F—五孔小球

（3）分光光度计，1cm 比色皿。

（4）碘量瓶：250mL。

（5）容量瓶：100mL、250mL、500mL、1000mL。

（6）具塞比色管：100mL。

9.5.5　采样和样品保存

1. 采样

由于硫离子很容易被氧化，硫化氢易从水样中逸出，因此在采样时应防止曝气，并加适量的氢氧化钠溶液和乙酸锌-乙酸钠溶液，使水样呈碱性并形成硫化锌沉淀。采样时应先加乙酸锌-乙酸钠溶液，再加水样。通常氢氧化钠溶液的加入量为每升中性水样加 1mL，乙酸锌-乙酸钠溶液的加入量为每升水样加 2mL，硫化钠含量较高时应酌情多加直至沉淀完全。水样应充满瓶，瓶塞下不留空气。

2. 样品保存

现场采集并固定的水样应储存在棕色瓶内，保存时间为一周。

9.5.6 分析步骤

1. 校准曲线的绘制

取九支 100mL 具塞比色管，各加入 20mL 乙酸锌–乙酸钠溶液，分别取 0、0.50mL、1.00mL、2.00mL、3.00mL、4.00mL、5.00mL、6.00mL 和 7.00mL 硫化钠标准使用液移入各比色管，加水至 60mL，沿比色管壁缓缓加入 10mLN，N–二甲基对苯二胺溶液，立即密塞并缓慢倒转一次，加 1mL 硫酸铁铵溶液，立即密塞并充分摇匀。放置 10min 后，用水稀释至标线，混匀。用 1cm 比色皿，以水为参比，在 665nm 处测量吸光度，同时作空白试验。

以测定的各标准溶液扣除空白试验的吸光度为纵坐标，对应的标准溶液中硫离子的含量（μg）为横坐标绘制校准曲线。

2. 样品测定

1）沉淀分离

对于无色、透明、不含悬浮物的清洁水样，采用沉淀分离法测定。

取一定体积现场采集并固定的水样于分液漏斗中（样品应确保硫化物沉淀完全，取样时应充分摇匀），静置，待沉淀与溶液分层后，将沉淀部分放入 100mL 具塞比色管，加水至约 60mL，以下按校准曲线的绘制中有关步骤进行测定。测定的吸光度值扣除空白试验的吸光度后，在校准曲线上查出硫化物的含量。

2）酸化–吹气–吸收法

对含悬浮物、浑浊度较高、有色、不透明的水样，采用酸化–吹气–吸收法测定。

（1）按要求连接酸化–吹气–吸收装置，通氮气检查装置的气密性后，关闭气源。

（2）取 20mL 乙酸锌–乙酸钠溶液，从侧向玻璃接口处加入吸收显色管内。

（3）取一定体积、采样现场已固定并混匀的水样，加 5mL 抗氧化溶液。取出加酸通氮管，将水样移入反应瓶，加水至总体积约 200mL。重装加酸通氮管，接通氮气，以 200~300mL/min 的速度预吹 2~3min 后，关闭气源。

关闭加酸通氮管活塞，取出顶部接管，向加酸通氮管内加入 10mL 磷酸溶液后，重接顶部接管。

（4）缓慢旋开加酸通氮管活塞，按通氮气，以 300mL/min 的速度连吹气

30min。吹气速度和吹气时间的改变均会影响测定结果，必要时可通过测定硫化钠标准使用液的回收率进行检验。

（5）取下吸收显色管，关闭气源，以少量水冲洗显色管各接口，加水至约 60mL，由侧向玻璃接口处缓慢加入 10mLN，N-二甲基对苯二胺溶液，立即密塞并将溶液缓慢倒转一次，再从侧向玻璃接口处加入 1mL 硫酸铁铵溶液，立即密塞并充分摇匀振荡，放置 10min。

（6）将溶液移入 100mL 具塞比色管，用水冲洗吸收显色管，用水稀释至标线，摇匀。用 1cm 比色皿，以水为参比，在 665nm 处测量吸光度。测定的吸光度值扣除空白试验的吸光度后，在校准曲线上查出硫化物的含量。

3. 空白实验

以水代替试料，按样品测定的步骤进行空白实验，并加入与测定时相同体积的试剂。

9.5.7　结果计算：

硫化物的含量 c（mg/L）按式计算：

$$c = m/V \tag{9-7}$$

式中　m——从校准曲线上查得的试料中含硫化物量，μg；

　　　V——水样体积，mL。

9.5.8　精密度和准确度

实验室对硫化物含量为 0.148mg/L、0.300mg/L、0.436mg/L 和 0.600mg/L 的四个统一样品进行测定，方法的精密度及准确度实验结果见表 9-4。

表 9-4　方法的精密度和准确度

样品	硫化物含量/（mg/L）	重复性/（mg/L）	再现性/（mg/L）
标样 1	0.148	0.0097	0.0515
标样 2	0.300	0.0072	0.0673
标样 3	0.436	0.0199	0.0653
标样 4	0.600	0.213	0.0967

九个实验室分别对硫化物含量范围为 0.017~0.171mg/L 的地面水（河水）、石油和化工废水进行加标回收实验，当加标量为 0.100~0.500mg/L 时，硫化物测定的回收率为 92%~103%。

9.6　石油类和动植物油的测定（红外光度法）

9.6.1　范围

本方法适用于地面水、地下水、生活污水和工业废水中石油类和动植物油的测定。

当样品体积为 1000mL，萃取体积为 25mL，使用 4cm 比色皿时，检出限为 0.01mg/L，测定下限为 0.04mg/L；当样品体积为 500mL，萃取体积为 50mL，使用 4cm 比色皿时，检出限位 0.04mg/L，测定下限位 0.16mg/L。

9.6.2　方法概要

用四氯化碳萃取样品中的油类物质，测定总油，然后将萃取液用硅酸镁吸附，除去动植物油类等极性物质后，测定石油类。总油和石油类的含量均由波数分别为 2930cm^{-1}、2960cm^{-1} 和 3030cm^{-1} 谱带处的吸光度 A_{2930}、A_{2960}、A_{3030} 进行计算，其差值为动植物油类浓度。

9.6.3　试剂和材料

（1）盐酸（HCl）：$\rho=1.19\text{g/mL}$，优级纯。

（2）正十六烷：光谱纯。

（3）异辛烷：光谱纯。

（4）苯：光谱纯。

（5）四氯化碳：在 2800~3100cm^{-1} 之间扫描，不应出现锐峰，其吸光度值应不超过 0.12（4cm 比色皿、空气池做参比）。

（6）无水硫酸钠

（7）硅酸镁：60～100 目

（8）石油类标准储备液：$\rho = 1000\text{mg/L}$，可直接购买市售有证标准溶液。

（9）正十六烷标准储备液：$\rho = 1000\text{mg/L}$。

（10）异辛烷标准储备液：$\rho = 1000\text{mg/L}$。

（11）苯标准储备液：$\rho = 1000\text{mg/L}$。

（12）吸附柱：内径 10mm，长约 200mm 的玻璃柱。出口处填塞少量用四氯化碳浸泡并晾干后的玻璃棉，将硅酸镁缓缓倒入玻璃柱中，边倒边轻轻敲打，填充高度约为 80mm。

9.6.4　仪器

（1）红外分光光度计：能在 3400～2400cm^{-1} 之间进行扫描，并配有 1cm 和 4cm 带盖石英比色皿。

（2）旋转振荡器：振荡频数可达 300 次/min。

（3）分液漏斗：1000mL、2000mL，聚四氟乙烯旋塞。

（4）玻璃砂芯漏斗：40mL，G-1 型。

（5）锥形瓶：100mL，具塞磨口。

（6）样品瓶：500mL、1000mL，棕色磨口玻璃瓶。

（7）量筒：1000mL、2000mL。

（8）一般实验室常用器皿和设备。

9.6.5　试样的制备

1. 地表水和地下水

将样品全部转移至 2000mL 分液漏斗中，量取 25.0mL 四氯化碳洗涤样品瓶后，全部转移至分液漏斗中。振荡 3min，并经常开启旋塞排气，静置分层后，将下层有机相转移至已加入 3g 无水硫酸钠的具塞磨口锥形瓶中，摇动数次。如果无水硫酸钠全部结晶成块，需要补加无水硫酸钠，静置。将上层水相全部转移至 2000mL 量筒中，测量样品体积并记录。

向萃取液中加入 3g 硅酸镁，置于旋转振荡器上，以 180～200r/min 的速度连续振荡 20min，静置沉淀后，上清液经玻璃砂芯漏斗过滤至具塞磨口锥形瓶中，用于测定石油类。

2. 工业废水和生活污水

将样品全部转移至 1000mL 分液漏斗中，量取 50.0mL 四氯化碳洗涤样品瓶后，全部转移至分液漏斗中。振荡 3min，并经常开启旋塞排气，静置分层后，将下层有机相转移至已加入 5g 无水硫酸钠的具塞磨口锥形瓶中，摇动数次。如果无水硫酸钠全部结晶成块，需要补加无水硫酸钠，静置。将上层水相全部转移至 1000mL 量筒中，测量样品体积并记录。

将萃取液分为两份，一份直接用于测定总油。另一份加入 5g 硅酸镁，置于旋转振荡器上，以 180~200r/min 的速度连续振荡 20min，静置沉淀后，上清液经玻璃砂芯漏斗过滤至具塞磨口锥形瓶中，用于测定石油类。

3. 空白试样的制备

以实验用水代替样品，按照试样的制备步骤制备空白试样。

9.6.6 分析步骤

1. 校准

1）校正系数的测定

分别量取 2.00mL 正十六烷标准储备液、2.00mL 异辛烷标准储备液和 10.00mL 苯标准储备液于 3 个 100mL 容量瓶中，用四氯化碳定容至标线，摇匀。正十六烷、异辛烷和苯标准溶液的浓度分别为 20mg/L、20mg/L 和 100mg/L。

用四氯化碳做参比溶液，使用 4cm 比色皿，分别测量正十六烷、异辛烷和苯标准溶液在 2930cm^{-1}、2960cm^{-1} 和 3030cm^{-1} 处的吸光度 A_{2930}、A_{2960}、A_{3030}。正十六烷、异辛烷和苯标准溶液在上述波数处的吸光度均符合公式（9-8），由此得出的联立方程式经求解后，可分别得到相应的校正系数 X、Y、Z 和 F。

$$\rho = X \times A_{2930} + Y \times A_{2960} + Z \times \left(A_{3030} - \frac{A_{2930}}{F} \right) \qquad (9-8)$$

式中 ρ——四氯化碳中总油的含量，mg/L；

A_{2930}、A_{2960}、A_{3030}——各对应波数下测得的吸光度；

X、Y、Z——与各种 C–H 键吸光度相对应的系数；

F——脂肪烃对芳香烃影响的校正因子，即正十六烷在 $2930cm^{-1}$ 和 $3030cm^{-1}$ 处的吸光度之比。

对于正十六烷和异辛烷，由于其芳香烃含量为零，即 $A_{3030} - \dfrac{A_{2930}}{F} = 0$，则有：

$$F = \frac{A_{2930}(\mathrm{H})}{A_{3030}(\mathrm{H})} \tag{9-9}$$

$$\rho(\mathrm{H}) = X \times A_{2930}(\mathrm{H}) + Y \times A_{2960}(\mathrm{H}) \tag{9-10}$$

$$\rho(\mathrm{I}) = X \times A_{2930}(\mathrm{I}) + Y \times A_{2960}(\mathrm{I}) \tag{9-11}$$

由公式（9-9）可得 F 值，由公式（9-10）和公式（9-11）可得 X 和 Y 值。对于苯，则有：

$$\rho(\mathrm{B}) = X \times A_{2930}(\mathrm{B}) + Y \times A_{2960}(\mathrm{B}) + Z \times \left[A_{3030}(\mathrm{B}) - \frac{A_{2930}(\mathrm{B})}{F} \right] \tag{9-12}$$

由公式（9-12）可得 Z 值。

式中　　　　　　　　ρ（H）——正十六烷标准溶液的浓度，mg/L；

ρ（I）——异辛烷标准溶液的浓度，mg/L；

ρ（B）——苯标准溶液的浓度，mg/L。

A_{2930}（H）、A_{2960}（H）、A_{3030}（H）——各对应波数下测得正十六烷标准溶液的吸光度；

A_{2930}（I）、A_{2960}（I）、A_{3030}（I）——各对应波数下测得异辛烷标准溶液的吸光度；

A_{2930}（B）、A_{2960}（B）、A_{3030}（B）——各对应波数下测得苯标准溶液的吸光度。

可采用姥鲛烷代替异辛烷、甲苯代替苯，以相同方法测定校正系数。

2）校正系数的检验

分别量取 5.00mL 和 10.00mL 的石油类标准储备液于 100mL 容量瓶中，用四氯化碳定容，摇匀，石油类标准溶液的浓度分别为 50mg/L 和 100mg/L。分别量取 2.00mL、5.00mL 和 20.00mL 浓度为 100mg/L 的石油类标准溶液于 100mL 容量瓶中，用四氯化碳定容，摇匀，石油类标准溶液的浓度分别为 2mg/L、5mg/L

和 20mg/L。

用四氯化碳做参比溶液,使用 4cm 比色皿,于 2930cm^{-1}、2960cm^{-1} 和 3030cm^{-1} 处分别测量 2mg/L、5mg/L、20mg/L、50mg/L 和 100mg/L 石油类标准溶液的吸光度 A_{2930}、A_{2960}、A_{3030},按照公式计算测定浓度。如果测定值与标准值的相对误差在 ±10% 以内,

则校正系数可采用,否则重新测定校正系数并检验,直至符合条件为止。

2. 测定

1)总油的测定

将未经硅酸镁吸附的萃取液转移至 4cm 比色皿中,以四氯化碳作参比溶液,于 2930cm^{-1}、2960cm^{-1} 和 3030cm^{-1} 处测量其吸光度 A_{2930}、A_{2960}、A_{3030},计算总油的浓度。

2)石油类浓度的测定

将经硅酸镁吸附后的萃取液转移至 4cm 比色皿中,以四氯化碳作参比溶液,于 2930cm^{-1}、2960cm^{-1} 和 3030cm^{-1} 处测量其吸光度 A_{2930}、A_{2960}、A_{3030},计算石油类的浓度。

3)动植物油类浓度的测定

总油浓度与石油类浓度之差即为动植物油类浓度。

3. 空白实验

以空白试样代替试样,按照与以上测定的相同步骤进行测定。

9.6.7　结果计算

1. 总油的浓度

水样中总油的浓度按公式（9-13）计算:

$$\rho_1 = \left[X \times A_{1.2930} + Y \times A_{1.2960} + Z\left(A_{1.3030} - \frac{A_{1.2930}}{F}\right) \right] \times \frac{V_0 \times D}{V_w} \quad (9\text{-}13)$$

式中　　　　　　　ρ_1——样品中总油的浓度,mg/L;

　　　　X、Y、Z、F——校正系数;

$A_{1.2930}$、$A_{1.2960}$、$A_{1.3030}$——各对应波数下测得萃取液的吸光度;

V_0——萃取溶剂的体积，mL；

V_w——样品体积，mL；

D——萃取液稀释倍数。

2. 石油类的浓度

水样中石油类的浓度按下列公式（9-14）计算：

$$\rho_2 = \left[X \times A_{2.2930} + Y \times A_{2.2960} + Z\left(A_{2.3030} - \frac{A_{2.2930}}{F} \right) \right] \times \frac{V_0 \times D}{V_w} \quad (9\text{-}14)$$

式中　　　　　　　ρ_2——样品中石油类的浓度，mg/L；

$A_{2.2930}$、$A_{2.2960}$、$A_{2.3030}$——各对应波数下测得萃取液的吸光度；

其他参数公式（9-13）。

3. 动植物油类的浓度

样品中动植物油类的浓度按公式（9-15）计算：

$$\rho_3 = \rho_1 - \rho_2 \qquad\qquad (9\text{-}15)$$

式中　ρ_3——样品中动植物油类的浓度，mg/L。

9.7　化学需氧量的测定

9.7.1　范围

本方法适用于地表水、地下水、生活污水和工业废水中化学需氧量（COD）的测定。

本方法对未经稀释的水样，其 COD 测定下限为 20mg/L，测定上限为 1500mg/L，其氯离子质量浓度不应大于 1000mg/L。

本方法对于化学需氧量（COD）大于 1500mg/L 或氯离子含量大于 1000mg/L 的水样，可经适当稀释后进行测定。

9.7.2　方法概要

试样中加入已知量的重铬酸钾溶液，在强硫酸介质中，以硫酸银作为催化剂，经高温消解后，用分光光度法测定 COD 值。在 610nm 波长处测定重铬酸钾被还原产生的三价铬（Cr^{3+}）的吸光度，试样中 COD 值与三价铬（Cr^{3+}）的吸光度的增加值成正比例关系，将三价铬（Cr^{3+}）的吸光度换算成试样的 COD 值。

9.7.3 试剂

5B-3A 型化学需氧量快速测定仪专用耗材 D 试剂、E 试剂

9.7.4 仪器

5B-3A 型化学需氧量快速测定仪（内置 20 条曲线），冷却架，玻璃比色皿（30mm），消解管（敞口），消解器放喷罩。

9.7.5 操作步骤

（1）取混合均匀的水样于洗净的玻璃消解管中，取水样体积参考表 9-5。

表 9-5　不同 COD 浓度范围的废水的取样方法

测定水样浓度范围		取样操作/mL		选择曲线
		取原样	加蒸馏水	
1	20~1200mg/L	2.5	0.0	03
2	1200~1500mg/L	1.0	1.5	04

（2）提前打开消解系统电源开关，并将设定温度设为 165℃，消解器开始自动升温。到达设定温度后自动报警提示，按［任意键］停止提示。

（3）实验中使用的消解管及器皿，必须要清洗干净。如有条件，可提前配制洗液进行浸泡，再用蒸馏水冲洗干净烘干后使用。准备数支消解管，用数字 0，1，2…进行编号，置于冷却架的空冷槽上。

（4）准确量取 2.5mL 蒸馏水加到"0"号消解管中。分别准确量取各水样2.5mL，依次加入到其他消解管中。

（5）依次向各个消解管中加入 0.7mL 专用耗材 D 试剂。再向各消解管中加入 4.8mL 的专用耗材 E 试剂并混匀。

（6）将各消解管依次放入提前预热到 165℃的消解孔中，并盖上防喷罩。按

消解键设定时间为 10min。

（7）消解完成后仪器报警提示。将各样品依次放入到冷却架上，在空气中冷却 2min。冷却完成后，依次向各消解管中加入 2.5mL 蒸馏水并混匀。将各消解管放入冷水中冷却 2min。

（8）水冷却完成后，将消解管取出，擦干外壁水珠。

（9）先将"0"号消解管中的溶液倒入比色皿，放入仪器比色槽中并关闭上盖。读数稳定后按"空白"键使屏幕显示"C = 0.000mg/L"。否则重按"空白"键。

（10）再将"1"号消解管中的溶液倒入比色皿，放入仪器比色槽中并关闭上盖。此时屏幕上所显示的结果即为 1 号样品的 COD 值。其他样品同上。

9.7.6 故障分析与处理（表 9-6）

表 9-6 故障分析与处理

故 障 现 象	排 除 方 法
样品在消解过程中出现喷溅	用棒式温度计检查消解孔中的温度，是否超过 165℃
	配制试剂所使用的硫酸是否为分析纯硫酸
	水样预处理中 E 试剂量取是否准确
消解系统出现报警提示	检查确认是否为仪器温度升到设定温度后的报警提示，可按任意键停止报警提示
	检查是否为仪器中的定时报警，可按任意定时键停止报警提示
当消解过程中出现消解管破裂或样品溢出时的处理方法	切断仪器电源，打开窗户通风
	取出破碎消解管并清理碎渣，倒置仪器，使液体从消解孔中流出
	用干净的湿抹布将仪器表面及消解孔中的液体反复擦拭干净
	在通风处对仪器通电 1~2 次（每次半小时），如无异常现象即可正常使用
开机后屏幕无显示	检查电源插座输出是否正常
	检查后更换仪器电源线，确认连接是否正常
	检查仪器电源保险是否正常

故 障 现 象	排 除 方 法
用空白溶液无法归零	重新启动仪器后再进行操作
	检查比色槽中的单色光是否存在或正常通过
	确认仪器开机时，上盖是否处于闭合状态
	检查确认空白溶液是否存在浑浊
测量出的结果均为零	检查当前调用的曲线值设置是否为零
	检查确认量取水样时，包括空白在内是否全部量取的是同一个样品
	检查比色槽中的单色光是否存在或正常通过
测量出的结果均为负值	确认是否误将测定水样作为空白，对仪器进行了归零操作
	确认被测水样浓度是否超出或接近仪器的测量下限，同时测试过程是否存在操作误差
仪器按键操作时无反应	确认当前仪器是否在特定的系统设置界面下，此时部分按键操作是无效的
	重新启动仪器后再进行操作
测定结果不稳定上下波动	检查比色溶液中有无悬浮物或存在浑浊现象
	水冷却完成后，在向比色皿中转移时是否进行过反复混匀
	检查比色皿外壁是否有液体悬挂
	确认仪器在比色前是否按照要求进行过预热
	比色时检查仪器上盖是否完全密封，有无阳光直射干扰
每次测定结果的偏差大	水样的预处理过程和比色过程存在着操作误差
	检查确认是否由比色皿造成

第10章
电化学分析

10.1 电导率

10.1.1 范围

本方法适用于锅炉水、冷却水、锅炉给水等电导率的测定。测量范围在 $0 \sim 10^6 \mu S/cm$（25℃）。

本方法也适用于原水及生活饮用水的电导率的测定。

10.1.2 方法概要

溶解于水的酸、碱、盐电解质，在溶液中解离成正、负离子，使电解质溶液具有导电能力，其导电能力的大小用电导率表示。

10.1.3 仪器

电导率仪：带温度自动补偿功能，测量范围 $0.01 \sim 10^6 \mu S/cm$。

电导电极（简称电极），根据表 10-1 选择电极常数。

温度计：试验室测定时精度为 ±0.1℃，非试验室测定时精度为 ±0.5℃。

表 10-1　不同电导池常数的电极的选用

电导池常数/cm^{-1}	电导率/（$\mu S/cm$）
0.001	0.1 以下
0.01	0.1 ~ 10
0.1 ~ 1.0	10 ~ 100

电导池常数/cm^{-1}	电导率/（μs/cm）
1.0~10	100~100000
10~50	100000~500000

10.1.4 试剂

（1）氯化钾标准溶液：c（KCl）= 1mol/L。称取在105℃干燥2h的优级纯氯化钾（或基准试剂）74.246g，用新制备的二级试剂水溶液后移入1000mL容量瓶中，在（20±2）℃下稀释至刻度，混匀。放入聚乙烯塑料瓶或硬质玻璃瓶中，密封保存。

（2）氯化钾标准溶液：c（KCl）= 0.1mol/L。称取在105℃干燥2h的优级纯氯化钾（或基准试剂）7.4365g，用新制备的二级试剂水溶液后移入1000mL容量瓶中，在（20±2）℃下稀释至刻度，混匀。放入聚乙烯塑料瓶或硬质玻璃瓶中，密封保存。

（3）氯化钾标准溶液：c（KCl）= 0.01mol/L。称取在105℃干燥2h的优级纯氯化钾（或基准试剂）0.7440g，用新制备的二级试剂水溶液后移入1000mL容量瓶中，在20℃±2℃下稀释至刻度，混匀。放入聚乙烯塑料瓶或硬质玻璃瓶中，密封保存。

（4）氯化钾标准溶液：c（KCl）= 0.001mol/L。移取0.01mol/L氯化钾标准溶液c（KCl）= 0.01mol/L 100.00mL至1000mL容量瓶中，用新制备的一级试剂水在20℃±2℃下稀释至刻度，混匀。

（5）氯化钾标准溶液：c（KCl）= 1×10^{-4}mol/L。在20℃±2℃下移取0.01mol/L氯化钾标准溶液c（KCl）= 0.01mol/L 10mL至1000mL容量瓶中，用新制备的一级试剂水稀释至刻度，混匀。

（6）氯化钾标准溶液：c（KCl）= 1×10^{-5}mol/L。在20℃±2℃下移取0.001mol/L氯化钾标准溶液c（KCl）= 0.001mol/L 10mL至1000mL容量瓶中，用新制备的一级试剂水稀释至刻度，混匀。

（7）氯化钾标准溶液：c（KCl）= 1×10^{-6}mmol/L。在20℃±2℃下移取1×

146

10^{-5}mol/L 氯化钾标准溶液 c（KCl）$= 1\times10^{-5}$mol/L 100mL 至 1000mL 容量瓶中，用新制备的一级试剂水稀释至刻度，混匀。

氯化钾标准溶液在不同温度下的电导率如表 10-2 所示。

表 10-2　氯化钾标准溶液的电导率

溶液浓度/（mol/L）	温度/℃	电导率/（μS/cm）
1	0	65176
	18	97838
	25	111342
0.1	0	7138
	18	11167
	25	12856
0.01	0	773.6
	18	1220.5
	25	1408.8
0.001	25	146.93
1×10^{-4}	25	14.89
1×10^{-5}	25	1.4985
1×10^{-6}	25	0.14985

10.1.5　操作步骤

（1）实验室测量时，取 5~100mL 水样，放入塑料杯或硬质玻璃杯中，将电极和温度计用被测水样冲洗 2~3 次，浸入水样中进行电导率、温度的测定，重复取样测定 2~3 次，在实验室测定时测定结果读数相对误差均在±1%以内，即为所测的电导率值。同时记录水样温度。

（2）非实验室测量时，取 5~100mL 水样，放入塑料杯或硬质玻璃杯中，将电极和温度计用被测水样冲洗 2~3 次，浸入水样中进行电导率、温度的测定，重复取样测定 2~3 次，在非实验室测定时测定结果读数相对误差均在±3%以内，即为所测的电导率值。同时记录水样温度。

10.1.6　精密度

（1）实验室测定时结果读数相对误差±1%。

（2）非实验室测定时结果读数相对误差±3%。

10.2　pH 值

10.2.1　范围

本方法适用于工业循环冷却水及锅炉水中 pH 值在 0~14 范围内的测定，也适用于天然水、污水、除盐水、锅炉给水以及纯水的 pH 的测定。

本方法参照了 PHS-3C 型 pH 计使用说明书，适用于 PHS-3C 型 pH 计日常使用及维护。

10.2.2　方法概要

将规定的指示电极和参比电极浸入同一被测溶液中，成一原电池，其电动势与溶液的 pH 有关。通过测量原电池的电动势即可得出溶液的 pH。

10.2.3　试剂

（1）pH 浸泡液：3mol/L KCl。

（2）pH4.00 溶液：称取 10.24g 预先在 110℃±5℃下干燥 1h 的苯二甲酸氢钾，溶解于无二氧化碳水中，稀释至 1000mL。

（3）pH6.86 溶液：用磷酸二氢钾 3.387g，磷酸氢二钠 3.533g，溶解于无二氧化碳水中，稀释至 1000mL。磷酸二氢钾和磷酸氢二钠需预先在 120℃±10℃下干燥 2h。

（4）pH9.18 溶液：用十水合四硼酸钠 3.80g，溶解于无二氧化碳水中，稀释至 1000mL。

10.2.4 仪器

（1）PHS-3C 型 pH 计：测量范围 0～14。

（2）复合电极。

10.2.5 操作步骤

1. 开机前的准备

（1）将多功能电极架插入多功能电极架插座中。

（2）将 pH 复合电极安装在电极架上。

（3）将 pH 复合电极下端的电极保护套拔下，并且拉下电极上端的橡皮套，露出上端小孔。

（4）用蒸馏水清洗电极。

2. 仪器的标定

仪器使用前先要标定。一般仪器在连续使用时，每天要标定一次。标定过程如下：

（1）打开电源开关，按"pH/mV"按钮，使仪器进入 pH 测量状态。

（2）按"温度"按钮，输入溶液温度值（此时温度指示灯亮），然后按"确认"键，仪器回到 pH 测量状态。

（3）把用蒸馏水清洗过的电极插入 pH=6.86 的标准缓冲溶液中，待读数稳定后按"定位"键（此时 pH 指示灯慢闪烁，表明仪器在定位标定状态），使读数为该溶液当时温度下的 pH 值（表 10-3），然后按"确认"键，仪器进入 pH 测量状态，pH 指示灯停止闪烁。

表 10-3 缓冲溶液的 pH 值与温度关系对照表

温度/℃	0.05mol/kg 邻苯二甲酸氢钾	0.025mol/kg 混合物磷酸盐	0.01mol/kg 四硼酸钠
5	4.00	6.95	9.39
10	4.00	6.92	9.33
15	4.00	6.90	9.28

温度/℃	0.05mol/kg 邻苯二甲酸氢钾	0.025mol/kg 混合物磷酸盐	0.01mol/kg 四硼酸钠
20	4.00	6.88	9.23
25	4.00	6.86	9.18
30	4.01	6.85	9.14
35	4.02	6.84	9.11
40	4.03	6.84	9.07
45	4.04	6.84	9.04
50	4.06	6.83	9.03
55	4.07	6.83	8.99
60	4.09	6.84	8.97

（4）把用蒸馏水洗过的电极插入 pH=4.00（或 pH=9.18）的标准缓冲溶液中，待读数稳定后按"斜率"键（此时 pH 指示灯快闪烁，表明仪器在斜率标定状态）使读数为该溶液当时温度下的 pH 值（例如，邻苯二甲酸氢钾 10℃ 时，pH=4.00），然后按"确认"键，仪器进入 pH 测量状态，pH 指示灯停止闪烁，标定完成。

（5）如果在标定过程中操作失误或按键按错而使仪器测量不正常，可关闭电源，然后按住"确认"键再开启电源，使仪器恢复初始状态。然后重新标定。

（6）用蒸馏水清洗电极后即可对被测溶液进行测量。

3. 测量

经标定过的仪器，即可用来测量被测溶液。若被测溶液与标定溶液温度不同，则测量步骤也不同。具体操作步骤如下：

（1）被测溶液与标定溶液温度相同时，测量步骤如下：

① 用蒸馏水清洗电极头部，再用被测溶液清洗一次；

② 把电极浸入被测溶液中，用玻璃棒搅拌溶液，使溶液均匀，在显示屏上读出溶液的 pH 值。

（2）被测溶液与定位溶液温度不相同时，测量步骤如下：

① 用蒸馏水清洗电极头部，再用被测溶液清洗一次；

② 用温度计测出被测溶液的温度值；

③ 按"温度"键，使仪器显示为被测溶液温度值，然后按"确认"键。

④ 把电极插入被测溶液内，用玻璃棒搅拌溶液，使溶液均匀后读出溶液的 pH 值。

10.2.6　精密度

取平行测定结果的算术平均值为测定结果。平行测定结果的绝对差值不大于 0.1pH 单位。

10.2.7　维护保养

（1）玻璃 pH 电极和甘汞电极在使用时，必须注意内电极与球泡之间以及参比电极内陶瓷蕊附近是否有气泡存在，如有必须除去。

（2）电极应避免长期浸泡在蒸馏水、蛋白质溶液和酸性氟化物溶液中。

（3）电极应避免与有机硅油接触。

（4）新玻璃 pH 电极或长期干储存的电极，在使用前应在 pH 浸泡液中浸泡 24h 后才能使用。pH 电极在停用时，将电极的敏感部分浸泡在 pH 浸泡液中。这对改善电极响应迟钝和延长电极寿命是非常有利的。

（5）测量结束，及时将电极保护套套上，电极套内应放少量外参比补充液，以保持电极球泡的湿润，切忌浸泡在蒸馏水中。

（6）复合电极的外参比补充液为 3mol/L 氯化钾溶液，补充液可以从电极上端小孔加入，复合电极不使用时，拉上电极橡皮套，防止补充液干涸。

（7）用标准溶液标定时，首先要保证标准缓冲溶液的精度，否则将引起严重的测量误差。

（8）选用清洗剂时，不能用四氯化碳、三氯乙烯、四氢呋喃等能溶解聚碳酸树脂的清洗液，因为电极外壳是用聚碳酸树脂制成的，其溶解后极易污染敏感玻璃球泡，从而使电极失效。也不能用复合电极去测量上述溶液。

（9）忌用浓硫酸或铬酸洗液洗涤电极的敏感部分；不可在无水或脱水的液体（如四氯化碳，浓乙醇）中浸泡电极；不可在碱性或氟化物的体系、黏土及其他胶体溶液中放置时间过长，以致响应迟钝。

10.2.8 常见故障处理（表 10-4）

表 10-4 常见故障分析

数字漂移	测量不准确除电极原因外，主要是输入阻抗变低或者前置放大器 AD515 性能变差所致，需清洁电极插孔或更换 AD515
仪器的最高显示位置"1"，其余的数码管均不显示	这是数码溢出状态。造成的原因除电极呈开路状态外，主要是失调电压过大或 5G14433、W7 损坏。需要调整电路或更换 5G14433、W7
数码管全不亮	5G14433 损坏，需更换
数码管缺划或某一数码管不亮	数显部分各电路 5G14433、5G14511、5G1413 中有损坏或电路部分接触不良所致，需更换相应的集成电路或查找接触不良的地方

注：① AD515——集成运算放大器。

　　② 5G14433——本机的 A/D 转换器。

　　③ 5G14511、5G1413——数显电路组成部分。

10.3 溶解氧

10.3.1 范围

适用于测量溶解氧含量在 $0\sim200.0\mu g/L$ 或 $0\sim19.99mg/L$ 的锅炉给水、除氧器出口、凝结水等水样。

适用于现场测定水中溶解氧。既可测定氧的浓度（mg/L 或 μg/L），又可测定氧的饱和度（%）。

10.3.2 方法概要

氧电极由金阴极、银阳极，氧渗透膜和温度测量起补偿作用的内置热敏电阻构成。电极浸没在电解液中，由透气膜和电解液薄层将电极与所测介质分开，所测的氧气通过半渗透膜扩散到电解液中，到达阴极表面并在此发生电化学反应即被还原成带负电荷的氢氧根离子。阳极银被氧化成氯化银。电解液中最重要的成分是氯化物，它能分离出负离子 Cl⁻ 能保证每个氢氧根离子 OH⁻ 都有一个氯离子 Cl⁻ 在银阳极所置换，并生成不溶的氯化银（AgCl）。伴随电荷的移动，产生了 μA 级的电流，氧分析仪以此为测量信号并通过集成运算从而换算成溶解氧浓度。产生的电流大小在一定温度下直接与介质氧分压成正比。

其工作原理近似反映方程为：

阴极反应：$O_2 + 2H_2O + 4E^- \longrightarrow 4OH^-$

阳极反应：$4Ag^+ + 4Cl^- \longrightarrow 4AgCl + 4E^-$

方法特点是：简便、快速、干扰少，适用于现场测定。

10.3.3 试剂

5%无水亚硫酸钠（Na_2SO_3）：称取 5g 无水亚硫酸钠溶于 100mL 水中。

10.3.4 仪器

溶解氧分析仪：HK－258 型溶解氧表。测量范围：0 ～ 200.0μg/L、0 ～ 19.99mg/L（自动切换量程）或 0～199.9%。

10.3.5 分析步骤

1. 电极的准备

检查电极填充电解液与电极膜片，再与仪器相连。

1）电极膜的更换

发生下列情况之一时应进行电极膜的更换：

（1）膜破裂或膜表面受损。

（2）电极响应速度变慢。

（3）电极标定数值偏大。

2）更换步骤

（1）关闭电源，将电极从测量池中取出，用蒸馏水洗净。

（2）垂直握紧电极，使电极朝上，旋下膜压帽；把旧膜从膜压帽中取出。

（3）用蒸馏水洗净膜压帽，将新膜膜面朝下（黑点朝上）放在膜压帽内。

（4）把电极头朝下，旋开电极侧面的密封螺丝，使电解液流出，然后再拧紧螺丝。

（5）用蒸馏水冲洗阴极，然后用软纸巾轻轻吸干阴极表面附着的水珠。

（6）把电极头朝上，垂直紧握电极，用专用注射器通过电极上面的孔往电极内注入电解液至溢出，以确保电极内无气泡存在。

（7）将膜压帽旋在电极体上，再用装膜工具拧紧膜压帽，然后轻轻拧松一点，再拧紧。

（8）用蒸馏水彻底冲洗电极，并用软纸巾轻轻吸干电极和膜表面附着的水珠。

注：电解液中含有氢氧化钾碱性物质，避免与眼睛接触。

2. 极化电极

电极极化对测量结果的重现性是很重要的，如果使用未极化的电极，测量值将是外部溶液和电解质的溶质中溶解氧之和，这个结果是错误的。当电极、膜片或电解液发生变化时，一定要重新进行极化校准。

（1）选择"菜单"→"维护"→"确认"，显示下一屏。

（2）按"▲、▼"键，选择"极化电极"→"确认"。

① 极化电极时，需将电极置于5%的无水亚硫酸钠溶液中；

② 化过程一般30min可以完成，如果极化时间过长，建议放在充电座上，以避免电池过放电而损坏电池；

③ 当电池快要充满时，显示的测量值可能会上下浮动，属正常现象，停止充电，此现象消失。

3. 电池充电

当电池电压低时，在显示屏主显区（中间一行）将显示"电池电压低请充电"。

注：充足电后可连续使用15h。

10.3.6 标定

1. 空气标定

当标定温度与测量温度一致时，该仪器呈现最佳的重现度。

（1）将电极从流通池取出，用蒸馏水冲洗净，再用滤纸轻轻吸干电极体和电极膜表面的水珠；将电极在空气中放置 3~5min。

（2）按"开/关"键，使仪器处于测量状态。

（3）按"菜单"键，屏幕提示"请输入口令"，直接按"确认"键进入下一屏。

（4）选择"标定"→"空气标定"→"确认"，开始自动标定。

（5）待电流数值稳定后（大约 15min 左右），按"确认"键，显示电极斜率（电极的斜率范围为 10~100，如果不在此范围内，出现标定错误）。

（6）按"确认"键，选择"保存/取消"斜率标定，再按"确认"键返回。

注：出现标定错误的可能原因：①电极未充分极化；②电极在温度剧烈变化的场合。

2. 零点标定

（1）按"菜单"键，屏幕提示"请输入口令"，直接按"确认"键进入下一屏。

（2）选择"标定"→"零点标定"→"确认"，开始零点标定。

（3）将电极置于 5%的无水亚硫酸钠溶液中，待电流数值稳定后（1h 左右为宜），按"确认"键（电极的零点范围为 $-300~300\mu g/L$，如果不在此范围内，不能进行零点标定）。

（4）选择"保存/取消"标定零点，再按"确认"键返回。

3. 测量

（1）连接样品进水管、出水管，使被测量样品通过进水口流入流量池，然后由出水口流出。

（2）按"开/关"键打开仪器电源，仪器自动测量。

（3）待仪器显示数值稳定后，按"确认"键，进入下一屏。

（4）按"▲、▼"输入测量地点（01、02…），再按"确认"键，进入下一屏。

（5）按"确认"键，存储该数据。

（6）按"开/关"键关闭仪器电源，断开进水管，排空流量池内的水。

4. 测量记录查询

(1) 选择"菜单"键→"记录本"→"确认",显示下一屏。

(2) 选择"测量记录"→"确认",显示下一屏。

(3) 输入要查看的序列号,按"确认"显示该序列号下存在的内容。

(4) 按"▲、▼"键,可翻看前面或后面的内容。

10.3.7 结果

溶解氧的浓度（mg/L 或 μg/L）以仪器显示的最终稳定结果为测量结果。结果保留一位小数,最多三位有效数字。

10.3.8 注意事项

(1) 仪器接头不能接触水、污物等。

(2) 不要用手和硬物触及电极膜表面。

(3) 测量过程中显示的温度为所测水样的温度,在进行测量之前,电极必须达到热平衡,一般需几分钟,当温差较大时,需要的时间较长。

10.4 钠、铵、钾、镁和钙离子的测定（离子色谱法）

10.4.1 范围

适用于工业循环冷却水中 Na^+ 含量 1.00～50.0mg/L、NH_4^+ 含量 1.00～30.0mg/L、K^+ 含量 1.00～50.0mg/L、Mg^{2+} 含量 1.00～50.0mg/L 和 Ca^{2+} 含量 1.00～50.0mg/L 范围的测定,如果超出此范围,可稀释在此范围内测定。

适用于地表水、地下水和其他工业用水中 Na^+、NH_4^+、K^+、Mg^{2+} 和 Ca^{2+} 含量的测定。

10.4.2 方法概要

离子在固定相和流动相之间有不同的分配系数,当流动相将样品带到分离柱时，由于各种离子对离子交换树脂的相对亲合力不同，样品中的各离子被分离。再流经电导池，由电导检测器检测，并绘出各离子的色谱图，以保留时间定性，以峰面积或峰高定量，测出离子含量。

10.4.3 试剂

本标准所用水应符合 GB 6682 二级水的规格，且经脱气处理。所用试剂在没有注明其他要求时，均指优级纯试剂。

1. 钠、铵、钾离子测定用试剂和材料

1）钠离子标准储备液

Na^+ 浓度为 1000mg/L：称取经 500~600℃灼烧至恒重的氯化钠（GB/T 1266）2.542g，溶于水，移入 1000mL 容量瓶中，用水稀释至刻度，摇匀。储于聚乙烯瓶中，置于冰箱（4℃）。

2）铵离子标准储备液

NH_4^+ 的浓度为 1000mg/L：称取经 105~110℃干燥至恒重的氯化铵（GB/T 658）2.966g，溶于水，移入 1000mL 容量瓶中，用水稀释至刻度，摇匀，贮于聚乙烯瓶中，置于冰箱（4℃）。

3）钾离子标准储备液

K^+ 的浓度为 1000mg/L：称取经 500~600℃灼烧至恒重的氯化钾（GB/T 646）1.907g，溶于水，移入 1000mL 容量瓶中，用水稀释至刻度，摇匀。储于聚乙烯瓶中，置于冰箱（4℃）。

4）离子色谱测定用标准储备液

取钠离子标准储备液（1000mg/L）2.00mL、铵离子标准储备液（1000mg/L）4.00mL、钾离子标准储备液（1000mg/L）4.00mL 于 100mL 容量瓶中，用水稀释至刻度，摇匀。储于聚乙烯瓶中，置于冰箱（4℃）。

5）离子色谱测定用标准工作溶液

移取上述离子色谱测定用标准储备液 10.00mL 于 50mL 容量瓶中，用水稀释至刻度，摇匀。此溶液中 Na^+、NH_4^+、K^+ 的浓度分别为 4.00mg/L、8.00mg/L 和 8.00mg/L。

2. 钙、镁离子测定用试剂和材料

1）镁离子标准储备液（Mg^{2+}的浓度为 1000mg/L）

称取经 800℃ 灼烧至恒重的氧化镁（GB/T 9857）1.657g 于 100mL 烧杯中，用水润湿，滴加盐酸（GB/T 622）至溶解，再过量 2.5mL 盐酸，移入 1000mL 容量瓶中，用水稀释至刻度，摇匀。储于聚乙烯瓶中，置于冰箱（4℃）。

2）钙离子标准储备液（Ca^{2+}的浓度为 1000mg/L）

称取经 105~110℃ 烘干至恒重的碳酸钙 2.497g 于 100mL 烧杯中，用水润湿，滴加盐酸（GB/T 622）至溶解，再过量 2.5mL 盐酸，移入 1000mL 容量瓶中，用水稀释至刻度，摇匀。储于聚乙烯瓶中，置于冰箱（4℃）。

3）离子色谱测定用标准储备液

取镁离子标准储备液（1000mg/L）2.00mL、钙离子标准储备液（1000mg/L）4.00mL 于 100mL 容量瓶中，用水稀释至刻度，摇匀。储于聚乙烯瓶中，置于冰箱（4℃）。

4）离子色谱测定用标准工作溶液

移取钙、镁离子色谱测定用标准储备液 5.00mL 于 50mL 容量瓶中，用水稀释至刻度，摇匀。此溶液中 Mg^{2+}、Ca^{2+} 的浓度分别为 2.00mg/L、4.00mg/L。

3. 淋洗液的制备

（1）碳酸钠淋洗液：称取无水碳酸钠 1.908g，用一级水稀释至填满淋洗液专用塑料瓶。

（2）硫酸淋洗液：量取硫酸溶液 2mL，用一级水稀释至填满淋洗液专用塑料瓶。

10.4.4 仪器

离子色谱仪，ICS-90A 型，精密度要求 RSD<3%。
注射器：最小容量 2mL。

10.4.5 准备工作

1. 样品的收集
样品收集在用去离子水清洗的高密度聚乙烯瓶中。不要用强酸或洗涤剂清洗该容器，这样会使许多离子遗留在瓶壁上，对分析带来干扰。如果不能在采集当天分析，应立即用 0.45μm 的过滤膜过滤，否则其中的细菌可能使样品浓度随时间而改变。将样品储存在 4℃ 的环境中，只能抑制而不能消除细菌的生长。

2. 样品的预处理

现场取水样、经中速定性滤纸过滤后，用移液管取此过滤后的水样 20mL（取样量可视水中 Na^+、NH_4^+、K^+、Mg^{2+} 和 Ca^{2+} 的含量适当增减），移入预处理柱中，使其流过预处理柱，用 60mL 去离子水分 6 次冲洗预处理柱管和树脂床，水样和洗液一并收入 100mL 容量瓶中，用水稀释至刻度，摇匀。

对于酸雨、饮用水和大气飘尘的滤出液可以直接进样分析。对于地表水和废水样品，进样前要用 0.45μm 的过滤膜过滤；对于含有高浓度干扰基体的样品，进样前应先通过 DionEx 公司的 OnGuard™ 预处理柱。

10.4.6　分析步骤

1. 钠、铵、钾离子含量的测定

开机，用 Na^+、NH_4^+、K^+ 分离柱，待碳酸钠淋洗液洗至基线稳定后，开始进标准工作溶液（10.4.3），得到标准谱图，再进水样，得到谱图。必要时，冲洗分离柱，关机。

2. 镁、钙离子含量的测定

开机，用 Mg^{2+}、Ca^{2+} 分离柱，待淋洗液洗至基线稳定后，开始进标准工作溶液（10.4.3），得到标准谱图，再进水样，得到谱图。必要时，冲洗分离柱，关机。

3. 钠、铵、钾、镁和钙离子的同时测定

1）离子色谱测定用标准储备液

移取钠离子标准储备液 4.00mL、铵离子标准储备液 10.00mL、钾离子标准储备液 10.00mL、镁离子标准储备液 5.00mL、钙离子标准储备液 10.00mL 于 100mL 容量瓶中，用水稀释至刻度，摇匀。储于聚乙烯瓶中，置于冰箱（4℃）。

2）离子色谱测定用标准工作溶液

移取离子色谱测定用标准储备液 10.00mL 于 100mL 容量瓶中，用水稀释至刻度，摇匀。此溶液中 Na^+、NH_4^+、K^+、Mg^{2+} 和 Ca^{2+} 的浓度分别为 4.00mg/L、10.00mg/L、10.00mg/L、5.00mg/L 和 10.00mg/L。

3）钠、铵、钾、镁和钙离子的同时测定

开机，用淋洗液平衡分离柱，待基线稳定后，开始进标准工作溶液，得到标准谱图；再进水样，得到谱图。必要时，冲洗分离柱，关机。

10.4.7 分析结果的表述

以 mg/L 表示的待测离子含量 x 按下式计算：

$$X = \frac{L}{L_0} \times C_0 \times \frac{V_0}{V} \tag{10-1}$$

式中 L——水样中被测离子峰高，mm；

L_0——标准工作溶液中被测离子峰高，mm；

C_0——标准工作溶液中被测离子浓度，mg/L；

V——所取水样体积，mL；

V_0——水样被稀释后体积。

分析结果也可由色谱微处理机按峰面积或峰高直接计算。

L/L_0 应在 0.5~2 之间，若 $L/L_0 > 2$ 则将水样再稀释后测定，若 $L/L_0 < 0.5$ 则将标准溶液稀释后再测定。

第11章
细菌分析

11.1 菌落总数（平皿计数法）

11.1.1 范围

适用于生活饮用水及其水源水中菌落总数的测定。

11.1.2 试剂

（1）营养琼脂成分：蛋白胨 10g；牛肉膏 3g；氯化钠 5g；琼脂 10～20g；蒸馏水 1000mL。

（2）培养基制法：将上述成分混合后，加热溶解，调整 pH 为 7.4～7.6，分装于玻璃容器中（如用含杂质较多的琼脂时，应先过滤），经 103.43kPa（121℃，15lb）灭菌 20min，储存于冷暗处备用。

11.1.3 仪器

（1）高压蒸汽灭菌器。

（2）干热灭菌箱。

（3）培养箱：36℃±1℃。

（4）电炉。

（5）天平。

（6）冰箱。

（7）放大镜或菌落计数器。

（8）pH 计或精密 pH 试纸。

（9）灭菌试管、平皿（直径 9cm），刻度吸管、采样瓶等。

11.1.4　检验步骤

1. 生活饮用水

（1）以无菌操作方法用灭菌吸管吸取 1mL 充分混匀的水样，注入灭菌平皿中，倾注约 15mL 已融化并冷却到 45℃ 左右的营养琼脂培养基，并立即旋摇平皿，使水样与培养基充分混匀。每次检验时应做一平行接种，同时另用一个平皿只倾注营养琼脂培养基作为空白对照。

（2）待冷却凝固后，翻转平皿，使底面向上，置于 36℃±1℃ 培养箱内培养 48h，进行菌落计数，即为水样 1mL 中的菌落总数。

2. 水源水

（1）以无菌操作方法吸取 1mL 充分混匀的水样，注入盛有 9mL 灭菌生理盐水的试管中，混匀成 1∶10 稀释液。

（2）吸取 1∶10 的稀释液 1mL 注入盛有 9mL 灭菌生理盐水的试管中，混匀成 1∶100 稀释液。按同法依次稀释成 1∶1000、1∶10000 稀释液等备用。如此递增稀释一次，必须更换一支 1mL 灭菌吸管。

（3）用灭菌吸管取未稀释的水样和 2~3 个适宜稀释度的水样 1mL，分别注入灭菌平皿内。倾注约 15mL 已融化并冷却到 45℃ 左右的营养琼脂培养基，并立即旋摇平皿，使水样与培养基充分混匀。每次检验时应做一平行接种，同时另用一个平皿只倾注营养琼脂培养基作为空白对照。

（4）待冷却凝固后，翻转平皿，使底面向上，置于 36℃±1℃ 培养箱内培养 48h，进行菌落计数，即为水样 1mL 中的菌落总数。

11.1.5　菌落计数及报告方法

作平皿菌落计数时，可用眼睛直接观察，必要时用放大镜检查，以防遗漏。在记下各平皿的菌落数后，应求出同稀释度的平均菌落数，供下一步计算时应用。在求同稀释度的平均数时，若其中一个平皿有较大片状菌落生长时，则不宜采用，而应以无片状菌落生长的平皿作为该稀释度的平均菌落数。若片状菌落不到平皿的一半，而其余一半中菌落数分布又很均匀，则可将此半皿计数后乘 2 以代表全皿菌落数。然后再求该稀释度的平均菌落数。不同稀释度的选择及报告方法：

（1）首先选择平均菌落数在 30~300 之间者进行计算，若只有一个稀释度的平均菌落数符合此范围时，则将该菌落数乘以稀释倍数报告之。

（2）若有两个稀释度，其生长的菌落数均在 30~300 之间，则视二者之比值来决定，若其比值小于 2 应报告两者的平均数。若大于 2 则报告其中稀释度较小的菌落总数（见表 11-1 中实例 3）。若等于 2 亦报告其中稀释度较小的菌落数（见表 11-1 中实例 4）。

（3）若所有稀释度的平均菌落数均大于 300，则应按稀释度最高的平均菌落数乘以稀释倍数报告之（见表 11-1 中实例 5）。

（4）若所有稀释度的平均菌落数均小于 30，则应以按稀释度最低的平均菌落数乘以稀释倍数报告之（见表 11-1 中实例 6）。

（5）若所有稀释度的平均菌落数均不在 30~300 之间，则应以最接近 30 或 300 的平均菌落数乘以稀释倍数报告之（见表 11-1 中实例 7）。

（6）若所有稀释度的平板上均无菌落生长，则以未检出报告之。

（7）如果所有平板上都菌落密布，不要用"多不可计"报告，而应在稀释度最大的平板上，任意其中 2 个平板 $1cm^2$ 中的菌落数，除 2 求出每平方厘米内平均菌落数，乘以皿底面积 $63.6cm^2$ 时，再乘其稀释倍数作报告。

（8）菌落计数的报告：菌落数在 100 以内时按实有数报告，大于 100 时，采用两位有效数字，在两位有效数字后面的数值，以四舍五入方法计算，为了缩短数字后面的零数也可用 10 的指数来表示（见表 11-1 "报告方式"栏）。

表 11-1　稀释度选择及菌落总数报告方式

实例	不同稀释度的平均菌落数			两个菌落数 稀释度之比	菌落总数/ （CFU/mL）	报告方式/ （CFU/mL）
	10^{-1}	10^{-2}	10^{-3}			
1	1365	164	20		16　400	16000 或 $1×10^4$
2	2760	295	46	1.6	37　750	38000 或 $1×10^4$

续表

实例	不同稀释度的平均菌落数			两个菌落数稀释度之比	菌落总数/(CFU/mL)	报告方式/(CFU/mL)
	10^{-1}	10^{-2}	10^{-3}			
3	2890	271	60	2.2	27100	27000 或 1×10^4
4	150	30	8	2	1500	1500 或 1×10^4
5	多不可计	1650	513		513000	5130000 或 5.1×10^5
6	27	11	5		270	270 或 270×10^2
7	多不可计	305	12		30500	31000 或 3.1×10^4

11.2 腐生菌（TGB）、硫酸盐还原菌（SRB）与铁细菌含量测定

11.2.1 原理

采用绝迹稀释法，即将欲测定的水样用无菌注射器逐级注入到测试瓶中进行接种稀释，送实验室培养。根据细菌瓶阳性反应和稀释的倍数，计算出水样中细菌的数目。

11.2.2 试剂

（1）腐生菌（TGB）测试瓶。

（2）铁细菌测试瓶与指示剂。

（3）硫酸盐还原菌（SRB）测试瓶。

（4）1mL 注射器（在 121℃ 灭菌 20min）。

（5）恒温培养箱。

（6）电热消毒器。

11.2.3 分析步骤

细菌测定推荐采用三次重复法，也可采用二次重复法。

（1）将测试瓶排成一组，并依次编上序号。若测铁细菌时，应先用无菌注射

器分别向其测试瓶中加入 0.3~0.5mL 指示剂。

（2）用无菌注射器取 1.0mL 水样注入 1 号瓶内，充分振荡。

（3）用另一支无菌注射器从 1 号瓶内取 1.0mL 水样注入 2 号瓶内，充分振荡。

（4）再更换一支无菌注射器从 2 号瓶中取 1.0mL 水样注入到 3 号瓶中，充分振荡。

（5）依次类推，一直稀释到最后一瓶为止。根据细菌含量决定稀释瓶数，一般稀释到 7 号瓶。

（6）把上述测试瓶放入恒温培养箱中（培养温度控制在现场水温的 ±5℃ 内），SRB 菌 2 周后读数，TGB 菌和铁细菌 7d 后读数。

11.2.4　细菌生长的鉴别

SRB 瓶中液体变黑或有黑色沉淀，即表示有硫酸盐还原菌。TGB 瓶中液体由红变黄或混浊即表示有腐生菌。铁细菌测试瓶出现棕红色沉淀即表示有铁细菌。

11.2.5　菌量计数

1. 稀释法三次重复菌量统计查表 11-2。

表 11-2　稀释法三次重复菌量计数表

生长指标	菌量个/mL	生长指标	菌量个/mL	生长指标	菌量个/mL
000	0.0	201	1.4	302	6.5
001	0.3	202	2.0	310	4.5
010	0.3	210	1.5	311	7.5
011	0.6	211	2.0	312	11.5
020	0.6	212	3.0	313	16.0
100	0.4	220	2.0	320	9.5
101	0.7	221	3.0	321	15.0
102	1.1	222	3.5	322	20.0
110	0.7	223	4.0	323	30.0

续表

生长指标	菌量个/mL	生长指标	菌量个/mL	生长指标	菌量个/mL
111	1.1	230	3.0	330	25.0
120	1.1	231	3.5	331	45.0
121	1.5	232	4.0	332	110.0
130	1.6	300	2.5	333	140.0
200	0.9	301	4.0		

2. 稀释法二次重复菌量统计查表11-3。

表11-3　稀释法二次重复菌量计数表

生长指标	菌量个/mL	生长指标	菌量个/mL	生长指标	菌量个/mL
000	0.0	110	1.3	211	13.0
001	0.5	111	2.0	212	20.0
010	0.5	120	2.0	220	25.0
011	0.9	121	3.0	221	70.0
020	0.9	200	2.5	222	110.0
100	0.6	201	5.0		
101	1.2	210	6.0		

3. 重复样细菌计数例见下表

细菌的查表只与重复度有关，菌量数由表11-2或表11-3中查出近似值，再扩大相应的次方数即可，细菌长结果计算示例见表11-4。

表11-4　细菌菌量计数示例表

示例	长菌观察					生长指标	菌量个/mL
	1号瓶	2号瓶	3号瓶	4号瓶	5号瓶		
	0级	1级	2级	3级	4级		
1	++	++	--	--	--	200×10^1	2.5×10^1
2	+-	--	--	--	--	100×10^0	0.6×10^0
3	+++	+++	+++	++-	--	320×10^2	9.5×10^2
4	+++	+++	+++	+++	+++	$\geqslant 300 \times 10^4$	$\geqslant 2.5 \times 10^4$

注：若无测试瓶，亦可采用自制培养的试管稀释法，具体要求按微生物规范进行。

11.3　总大肠菌群的测定（多管发酵法）

11.3.1　范围

适用于生活饮用水及其水源水中总大肠菌群的测定。

11.3.2　试剂

1. 乳糖蛋白胨培养液

1）成分

蛋白胨 10g，牛肉膏 3g，乳糖 5g，氯化钠 5g，溴甲酚紫乙醇溶液（16g/L）1mL，蒸馏水 1000mL。

2）制法

将蛋白胨、牛肉膏、乳糖及氯化钠溶于蒸馏水中，调整 pH 为 7.2～7.4，再加入 1mL　16g/L 的溴甲酚紫乙醇溶液，充分混匀，分装于装有倒管的试管中，68.95kPa（115℃，101b）高压灭菌 20min，储存于冷暗处备用。

2. 二倍浓缩乳糖蛋白陈培养液

按上述乳糖蛋白胨培养液，除蒸馏水外，其他成分量加倍。

3. 伊红美蓝培养基

1）成分

蛋白胨 10g，乳糖 10g，磷酸氢二钾 2g，琼脂 20～30g，蒸馏水 1000mL，伊红水溶液（20g/L）20mL，美蓝水溶液（5g/L）13mL。

2）制法

将蛋白胨、磷酸盐和琼脂溶解于蒸馏水中，校正 pH 为 7.2，加入乳糖，混匀后分装，以 68.95kPa（115℃，101b）高压灭菌 20min。临用时加热融化琼脂，冷至 50～80℃，加入伊红和美蓝溶液，混匀，倾注平皿。

4. 革兰氏染色液

1）结晶紫染色液

成分：结晶紫 1g，乙醇（95%，体积分数）20mL，草酸胺水溶液（10g/L）80mL。

制法：将结晶紫溶于乙醇中，然后与草酸胺溶液混合。

注：结晶紫不可用龙胆紫代替，前者是纯品，后者不是单一成分，易出现假阳性。结晶紫溶液放置过久会产生沉淀，不能再用。

2）革兰氏碘液

成分：碘1g，碘化钾29g，蒸馏水300mL。

制法：将碘和碘化钾先进行混合，加入蒸馏水少许，充分振摇，待完全溶解后，再加蒸馏水。

3）脱色剂

乙醇（95%，体积分数）。

4）沙黄复染液

成分：沙黄0.25g，乙醇（95%，体积分数）10mL，蒸馏水90mL。

制法：将沙黄溶解于乙醇中，待完全溶解后加入蒸馏水。

5）染色法

（1）将培养18~24h的培养物涂片。

（2）将涂片在火焰上固定，滴加结晶紫染色液，染1min，水洗。

（3）滴加革兰氏碘液，作用1min，水洗。

（4）滴加脱色剂，摇动玻片，直至无紫色脱落为止，约30s，水洗。

（5）滴加复染剂，复染1min，水洗，待于，镜检。

11.3.3 仪器

（1）培养箱：36℃±1℃。

（2）冰箱：0~4℃。

（3）天平。

（4）显微镜。

（5）平皿：直径为9cm。

（6）试管。

（7）分度吸管：1mL，10mL。

（8）锥形瓶。

（9）小倒管。

（10）载玻片。

11.3.4　步骤

1. 乳糖发酵实验

取 10mL 水样接种到 10mL 双料乳糖蛋白膝培养液中，取 1mL 水样接种到 10mL 单料乳糖蛋白陈培养液中，另取 1mL 水样注入到 9mL 灭菌生理盐水中，混匀后吸取 1mL，（即 0.1mL 水样）注入到 10mL，单料乳糖蛋白胨培养液中，每一稀释度接种 5 管。

对已处理过的出厂自来水，需经常检验或每天检验一次的，可直接种 5 份 10mL 水样双料培养基，每份接种 10mL 水样。

检验水源水时，如污染较严重，应加大稀释度，可接种 1mL、0.1mL、0.01mL 甚至 0.1mL、0.01mL、0.001mL，每个稀释度接种 5 管，每个水样共接种 15 管。接种 1mL 以下水样时，必须作 10 倍递增稀释后，取 1mL 接种，每递增稀释一次，换用 1 支 1mL 灭菌刻度吸管。

将接种管置 36℃±1℃ 培养箱内，培养 24h±2h，如所有乳糖蛋白胨培养管都不产气产酸，则可报告为总大肠菌群阴性，如有产酸产气者，则按下列步骤进行。

2. 分离培养

将产酸产气的发酵管分别转种在伊红美蓝琼脂平板上，于 36℃±1℃ 培养箱内培养 18~24h，观察菌落形态，挑取符合下列特征的菌落作革兰氏染色、镜检和证实实验。

（1）深紫黑色、具有金属光泽的菌落；

（2）紫黑色、不带或略带金属光泽的菌落；

（3）淡紫红色、中心较深的菌落。

3. 证实实验

经上述染色镜检为革兰氏阴性无芽孢杆菌，同时接种乳糖蛋白胨培养液，置 36℃±1℃ 培养箱中培养 24h±2h，有产酸产气者，即证实有总大肠菌群存在。

4. 结果报告

根据证实为总大肠菌群阳性的管数，查 MPN（most Probablenumber，最可能数）检索表，报告每100mL水样中的总大肠菌群最可能数（MPN）值。5管法结果见表11-5。15管法结果见表11-6。稀释样品查表后所得结果应乘稀释倍数。如所有乳糖发酵管均阴性时，可报告总大肠菌群未检出。

表 11-5　用 5 份 10mL 水样时各种阳性和阴性结果组合时的最可能数 （MPN）

5 个 10mL 管中阳性管数	最可能数/（MPN）
0	<2. 2
1	2. 2
2	5. 1
3	9. 2
4	16. 0
5	>16

表 11-6　总大肠菌群 MPN 检索表

（总接种量 55.5mL，其中 5 份 10mL 水样，5 份 1mL 水样，5 份 0.1mL 样）

接种量/mL			总大肠菌群/	接种量/mL			总大肠菌群/
10	1	0.1	（MPN/100mL）	10	1	0.1	（MPN/100mL）
0	0	0	<2	1	0	0	2
0	0	1	2	1	0	1	4
0	0	2	4	1	0	2	6
0	0	3	5	1	0	3	8
0	0	4	7	1	0	4	10
0	0	5	9	1	0	5	12
0	1	0	2	1	1	0	4
0	1	1	4	1	1	1	6
0	1	2	6	1	1	2	8
0	1	3	7	1	1	3	10
0	1	4	9	1	1	4	12
0	1	5	11	1	1	5	14

续表

接种量/mL			总大肠菌群/	接种量/mL			总大肠菌群/
10	1	0.1	（MPN/100mL）	10	1	0.1	（MPN/100mL）
0	2	0	4	1	2	0	6
0	2	1	6	1	2	1	8
0	2	2	7	1	2	2	10
0	2	3	9	1	2	3	12
0	2	4	11	1	2	4	15
0	2	5	13	1	2	5	17
0	5	0	9	1	5	0	12
0	5	1	11	1	5	1	15
0	5	2	13	1	5	2	17
0	5	3	15	1	5	3	19
0	5	4	17	1	5	4	22
0	5	5	19	1	5	5	24
2	0	0	5	3	0	0	8
2	0	1	7	3	0	1	11
2	0	2	9	3	0	2	13
2	0	3	12	3	0	3	16
2	0	4	14	3	0	4	20
2	0	5	16	3	0	5	23
2	1	0	7	3	1	0	11
2	1	1	9	3	1	1	14
2	1	2	12	3	1	2	17
2	1	3	14	3	1	3	20
2	1	4	17	3	1	4	23
2	1	5	19	3	1	5	27

接种量/mL			总大肠菌群/	接种量/mL			总大肠菌群/
10	1	0.1	(MPN/100mL)	10	1	0.1	(MPN/100mL)
2	4	0	15	3	4	0	21
2	4	1	17	3	4	1	24
2	4	2	20	3	4	2	28
2	4	3	23	3	4	3	32
2	4	4	25	3	4	4	36
2	4	5	28	3	4	5	40
2	5	0	17	3	5	0	25
2	5	1	20	3	5	1	29
2	5	2	23	3	5	2	32
2	5	3	26	3	5	3	37
2	5	4	29	3	5	4	41
2	5	5	32	3	5	5	45
4	0	0	13	5	0	0	23
4	0	1	17	5	0	1	31
4	0	2	21	5	0	2	43
4	0	3	25	5	0	3	58
4	0	4	30	5	0	4	76
4	0	5	36	5	0	5	95
4	3	0	27	5	3	0	79
4	3	1	33	5	3	1	110
4	3	2	39	5	3	2	140
4	3	3	45	5	3	3	180
4	3	4	52	5	3	4	210
4	3	5	59	5	3	5	250

续表

接种量/mL			总大肠菌群/	接种量/mL			总大肠菌群/
10	1	0.1	（MPN/100mL）	10	1	0.1	（MPN/100mL）
4	4	0	34	5	4	0	130
4	4	1	40	5	4	1	170
4	4	2	47	5	4	2	220
4	4	3	54	5	4	3	280
4	4	4	62	5	4	4	350
4	4	5	69	5	4	5	430
4	5	0	41	5	5	0	240
4	5	1	48	5	5	1	350
4	5	2	56	5	5	2	540
4	5	3	64	5	5	3	920
4	5	4	72	5	5	4	1600
4	5	5	81	5	5	5	>1600

11.4　耐热大肠菌群的测定（多管发酵法）

11.4.1　范围

适用于生活饮用水及其水源水中耐热大肠菌群的测定。

11.4.2　培养基与试剂

1. EC 培养基

（1）成分：胰蛋白胨 20g，乳糖 5g，3 号胆盐或混合胆盐 1.5g，磷酸氢二钾 4g，磷酸二氢钾 1.5g，氯化钠 5g，蒸馏水 1000mL。

（2）制法：将上述成分溶解于蒸馏水中，分装到带有小倒管的试管中，68.95kPa（115℃，101b）高压灭菌 20min，最终 pH 为 6.9±0.2。

2. 伊红美蓝琼脂

（1）成分：蛋白胨 10g，乳糖 10g，磷酸氢二钾 2g，琼脂 20~30g，蒸馏水 1000mL，伊红水溶液（20g/L）20mL，美蓝水溶液（5g/L）13mL。

（2）制法：将蛋白胨、磷酸盐和琼脂溶解于蒸馏水中，校正 pH 为 7.2，加入乳糖，混匀后分装，以 68.95kPa（115℃，101b）高压灭菌 20min。临用时加热融化琼脂，冷至 50~80℃，加入伊红和美蓝溶液，混匀，倾注平皿。

11.4.3　仪器

（1）培养箱：36℃±1℃。

（2）冰箱：0~4℃。

（3）天平。

（4）显微镜。

（5）平皿：直径为 9cm。

（6）试管。

（7）分度吸管：1mL，10mL。

（8）锥形瓶。

（9）小倒管。

（10）载玻片。

（11）恒温水浴：44.5℃±0.5℃或隔水式恒温培养箱。

11.4.4　检验步骤

（1）自总大肠菌群乳糖发酵实验中的阳性管（产酸产气）中取 1 滴转种于 EC 培养基中，置 44.5℃水浴箱或隔水式恒温培养箱内（水浴箱的水面应高于试管中培养基液面），培养 24h±2h。如所有管均不产气，则可报告为阴性；如有产气者，则转种于伊红美蓝琼脂平板上，置 44.5℃培养 18~24h，凡平板上有典型菌落者，则证实为耐热大肠菌群阳性。

（2）如检测未经氯化消毒的水，且只想检测耐热大肠菌群时，或调查水源水的耐热大肠菌群污染时，可用直接多管耐热大肠菌群方法，即在第一步乳糖发酵实验时按总大肠菌群接种乳糖蛋白胨培养液在 44.5℃±0.5℃ 水浴中培养。

11.4.5　结果报告

根据证实为耐热大肠菌群的阳性管数，查最可能数（MPN）检索表，报告每 100mL 水样中耐热大肠菌群的最可能数（MPV）值。

第 4 部分　溶液分析

绪　　论

　　溶液分析岗隶属于天然气净化厂计量化验站，主要负责天然气净化厂内MDEA 溶液浓度以及贫富胺液中各项指标的测定工作，并对进厂的强酸强碱的浓度、杂质含量的进行检验测定，主要分析项目有胺液中硫化氢和二氧化碳含量的测定、胺液的发泡性、热稳定盐含量等。本章主要讲述了脱硫溶液、酸碱的分析项目的具体操作相关知识，要求掌握以下知识点：自动电位滴定仪、分析天平等的正确使用；脱硫溶液的浓度、硫化氢含量、二氧化碳含量的测定原理、方法及注意事项；盐酸、氢氧化钠中铁离子含量、浓度的分析方法及注意事项。

第12章

强酸碱浓度及铁含量分析

12.1 HCl浓度的测定

12.1.1 范围

本方法适用于用滴定法测定工业用合成盐酸的总酸度，适用于各级工业用合成盐酸。

12.1.2 方法概要

试料溶液以溴甲酚绿为指示剂，用氢氧化钠标准滴定溶液滴定至溶液由黄色变为监色为终点。反应式如下：

$$H^+ + OH^- \longrightarrow H_2O$$

12.1.3 试剂和材料

本方法使用蒸馏水或相应纯度的水。

氢氧化钠标准滴定溶液：$c(\text{NaOH}) = 1.000\text{mol/L}$，按 GB 601 配制及标定。

溴甲酚绿（HG 3-1220）：1g/L 乙醇溶液，按 GB 603 配制。

12.1.4 仪器

一般实验室仪器。

锥形瓶：100mL（具磨口塞）。

12.1.5　操作步骤

1. 实验室样品取样

（1）工业用合成盐酸用桶或坛子包装时，由总桶（坛）数的5%取样，小批量时不得少于由三桶（坛）中取样。

（2）工业用合成盐酸由槽车或储槽取样时，用采用耐酸的排气取样器，从上、中、下三处取出等量样品。

（3）将所取的样品混匀，分别置于两个清洁、干燥、具磨口塞的玻璃瓶中，每瓶均不得少于500mL，密封，一瓶用于检验，一瓶为保留样，保留期为一个月。

2. 试料

从试样吸取约3mL盐酸，置于内装15mL水并已称量（精确至0.0002g）的锥形瓶（100mL）中，混匀并称量，精确至0.0002g。

3. 测定

向试料加2~3滴溴甲酚绿（1g/L乙醇溶液），用氢氧化钠标准滴定溶液滴定至溶液由黄色变为蓝色为终点。

12.1.6　计算

盐酸的总酸度（以HCl计）百分含量按式（12-1）计算：

$$x_1 = \frac{c \times V \times 0.03646}{m} \times 100 = \frac{c \times V}{m} \times 3.646 \qquad (12-1)$$

式中　V——氢氧化钠标准滴定溶液的体积，mL；

　　　c——氢氧化钠标准滴定溶液之物质的量浓度，mol/L；

　　　m——试料质量，g；

0.03646——与1.00mL 氢氧化钠标准滴定溶液 $[c(NaOH) = 1.000mol/L]$ 相当的以克表示的氯化氢的质量。

12.1.7　允许差

两次平行测定结果之差不大于0.2%，取其算术平均值为报告结果。

12.2　HCl 中铁等杂质含量的测定

12.2.1　范围

本方法规定了用邻菲啰啉分光光度法测定工业用合成盐酸中铁含量，适用于各级工业用合成盐酸。

12.2.2　方法概要

用盐酸羟胺将盐酸中三价铁离子还原成二价铁离子，在 pH 值为 4.5 的条件下，二价铁离子与邻菲啰啉反应生成桔红色络合物，在该络合物最大吸收值处（波长 510nm）用分光光度计测定吸光度。反应式如下：

$$Fe^{3+}+2NH_2OH \longrightarrow 4Fe^{2+}+N_2O+H_2O+4H^+$$

$$Fe^{2+}+3C_{12}H_8N_2 \longrightarrow \left[Fe\left(C_{12}H_8N_2\right)_3\right]^{2+}$$

12.2.3　试剂和材料

本方法使用蒸馏水或相应纯度的水。

盐酸（GB 622）：1+1 溶液。

氨水（GB 631）：1+1 溶液。

盐酸羟胺（GB 6685）：100g/L 溶液。

乙酸（GB 676）–乙酸钠（GB 694）缓冲溶液：pH≈4.5，按 GB 603 配制。

铁标准溶液：0.001g/L。按 GB 602 配制。

铁标准溶液：0.100g/L。取 50.0mL 铁标准溶液，置于 500mL 容量瓶中，稀释至刻度，混匀。本溶液使用前配制。

邻菲啰啉（GB 1293）：2g/L。按 GB 603 配制。

12.2.4　仪器

一般实验室仪器

分光光度计。

12.2.5　操作步骤

1. 实验室样品取样

（1）工业用合成盐酸用桶或坛子包装时，由总桶（坛）数的 5% 取样，小批量时不得少于由三桶（坛）中取样。

（2）工业用合成盐酸由槽车或储槽取样时，用采用耐酸的排气取样器，从上、中、下三处取出等量样品。

（3）将所取的样品混匀，分别置于两个清洁、干燥、具磨口塞的玻璃瓶中，每瓶均不得少于 500mL，密封，一瓶用于检验，一瓶为保留样，保留期为一个月。

2. 试样

吸取 8.6mL 实验室样品，称量精确至 0.01g，置于内装 50mL 水的 100mL 容量瓶中，稀释至刻度，混匀。本溶液使用前配制。

3. 空白溶液

不加试料，采用与测定试料完全相同的分析步骤、试剂和用量进行空白实验。

4. 测定

从试样吸取 10.0mL 样品置于 50mL 容量瓶中，加氨水调至溶液 pH 值为 2～3。然后加 1mL 盐酸羟胺溶液，5mL 乙酸–乙酸钠缓冲溶液和 2mL 邻菲啰啉溶液，用水稀释至刻度，混匀。静置 15min。

用 1cm 比色皿，在波长 510nm 处，以空白溶液调整分光光度计吸光度为零，测定试料溶液的吸光度。

5. 工作曲线的绘制

按表 12-1 要求吸取铁标准溶液，分别置于 6 个 50mL 容量瓶中。

表 12-1　标准曲线

铁标准溶液体积/mL	对应铁质量/μg	铁标准溶液体积/mL	对应铁质量/μg
0	0	2.0	20
4.0	40	6.0	60
8.0	80	10.0	100

向每个容量瓶中分别加入 1mL 盐酸羟胺溶液、5mL 乙酸–乙酸钠缓冲溶液、2mL 邻菲啰啉溶液，用水稀释至刻度，混匀。放置 15min。分别测定各溶液的吸光度，以铁含量为横坐标，对应的吸光度为纵坐标绘制工作曲线。

12.2.6　计算

铁百分含量（x）按式（12-2）计算：

$$x = \frac{m \times 10^{-3}}{m_0 \times \dfrac{10}{100}} \times 100 = \frac{m}{m_0} \qquad (12-2)$$

式中　m_0——试料质量，g；

m——由工作曲线上查得的试料中铁的质量，mg。

12.2.7　重复性

两次平行测定结果之差不大于 0.0005%。取其算术平均值为报告结果。

12.3　NaOH 浓度的测定

12.3.1　范围

本方法适用于化纤用氢氧化钠的测定。

本方法适用于采用 GB 7698 时氢氧化钠含量的测定。

12.3.2　方法概要

以甲基橙为指示剂，用盐酸标准溶液滴定，测得氢氧化钠与碳酸钠的总碱量（以 NaOH% 计），再减去碳酸钠的量（以 NaOH% 计），即为氢氧化钠的百分含量。

12.3.3　试剂和材料

测定时，限用分析纯试剂和不含有二氧化碳的蒸馏水或相应纯度的水。

甲基橙（HGB 3089）：0.5g/L 溶液。称取 0.05g 甲基橙溶于 100mL 水中。

盐酸（GB 622）：c（HCl）= 1mol/L。按 GB 601 配制。标定时采用甲基橙为指示剂。

12.3.4　仪器

一般实验室仪器和磁力搅拌器。

12.3.5　操作步骤

1. 试样溶液的制备

用已知质量的称量瓶，迅速称取固体氢氧化钠试样 38g±1g 或氢氧化钠水溶液试样 50g，称准至 0.01g，置于具塞锥形瓶中，用不含有二氧化碳的水溶解，冷却，将溶液全部移入 1000mL 容量瓶中，稀释至刻度，摇匀。

2. 滴定

吸取 50.0mL 试样溶液，注入 250mL 锥形瓶中，加 2~3 滴甲基橙，在磁力搅拌器搅拌下，用盐酸标准溶液滴定至溶液由黄色转为橙色为终点。

12.3.6　计算

氢氧化钠与碳酸钠的总碱量（x_1）（以 NaOH%计）按式（12-3）计算：

$$x_1 = \frac{c \times V \times 0.0400}{m \times \dfrac{50}{1000}} \times 100 = 80 \frac{c \times V}{m} \qquad (12\text{-}3)$$

式中　c——盐酸（HCl）标准溶液浓度，mol/L；

　　　V——滴定时盐酸标准溶液之用量，mL；

0.0400——与 1.00mL 盐酸标准溶液 [c（HCl）= 1.000mol/L] 相当的氢氧化钠以克表示的质量；

　　　m——试样质量，g。

氢氧化钠百分含量（x_2）按式（12-4）计算：

$$x_2 = x_1 - 1.818x_3 \qquad (12\text{-}4)$$

式中 x_1——氢氧化钠与碳酸钠的总碱量（以 NaOH%计）；

$\quad\quad x_3$——碳酸盐含量（以 CO_2%计），按 GB 7698 测定；

1.818——二氧化碳换算为氢氧化钠的系数。

12.3.7 允许差

两次平行测定结果的绝对值之差不超过 0.08%。取其平均值为测定结果。

12.4 NaOH 中铁等杂质含量的测定

12.4.1 范围

本方法规定了 1，10 - 菲啰啉（又称邻菲啰啉）分光光度法测定工业用氢氧化钠中铁含量的方法。

本方法适用于铁含量的质量分数大于或等于 0.00005% 的各级工业用氢氧化钠产品。

12.4.2 方法概要

用盐酸羟胺将试样溶液中 Fe^{3+} 还原成 Fe^{2+}，在缓冲溶液（pH = 4.9）体系中 Fe^{2+} 同邻菲啰啉生成桔红色络合物，该络合物在波长 510nm 下测定其吸光度，反应式如下：

$$4Fe^{3+}+2NH_2 \cdot OH^- \longrightarrow 4Fe^{2+}+N_2O+H_2O+4H^+$$

$$Fe^{2+}+3C_{12}H_8N_2 \longrightarrow \left[Fe \left(C_{12}H_8N_2 \right)_3 \right]^{2+}$$

12.4.3 试剂和材料

（1）盐酸。

（2）氨水。

（3）硫酸。

（4）盐酸羟胺溶液：10g/L。

186

（5）乙酸-乙酸钠缓冲溶液：pH＝4.9。称取 272g 乙酸钠（CH₃COONa·3H₂O）溶于水，加 240mL 冰乙酸，稀释至 1000mL。

（6）铁标准溶液：1mL，含有 0.010mg 铁。称取 1.4043g 硫酸亚铁铵 [（NH₄）₂Fe（SO₄）₂·3H₂O]，准确至 0.0001g，溶于 2mL 水中，加入 20mL 硫酸，冷却至室温，移入 1000mL 容量瓶中，稀释至刻度，摇匀。

（7）铁标准溶液：1mL 含有 0.010mg 铁。

取 25.00mL 铁标准溶液，移入 500mL 容量瓶中，稀释至刻度，摇匀。该溶液要在使用前配制。

（8）对硝基酚溶液：2.5g/L。

（9）邻菲啰啉溶液：2.5g/L。

12.4.4 仪器

一般实验室仪器和分光光度计。

12.4.5 操作步骤

1. 标准曲线的绘制

1）标准参比液的配制

依次取 0，1.0mL，2.5rnL，4.0mL，5.0mL，8.0mL，10.0mL，12.0mL，15.0mL 铁标准溶液于 100mL 容量瓶中，分别在每个容量瓶中，加 0.5mL 盐酸并加入约 50mL 水，然后加入 5mL 盐酸羟胺，20mL 缓冲溶液及 5mL 邻菲啰啉溶液，用水稀释至刻度、摇匀。静置 10min。

2）标准参比液吸光度的测定

以不加铁标准溶液的参比液调整仪器的吸光度为零，在波长 510nm 处，按所测样品铁含量范围选用相应规格的比色皿，见表 12-2，测定标准参比液的吸光度。

表 12-2 对应比色皿规格的参比液质量分数

三氧化二铁的质量分数/%	比色皿规格/cm
<0.05	5

187

三氧化二铁的质量分数/%	比色皿规格/cm
0.005~0.01	2 或 3
0.01~0.015	2 或 1
0.015~0.03	1 或 0.5

2. 取样

用称量瓶称取 15~30g 固体或 15~30g 液体氢氧化钠样品，准确至 0.01g。

3. 空白实验

在 500mL 烧杯中，加入 25mL 水和与中和样品等量的盐酸，加入 2~3 滴对硝基酚指示剂溶液，然后用氨水中和至浅黄色，逐滴加入盐酸调至溶液为无色，再过量 2mL，煮沸 5min，冷却至室温，移入 250mL 容量瓶中，用水稀释至刻度、摇匀。

4. 试样溶液的制备

将称取样品移入 500mL 烧杯中，加水溶解约至 120mL，加 2~3 滴对硝基酚指示剂溶液，用盐酸中和至黄色消失为止，再过量 2mL，煮沸 5min，冷却至室温后移入 250mL 容量瓶中，用水稀释至刻度、摇匀。

5. 显色

取 50.00mL 试样溶液移入 100mL 容量瓶中，加 5mL 盐酸羟胺、20mL 缓冲溶液及 5mL 的邻菲啰啉溶液，用水稀释至刻度、摇匀。静置 10min。

6. 试样吸光度的测定

测定溶液吸光度，测定前用空白实验溶液。调整仪器吸光度为零。

12.4.6 计算

铁的质量分数 X，数值以毫克每克（mg/g）表示，按式（12-5）计算：

$$X = m_1 \times \frac{250}{50} \times \frac{1000}{m_0} = \frac{5000m_1}{m_0} \qquad (12-5)$$

式中　m_1——试液吸光度相对应的铁的质量，g；

　　　m_0——试样质量，g。

或以质量分数（%）表示的三氧化二铁含量 X_1 按式（12-6）计算：

$$X_1 = 1.4297 \times 10^{-4} X \qquad (12\text{-}6)$$

式中　1.4297——铁与三氧化二铁的折算系数。

12.4.7　允许差

平行测定结果之差的绝对值不应超过下列数值：

$X_1 \leqslant 0.0020\%$：0.0001%；

$X_1 > 0.0020\%$：0.0005%。

取平行测定结果的算术平均值为报告结果。

第13章
胺液的分析

13.1 贫胺溶液发泡性的分析

13.1.1 适用范围

本标准适用于生产装置脱硫贫液的泡沫高度以及消泡时间的测定。

13.1.2 方法概要

样品在（80±2）℃恒温状态下，在规定的试验仪器中以一定流速的 N_2 通入试样中，经 2min 后停止通气，同时记录泡沫高度和泡沫消失所经过的时间。

13.1.3 试剂和材料

N_2：高纯 N_2。

13.1.4 仪器

（1）一个 1000mL 的量筒，两个孔的橡皮塞。一个孔插入玻璃管，另一个孔插入连通 N_2 的玻璃管。

（2）气体分布器，连接插入 N_2 的玻璃管的底部，为使通入的 N_2 均匀分布。

（3）流量计：N_2 的流量为（600±5）mL/min。

（4）恒温池：能够放入量筒，并能维持（80±1）℃的温度。

（5）秒表。

13.1.5　分析步骤

（1）倒 200mLMDEA 溶液的样品于 1000mL 的量筒内，并将气体分布器安装所示的位置，如图 13-1 所示。

（2）在恒温池中将液体样品加热到 80℃。

（3）以 600mL/min 的速率向溶液鼓入氮气起泡。

（4）当泡沫从气体分布器中出来时，开始计时。在 6s 之后读取起泡表面的体积数并用 mL 为单位记录。

（5）停止导入气体并记录不出现泡沫的时间。

13.1.6　计算

（1）起泡沫体积=起泡表面的体积数-200。

（2）用秒为单位记录泡沫消失的时间。

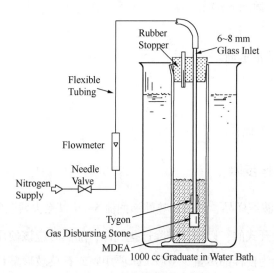

图 13-1　发泡性测试示意图

13.2 胺液中热稳定盐含量的测定

13.2.1 范围

本方法适用于胺液中热稳定盐阴离子含量的分析。

13.2.2 方法概要

称取一定量的样品是其通过 H 型阳离子交换树脂柱,各种阴离子被转化成相应酸,而胺液被吸收在树脂上,从树脂中流出的含酸溶液用标准碱溶液滴定。

13.2.3 试剂和材料

(1) 强酸性阳离子交换树脂 50~100 目。

(2) 0.1mol/L 标准 NaOH。

(3) 10%HCl。

(4) 5g/L 酚酞指示剂。

(5) 去离子水。

(6) pH 试纸。

(7) 交换树脂玻璃柱。

13.2.4 操作步骤

(1) 取 50mL 胺液样品,通过加热鼓泡回流 5min 以除去残余的 CO_2 和硫化氢回流装置,必须是敞开式的,以利于排除这些气体,加热时应该使用电热罩以防止胺降解。加热结束后为使样品尽量少吸收 CO_2 要用膜或石英玻璃盖住样品并在阴暗处进行冷却,为确保最终样品的体积与最初时一致,可用去离子水补偿差值。

(2) 待样品冷却到室温后称取 2.0~3.0g 处理后的胺液样品于 100mL 塑料杯中,称准至 0.1g 记下重量 W。

(3) 将样品倒入树脂柱,并用去离子水冲洗塑料杯几次,洗液也倒入树脂柱，然后用去离子水冲洗，用 250mL 三角烧瓶收集树脂柱中流出的溶液，用 pH 广泛试纸从树脂中的流出液，直至中性（pH=7）或等于冲洗水 pH 值。

（4）在三角烧瓶加入 2~3 滴酚酞指示剂，用 0.1mol/L 氢氧化钠滴定至红色，记录氢氧化钠消耗体积。

（5）再生，用 15~20mL 10% 的 HCl 溶液冲洗交换柱，并用去离子水冲洗树脂至中性或等于冲洗水 pH 值。

13.2.5　计算

$$W\% \text{热稳定盐} = V（NaOH）\times c（NaOH）\times 11.9/W \tag{13-1}$$

式中　11.9——甲基二乙醇胺相对分子质量×100/1000；

　　　　W——样品重量，g；

　　　　V——NaOH 消耗体积；

　　　　c——NaOH 浓度，mol/L。

13.3　自动电位滴定仪测定 MDEA 溶液浓度

13.3.1　开机

将 785 自动电位滴定仪面板上的主开关打开，仪器进行自检。

13.3.2　测定

1. 调出方法

按<USER METH>键，显示>rEcall mEthod，进入此项菜单，用"→""←"键选择"MDEA"，按<ENTER>键，调出该方法。此时在屏幕的右上角显示方法名称。

2. 测定

在 150mL 烧杯中加入约 5g 待测样品，称准至 0.0001g，在烧杯中加入 100mL 蒸馏水，放入搅拌子，将烧杯置于磁力搅拌滴定座上。观察指示电极内充液是否到位，并打开加液孔，将指示电极和滴定管插入待测样品中。

打开软件，查看"数据采集器"使其处于"正在等待数据"状态，按<START>键开始测定，按"SMPL DATA"键，移动光标至"SamplESizE"输入样品量按<ENTER>键，即开始测定。

注：如果更换滴定液，按"CFMLA"，将C01改为更换的滴定液的浓度。

3. 结果

在"数据库"查看结果，按菜单栏"查看"选择"显示原始报告"。

13.3.3　关机

测定结束，按滴定仪面板上的主开关关机。用蒸馏水清洗滴定头和电极，擦干电极，盖上内充液填充口，并保存在3mol/L饱和KCl溶液中。

13.3.4　注意事项

（1）每天在测试之前，注意检查加液管路中是否有气泡，如有气泡按DOS键排出气泡。

（2）电极和滴定头都用塑料套固定在电极夹上，滴定头略低于电极，溶液应完全浸没电极隔膜，滴定头和电极不能靠得太近，滴定头尽量在测定杯的中央，电极在测量杯的边上。

（3）电极的加液孔在测量时需打开，测定结束后，要关闭。

（4）调节适当的搅拌速度，以有明显的旋涡而不产生大量气泡为宜。

（5）对于易结晶的溶液以及有腐蚀性的液体（例如碱液）滴定结束后，或是长期不使用时，将交换单元中的溶液排空。

13.4　脱硫溶液中二氧化碳含量的测定

13.4.1　范围

本标准适用于天然气净化厂脱硫溶液中二氧化碳含量的测定，也适用于其他工厂类似脱硫溶液中二氧化碳含量的测定。测定范围为0.05~50g/L。

13.4.2　方法概要

经酸化气提使样品中的硫化氢和二氧化碳全部解析。用酸性硫酸铜溶液吸收解析出的硫化氢，用准确过量的氢氧化钡溶液吸收二氧化碳，生成碳酸钡沉淀，用邻苯二甲酸氢钾标准溶液滴定剩余的氢氧化钡。根据邻苯二甲酸氢钾溶液的耗量计算样品中二氧化碳的含量。

13.4.3　试剂和材料

（1）脱二氧化碳的水。

（2）硫酸溶液（1+17）。

（3）硫酸铜溶液（20g/L）。

（4）氢氧化钡溶液（4g/L）。

（5）苯二甲酸氢钾标准溶液 $[c\ (C_6H_4CO_2HCO_2K) = 0.05mol/L]$。

（6）酚酞指示液（10g/L）。

（7）甲基黄指示液（1g/L）。

（8）碱石棉：10~20 目，化学纯。

（9）氮气：纯度不低于 99.9%，不含二氧化碳。

（10）玻璃纤维。

（11）针形阀。

（12）吸收器架：如图 13-2 所示。

（13）仪器。

除二氧化碳吸收器如图 13-3 所示（底部为 3 号玻璃砂芯板）制作外，其余部分按《硫黄回收过程气中硫化氢和二氧化硫含量的测定》（SY/T 6537—2002）中 5.4 的规定进行。

13.4.4　取样口和试剂用量

1. 取样口

取样容器和取样步骤分别按《脱硫溶液中硫化氢含量的测定》（SY/T 6537—2002）5.1，5.2 和 5.3 进行。

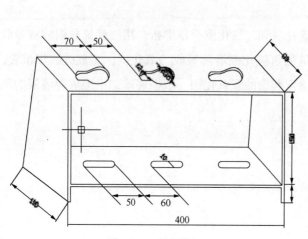

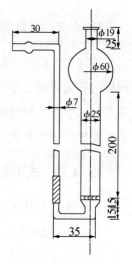

图 13-2　吸收器架　　　　　　　　　图 13-3　二氧化碳吸收器

2. 试样用量

每次分析试样用量的选择见表 13-1。

表 13-1　试样用量选择表

预计的二氧化碳含量/（g/L）	试样用量/mL
0.05~0.5	20
0.5~2	10
2~4	5
4~8	2
8~20	1
20~50	0.5

13.4.5　测定步骤

1. 解析用酸量的确定

同《脱硫溶液中硫化氢含量的测定》（SY/T 6537—2002）中 6.1。

2. 解析和吸收

在解析器中加入 50mL 水及计算（按《脱硫溶液中硫化氢含量的测定》SY/T 6537—2002 进行）量的硫酸溶液，塞上带进样头的胶塞，在吸收器 5 中加入

196

50mL 硫酸铜溶液，用短节胶管将图中各部分连接，缓缓打开针形阀，以 300~
500mL/min 的流量通氮气 5min，停止通气。与吸收器 6 中准确加入 50mL 氢氧化
钡溶液，再次通入氮气，气速以在吸收器 6 中形成 30~50mm 高的泡沫层为宜，
用带有 100mm 注射针的注射器吸取表 13-1 中规定量的样品，经进样头缓缓注入
解析器中，继续通气 15min 后，降低氮气流量至吸收器底部每分钟仅通过 20~30
个气泡，待滴定。

3. 滴定

取下吸收器 6 的胶塞，加入 80mL 脱二氧化碳的水及 2 滴酚酞指示液，让吸
收器成 80 度倾斜，用邻苯二甲酸氢钾标准溶液缓缓滴定至试液红色消失，用注
射器取 30mL 脱二氧化碳的水，经吸收器 6 的气体入口胶管缓缓注入，继续滴定
至溶液红色消失。记录滴定液消耗量。

按同样的步骤作空白试验。两次重复空白实验消耗滴定液体积的差值应小于
0.2mL，取两次滴定液消耗量的平均值作为试验的空白值。在未更换吸收液和滴
定液的情况下，允许每 7d 作一次空白实验。

在滴定的全过程中，通气速度均应小于每分钟 30 个气泡。应防止滴定液接
触吸收器壁上的沉淀物。

13.5　脱硫溶液中硫化氢含量的测定

13.5.1　碘量法

1. 适用范围

本方法适用于天然气净化厂脱硫溶液中硫化氢含量的测定，也适用于其他工
厂类似脱硫溶液中硫化氢含量的测定。测定范围 0.02~50g/L。

2. 方法提要

经酸化气提使样品中的硫化氢全部解吸，再按碘量法进行测定。

3. 试剂和材料

（1）硫酸溶液（1+17）。

（2）乙酸锌溶液（10g/L）。

（3）盐酸溶液（1+11）。

（4）碘溶液（5g/L）。

（5）硫代硫酸钠标准溶液 $[c(Na_2S_2O_3) = 0.02mol/L]$。

（6）甲基黄指示液（1g/L）。

（7）淀粉指示液（5g/L）。

（8）氮气：纯度不低于99.9%。

（9）针形阀。

（10）吸收器架。

4. 仪器

（1）吸收器。

（2）解析器，如图13-4所示。

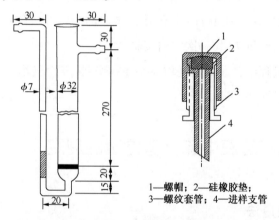

1—螺帽；2—硅橡胶垫；
3—螺纹套管；4—进样支管

图13-4 解析器示意图

（3）注射器：容量100μL、250μL、500μL和1mL、2mL、5mL、10mL。

（4）转子滴量计：氮气满刻度流量1L/min。

（5）自动滴定仪：量管容量50mL。

（6）进样头：进样支管使用不锈钢或玻璃，螺帽或螺纹套环使用碳钢或铜材。

（7）实验室常用仪器。

5. 取样

1）取样口

（1）富液取样口的位置应选择在闪蒸器后换热器前的富液管线上，贫液取样口应安装在贫液冷却器的出口管线上。

（2）取样支管的头部应伸入主管道管径的三分之一处。取样支管，包括取样阀通道的总容量应小于 10mL。

2）取样容器

带磨口塞的锥形瓶，容量 100mL 或 150mL。

3）取样步骤

缓缓打开取样阀，排放 30~50mL 溶液后，再向锥形瓶内排放样品溶液直至瓶颈，盖好瓶塞，待分析。

4）试样用量

每次试样用量的选择见表 13-2。

表 13-2　试样用量选择表

预计的硫化氢浓度/（g/L）	试样用量/mL
0.02~0.05	15
0.05~0.5	10
0.5~1	5
1~2	3
2~4	1.5
4~8	0.5
8~16	0.4
16~50	0.15

6. 分析步骤

1）解吸用酸量的确定

当样品中含有硫代硫酸根时，解吸用酸的量应控制在将样品液酸化至 pH2~3。其用量按以下步骤确定：

取 5mL 样品加入 50mL 水及 2~3 滴甲基黄指示液，滴加硫酸溶液滴定试液由黄色变为红色，煮沸 2~3min，冷却后，再滴至红色，记录硫酸耗量，计算每毫升试样消耗硫酸溶液的体积。做样品分析时根据试样用量计算相应的解吸用硫酸体积。

2）解吸和吸收

于解析器中加入 50mL 水及计算量的硫酸溶液，塞上带进样头的胶塞，于吸收器中加入 50mL 乙酸锌溶液，用短节胶管将吸收器同解吸器紧密对接，并用胶管将其余部分连接。缓缓打开针形阀，以 100~200mL/min 的流量通入氮气，用配有 100mm 注射针的注射器取规定量的样品，经进样头缓缓注入，进完样后提高气速至 500mL/min，继续通气 10min，停止通气。

3）滴定

取下吸收器，用吸量管加入 10（或 20）mL 碘溶液，硫化氢含量低于 0.5% 时应使用较低浓度的碘溶液（2.5g/L）。再加入 10mL 盐酸溶液，装上吸收器头，用洗耳球在吸收器入口轻轻地鼓动溶液，使之混合均匀。为防止碘液挥发，不应吹空气鼓泡搅拌。待反应 2~3min 后，将溶液转移进 250mL 碘量瓶中，用硫代硫酸钠标准溶液滴定，近终点时，加入 1~2mL 淀粉指示液，继续滴定至溶液蓝色消失，按同样步骤作空白实验。滴定应在无日光直射的环境中进行。

7. 分析结果的计算

样品的硫化氢含量 ρ（g/L）按下式计算：

$$\rho = \frac{(V_0 - V_1) \times C \times 17.04}{V} \tag{13-2}$$

式中　V_0——空白滴定时硫代硫酸钠标准溶液耗量，mL；

　　　　V_1——样品滴定时硫代硫酸钠标准溶液耗量，mL；

　　　　C——硫代硫酸钠标准溶液的浓度，moL/L；

　　　　V——取样体积，mL；

　　17.04——摩尔质量（$1/2H_2S$），g/moL。

取两次重复测定结果的算术平均值作为分析结果．所得结果大于或等于 1g/L 时保留三位有效数字，小于 1g/L 时保留两位有效数字。

8. 允许差

两次重复测定结果之差不应大于表 13-3 中的数值。

表 13-3 允许差

浓度范围/（g/L）	允许差/%
0.02~0.1	10
>0.1~15	5
>15~50	3

13.5.2 自动电位滴定仪滴定法

1. 开机

将 785 自动电位滴定仪面板上的主开关打开，仪器进行自检。

2. 测定

1）调出方法

按〈USER METH〉键，显示>rEcall mEthod，进入此项菜单，用"→""←"键选择"H$_2$S"，按〈ENTER〉键，调出该方法。此时在屏幕的右上角显示方法名称。

注：如分析方法名已显示在屏幕右上角，可不进行操作，直接进行操作。

2）测定（此操作在通风柜中进行）

用吸量管移取 2mL 贫液或 1mL 富液在 100mL 烧杯中，用量筒在烧杯中加入 25mL 盐酸（1∶1），再用吸量管移取 25mL 碘溶液，放入搅拌子，将烧杯置于磁力搅拌滴定座上。观察指示电极内充液是否到位，并打开加液孔，将指示电极和滴定管插入待测样品中。

打开软件，查看"数据采集器"使其处于"正在等待数据"状态，按〈START〉键开始测定，按"SMPL DATA"键，移动光标至"SamplE SizE"输入样品量按〈ENTER〉键，即开始测定。

空白实验：用量筒在烧杯中加入 25mL 盐酸（1∶1），再用吸量管移取 25mL 碘溶液，放入搅拌子，按二次开始键，滴定结果后，记录下体积数（每天做一次空白）。

注：如果硫代硫酸钠滴定液的浓度更换，按"CFMLA"，将 C01 改为硫代硫酸钠滴定液的实际浓度。

注意：操作时一定要先加盐酸后加碘，千万不能把顺序加错。

3）结果

在"数据库"查看结果，按菜单栏"查看"选择"显示原始报告"。

3. 关机

测定结束，按滴定仪面板上的主开关关机。用蒸馏水清洗滴定头和电极，擦干电极，盖上内充液填充口，并保存在 3mol/L 饱和 KCl 溶液中。

4. 注意事项

每天在测试之前，注意检查加液管路中是否有气泡，如有气泡按 DOS 键排出气泡。电极和滴定头都用塑料套固定在电极夹上，滴定头略低于电极，溶液应完全浸没电极隔膜，滴定头和电极不能靠得太近，滴定头尽量在测定杯的中央，电极在测量杯的边上。铂电极的加液孔在测量时需打开，测定结束后，要关闭。调节适当的搅拌速度，以有明显的旋涡而不产生大量气泡为宜。对于易结晶的溶液以及有腐蚀性的液体（例如碱液）滴定结束后，或是长期不使用时，将交换单元中的溶液排空。

第14章
TEG的测定

14.1 三甘醇脱水溶液组成分析

14.1.1 范围

本方法适用于天然气净化厂脱水装置中脱水溶液组成的分析。

14.1.2 方法概要

样品汽化后通过色谱柱使各组分得到分离,用热导检测器检测并记录色谱图,用外标法计算各组分的含量。

14.1.3 试剂与材料

分析纯三甘醇。

氢气:纯度不低于99.999%。

14.1.4 仪器

(1) 本分析方法所用色谱仪为PEClarus500色谱仪。带PPC程序气路控制;不锈钢⅛in,12ft填充柱GDX501;2μL微量进样针。

(2) 记录系统Clarus500色谱工作站。

14.1.5 操作条件

柱箱温度:初温180℃,保持1min,以30℃/min升到300℃。

TCD：290℃。

衰减：8。

载气：20mL/min，参考气 30mL/min。

进样器温度：290℃。

14.1.6 分析步骤

（1）检查气源状况，确保气量充足后，打开仪器各供气源开关。

（2）打开仪器电源开关，观察仪器是否能够通过自检，若没有通过自检，及时与相关人员联系。

（3）在仪器通过自检后，登录仪器。按照仪器参数表，通过仪器面板，给仪器手动设置各种参数。

（4）按色谱仪右上角图标，进入仪器主界面。按"A"进样器，进入载气流量设定界面。依次按"程控"、"初始值"，用"键盘"输入数字，按 ENTER 键确认，设定载气流量；使用同样的方法设定 B 路载气流量。载气流量的设定根据仪器配置的色谱柱和分离的组分的需要适当调整。将进样口温度设置为 290℃。

（5）按"柱箱（OVEN）"，进入柱箱温度设定界面，设定初温、初温保持时间、升温速率和最高温度。

（6）按"检测器 A"，进入检测器 A 设定界面。对 TCD 检测器应将检测器温度设定，依次按"Tool（工具）"、"配置"、设定参考气。

（7）按检测器设定量程（RANGE）和衰减（ATTN），输入数值后按 ENTER 确认。

（8）检查仪器和电脑连接是否正常，电脑接受仪器信号是否正常。

（9）点击设置进入界面后选择正确的方法、序列、保存路径；填写合适的样品名称、构建小瓶序列，然后确定。等待仪器和工作站连接和准备就绪后，从进样口进样品，然后点击开始运行。

（10）样品分析结束后在图谱编辑里查看结果数据，分析并记录结果。

（11）如需要关闭仪器，应先进入检测器界面，按"加热器关闭"，让检测器自然降温，最后进入进样器界面，按"加热器关闭"，让进样器自然降温。等待检测器的进样器温度降至室温附近，即可关闭电源，最后关闭各气源。

14.1.7　外标法

测量每个组分的峰面积，将样品和表样中相应组分的相应换算到同一衰减，溶液中 i 组分的浓度按式（14-1）计算：

$$y_i = ys_i \left(A_i / AS_i \right) \tag{14-1}$$

式中　y_i——样品中 i 组分的浓度，mg/m^3；

　　　ys_i——标夜中 i 组分的浓度，mg/m^3；

　　　A_i——样品中 i 组分的峰面积，mm^2；

　　　AS_i——标夜中 i 组分的峰面积，mm^2。

14.1.8　结果报告

取两次重复测定的算术平均值作为分析结果，所得结果大于或等于1%时，保留三位有效数字。小于1%时，保留两位有效数字。

14.1.9　允许差

两次重复测定结果之差不应大于表 14-1 中的数值。

表 14-1　允许差

浓度范围 ϕ/%	允许差（较小测得值的）/%
<1	10
1~5	5
>5	2

第 5 部分
硫黄、润滑油分析

绪　　论

硫黄润滑油分析岗主要负责各装置及设备用润滑油、全厂产品硫黄的检测工作。

本岗位主要对进厂新润滑油进行质量指标分析，主要包括外观、运动黏度、水分、酸值、机械杂质、闪点的分析，对进厂新油进行质量把关。同时负责完成各车间委托的装置及设备用润滑油，根据分析结果，给各车间现场是否需要换油提供依据。

天然气净化厂生产的产品硫黄包括液体硫黄和固体硫黄。固体产品硫黄为粒状，呈黄色或者淡黄色，其主要分析项目包括硫的质量分数、水分的质量分数、灰分的质量分数、酸度的质量分数、有机物的质量分数、砷的质量分数、铁的质量分数、筛余物的质量分数的测定。液体产品硫黄可在其凝固后，按固体工业硫黄判别。由于我厂高含硫的特点，对液体硫黄中硫化氢含量的测定至关重要。如果液体硫黄中硫化氢含量超标，在输送和加工过程中硫化氢就会不断释放出来，从而腐蚀管线和设备。我厂执行企业标准对液体硫黄中硫化氢含量进行分析，通过现场工艺参数的调整，将硫化氢含量将到安全浓度。分析中，每名化验工作者都应当遵循工业硫黄技术指标，严格界定优等品、一等品和合格品。

第15章
工业硫黄分析

15.1 工业硫黄

硫黄别名硫、胶体硫、硫黄块，英文名：Sulfur。外观为淡黄色脆性结晶或粉末，有特殊臭味。相对分子质量为32.06，蒸汽压是0.13 kPa，熔点为119 ℃，闪点为207 ℃，沸点为444.6 ℃，相对密度(水的相对密度为1)为2.0。硫黄不溶于水，微溶于乙醇、醚，易溶于二硫化碳。作为易燃固体，硫黄主要用于制造硫酸、染料和橡胶制品，也应用于医药、农药、火柴、火药和工业陶瓷、建材制品辅助材料等工业部门。

固体工业硫黄有块状、粉状、粒状和片状等，呈黄色或者淡黄色。液体工业硫黄可在其凝固后，按固体工业硫黄判别。

工业硫黄按产品质量分为优等品、一等品和合格品，工业硫黄技术指标应符合表15-1的规定。

表15-1 工业硫黄技术指标

项 目			技术指标		
			优等品	一等品	合格品
硫(S)的质量分数/%		≥	99.95	99.50	99.00
水分的质量分数/%	固体硫黄	≤	2.0	2.0	2.0
	液体硫黄	≤	0.10	0.50	1.00
灰分的质量分数/%		≤	0.03	0.10	0.20
酸度的质量分数[以硫酸(H_2SO_4)计] /%		≤	0.003	0.005	0.20
有机物的质量分数/%		≤	0.03	0.30	0.80
砷的质量分数/%		≤	0.0001	0.01	0.05

续表

项 目		技术指标		
		优等品	一等品	合格品
铁的质量分数/%	≤	0.003	0.005	
液体硫黄中硫化氢含量/(mg/m³)	≤	15	15	15
筛余物的质量分数ª/%	粒度大于 150μm ≤	0	0	3.0
	粒度为 75~150μm ≤	0.5	1.0	4.0

ª表中的筛余物指标仅用于粉状硫黄。

15.2 工业硫黄试样的制备

取得的实验样磨碎至可通过孔径为 2.00mm 的实验筛(粉状硫黄不必研磨),缩分法分成两份,一份供测定水分的质量分数、200℃时残渣的质量分数用。另一份继续磨碎至可通过孔径为 600μm 的实验筛,缩分法分成两份,一份供测定灰分的质量分数、有机物的质量分数、铁的质量分数用;另一份继续磨碎至可通过孔径为 250μm 的实验筛,供测定硫的质量分数(重量法)、酸度的质量分数、砷的质量分数用。

15.3 工业硫黄分析

15.3.1 硫的质量分数的测定

1. 方法概要

本方法通过扣除杂质(灰分、酸度、有机物和砷)的质量分数总和的方法,算得工业硫黄中的硫的质量分数。

2. 结果计算

硫的质量分数 w_1,数值以%表示,按公式(15-1)计算:

$$w_1 = 100 - (w_3 + w_4 + w_5 + w_6) \tag{15-1}$$

式中 w_3——测得的灰分的质量分数,%;

w_4——测得的酸度的质量分数,%;

w_5——测得的有机物的质量分数,%;

w_6——测得的砷的质量分数,%。

15.3.2 水分的质量分数的测定

1. 方法概要

试料在恒温干燥箱中于80℃下干燥,称量其失去的质量即为失去水的质量。

2. 仪器

(1)称量瓶:直径70mm,高35mm。

(2)恒温干燥箱:能控制温度(80±2)℃。

3. 分析步骤

称取约25g硫黄试样,精确至0.001g,于(80±2)℃预先恒量的称量瓶中,置于恒温干燥箱内,在(80±2)℃下干燥3h,取出称量瓶置于干燥器中,冷却、称量,精确至0.001g。重复以上操作,直至连续两次称量相差不超过0.002g。如果干燥总时间超过16h仍未恒量,则记录最后一次称量结果。

4. 结果计算

水分的质量分数w_2,数值以%表示,按式(15-2)计算:

$$w_2 = \frac{m - m_1}{m} \times 100 \qquad (15-2)$$

式中 m_1——干燥后试料的质量的数值,g;

m——试料的质量的数值,g。

取平行测定结果的算术平均值作为测定结果。

平行测定结果的绝对差值应符合表15-2的规定。

表15-2 平行测定结果绝对差值的规定

水分的质量分数/%	≤0.10	>0.10≤0.50	>0.50
平行测定结果的绝对值/%	≤0.05	≤0.01	≤0.2

15.3.3 灰分的质量分数的测定

1. 方法概要

在空气中缓慢燃烧试料,然后在高温电炉中于温度800~850℃下灼烧,冷却、称量。

2. 仪器

（1）瓷坩埚：50mL。

（2）电热板。

（3）高温电炉：能控制温度 800~850℃。

3. 分析步骤

称取约 25g 硫黄试料，精确至 0.01g，于 800~850℃ 预先恒量的瓷坩埚中，置于电热板上，使硫黄缓慢燃烧。燃烧完毕后，移至高温电炉内，在 800~850℃ 的温度下灼烧 4min，取出瓷坩埚，置于干燥器中，冷却至室温，称量。重复以上操作，直至连续两次称量相差不超过 0.0005g。

4. 结果计算

灰分的质量分数 w_3，数值以% 表示，按式（15-3）计算：

$$w_3 = \frac{m_1}{m \times (100 - w_2)/100} \times 100 \qquad (15-3)$$

式中　m_1——试料灼烧后灰分的质量的数值，g；

　　　m——试料的质量的数值，g；

　　　w_2——测得的水分的质量分数的数值，%。

取平行测定结果的算术平均值作为测定结果。

平行测定结果的绝对差值应符合表 15-3 的规定。

表 15-3　平行测定结果绝对差值的规定

灰分的质量分数/%	≤0.03	>0.03≤0.07	>0.07≤0.10	>0.10≤0.30	>0.30
平行测定结果的绝对差值/%	≤0.003	≤0.005	≤0.01	≤0.02	≤0.05

15.3.4　酸度的质量分数的测定

1. 方法概要

用水-异丙醇混合液萃取硫黄中的酸性物质，以酚酞为指示剂，用氢氧化钠标准滴定溶液滴定。

2. 试剂

本实验中的用的水除应符合 GB/T 6682 三级水规定要求外，使用前还应煮沸并冷却。

（1）异丙醇。

（2）氢氧化钠标准滴定溶液：$c(NaOH)=0.05mol/L$。按 GB/T 601—2002 的规定配制和标定 $c(NaOH)=0.5mol/L$ 的标准滴定溶液，将该标准滴定溶液再稀释 10 倍而得。

（3）酚酞指示液：10g/L。

3. 分析步骤

称取硫黄试样约25g，精确至0.01g，置于250mL具磨口塞的锥形瓶中，加25mL异丙醇，盖上瓶塞，使硫黄完全润湿，然后再加50mL水，塞上瓶塞，摇振2min，放置20min其间不时地摇振，加3滴酚酞指示液，用氢氧化钠标准滴定溶液滴至粉红色并保持30s不褪。同时做空白实验。

4. 结果计算

酸度的质量分数以硫酸（H_2SO_4）的质量分数 w_4 计，数值以%表示，按式（15-4）计算：

$$w_4 = \frac{\left(\dfrac{V-V_0}{1000}\right)cM/2}{m \times (100-w_2)/100} \times 100 = \frac{5(V-V_0)cM}{m(100-w_2)} \tag{15-4}$$

式中　V——滴定时耗用氢氧化钠标准滴定溶液的体积的数值，mL；

　　　V_0——空白实验时耗用氢氧化钠标准滴定溶液的体积的数值，mL；

　　　c——氢氧化钠标准滴定溶液浓度的准确数值，mol/L；

　　　m——试料的质量的数值，g；

　　　w_2——测得的水分的质量分数，%；

　　　M——硫酸的摩尔质量的数值，g/mol（$M=98.08$）。

取平行测定结果的算术平均值作为测定结果。

平行测定结果的绝对差值应符合表15-4的规定。

表15-4　平行测定结果绝对差值的规定

酸度的质量分数/%	≤0.0020	>0.0020≤0.0060	>0.0060≤0.020	>0.020
平行测定结果的绝对差值/%	≤0.003	≤0.004	≤0.002	≤0.003

15.3.5　有机物的质量分数的测定

1. 方法概要

硫黄试料在温度为 250℃ 和 800℃ 两次灼烧后，所得残余物质量差即为灼烧过程有机物的损失。

2. 仪器

(1) 瓷皿。

(2) 砂浴。

(3) 恒温干燥箱：能控制温度(250±2)℃。

(4) 高温电炉：能控制温度 800~850℃。

3. 分析步骤

称取约 50g 硫黄试样，精确至 0.01g。置于预先恒量的瓷皿中，在砂浴(或可调温电炉)上熔融并燃烧试料后(注意温度控制不要高于 250℃，也可在点燃后从砂浴上拿开)将瓷皿与残余物在恒温干燥箱中于 250℃ 下烘 2h，以除去微量硫。将瓷皿与残余物(由有机物和灰分组成)移入干燥器，冷却至室温，称量，精确至 0.0001g。将带有残余物的瓷皿在高温电炉内于 800~850℃ 灼烧 40min，在干燥器中冷却至室温，称量，精确至 0.0001g。重复操作直至恒量。由 250℃ 和 800℃ 温度下两次称量的质量差计算出有机物的质量分数。

4. 结果计算

有机物的质量分数 w_5，数值以%表示，按式(15-5)计算：

$$w_5 = \frac{m_1}{m \times (100 - w_2)/100} \times 100 \qquad (15-5)$$

式中　m_1——试料两次灼烧后残余物质量差的数值，g；

　　　m——试料的质量的数值，g；

　　　w_2——测得的水分的质量分数，%。

取平行测定结果的算术平均值作为测定结果。

平行测定结果的相对偏差应不大于 30%。

15.3.6 铁的质量分数的测定

1. 方法概要

试料燃烧后，其残渣溶解于硫酸中，用氯化羟胺还原溶液中的铁，在 pH 为 2~9 条件下，二价铁离子与 1，10-菲啰啉反应生成橙色络合物，对此络合物进行吸光度测定。

2. 试剂

（1）1，10-菲啰啉溶液（1g/L）：称取 0.10g1，10-菲啰啉溶于少量水中，加入 0.5mL 盐酸溶液，溶解后用水稀释至 100mL 避光保存。

（2）氯化羟胺溶液：10g/L。

（3）盐酸溶液：1+10。

（4）硫酸溶液：1+1。

（5）乙酸-乙酸钠缓冲溶液：$pH \approx 4.5$。

（6）铁（Fe）标准溶液：$100 \mu g/mL$。

称取 0.864g 硫酸铁铵 $[NH_4Fe(SO_4)_2 \cdot 12H_2O]$ 溶于水，加 5mL 浓盐酸，移入 1000mL，容量瓶中，用水稀释至刻度，摇匀。

（7）铁（Fe）标准溶液：$10 \mu g/mL$。量取 25.00mL 铁（Fe）标准溶液，置于 250mL 容量瓶中，用水稀释至刻度，摇匀。此溶液使用时配制。

3. 仪器

（1）分光光度计：具有 510nm 波长。

（2）高温电炉：能控制温度 600~650℃。

4. 分析步骤

1）试液的制备

在 50mL 瓷坩埚中称取约 25g 硫黄试样，精确至 0.01g。在电炉上缓慢地加热燃烧坩埚中的硫黄，燃烧完毕后，移至高温电炉中在温度 600℃下灼烧 30min。取出冷却，加 5mL 硫酸溶液，在砂浴（或可调温电炉）上加热使残渣溶解，蒸干硫酸。冷却后，加 2mL 盐酸溶液，20mL 水，再加热溶解残渣，冷却后移入 100mL 容量瓶中，稀释至刻度，摇匀，备用。

2）工作曲线的绘制

在 11 个 50mL 容量瓶中按表 15-5 所示，分别加入铁（Fe）标准溶液。

表 15-5 平行测定结果绝对差值的规定

铁（Fe）标准溶液的体积/mL	相应铁含量/μg	铁（Fe）标准溶液的体积/mL	相应铁含量/μg
0[a]	0	15.00	150
2.50	25	17.50	175
5.00	50	20.00	200
7.50	75	22.50	225
10.00	100	25.00	250
12.50	125		

注："0"为空白溶液。

对每只容量瓶中的溶液作下述处理，加水至约 25mL，加 2.5mL 氯化羟胺溶液和 5mL 乙酸-乙酸钠缓冲溶液，5min 后加 5mL，10-菲啰啉溶液，用水稀释至刻度，摇匀，放置 15~30min，显色。

在分光光度计 510nm 波长处，用 1cm 吸收池，以水作参比，测量溶液的吸光度。

从每份标准显色溶液的吸光度值减去空白溶液的吸光度值，以所得的吸光度值之差为纵坐标，相应的铁质量为横坐标，绘制工作曲线。

3）测定

量取一定量的试液，使其相应的铁质量在 50~200μg 之间，置于 50mL 容量瓶中，加水至约 25mL，加 2.5mL 氯化羟胺溶液和 5mL 乙酸-乙酸钠缓冲溶液，5min 后加 5mL1，10-菲啰啉溶液，用水稀释至刻度，摇匀，放置 15~30min，显色。在分光光度计 510nm 波长处，用 1cm 吸收池，以水作参比，测量溶液的吸光度。同时做空白实验。

5. 结果计算

从试液的吸光度值减去空白实验的吸光度值，根据所得吸光度值差，从工作曲线上查得相应的铁质量。

铁的质量分数 w_6，数值以%表示，按式（15-6）计算：

$$w_6 = \frac{m_1 \times 10^{-6}}{m \times (100 - w_2)/100} \times 100 \qquad (15\text{-}6)$$

式中 m_1——从工作曲线上查得的铁质量的数值，μg；

m——分取试料的质量的数值，g；

w_2——测得的水分的质量分数，%。

取平行测定结果的算术平均值作为测定结果。

平行测定结果的绝对差值应符合表 15-6 的规定。

表 15-6　平行测定结果绝对差值的规定

铁的质量分数/%	≤0.001	>0.001≤0.003	>0.03≤0.005	>0.005≤0.05	>0.05
平行测定结果的绝对差值/%	≤0.0002	≤0.0006	≤0.001	≤0.005	≤0.02

15.3.7　砷的质量分数的测定

1. 方法概要

试料溶解于四氯化碳中，用嗅和硝酸氧化。在硫酸介质中，用金属锌将砷还原为砷化氢，砷化氢在溴化汞试纸上形成红棕色砷斑，与标准色阶比较，测定砷的质量分数。

2. 试剂和材料

（1）砷（As）标准溶液：$1\mu g/mL$。

量取 5.00mL 砷标准溶液，置于 500mL 容量瓶中，用水稀释至刻度，摇匀。该溶液使用时配制。

（2）溴化汞试纸。

3. 分析步骤

1）试液的制备

称取约 5g 试样，精确至 0.001g，置于 400mL 烧杯中。在良好的通风橱内，向烧杯中加入 20mL 溴-四氯化碳溶液，静置 45min，在轻微搅拌下，分三次加入 25mL 硝酸，也可分数次加入，以防止亚硝酸烟的逸出太快。第一次加入约 5mL 硝酸，加盖表面皿，摇匀。细心观察，待烧杯口稍有棕色烟冒出时，立即将烧杯置于冰水浴中，不断摇动，直至无明显棕色烟冒出。然后按相同步骤再次加入硝酸，直至加完硝酸而烧杯内剩余少量的溴为止。如果硫黄未能完全溶解，应再用数毫升溴-四氯化碳溶液和硝酸，继续溶解。

为了除去多余的溴、四氯化碳和硝酸，将烧杯置于沸水浴上加热，至溶液呈无色透明。如果溶液混浊，则冷却后再加一些硝酸，蒸发至不再有亚硝酸烟逸出，且溶液呈无色透明。再用少量水冲洗烧杯，将烧杯置于砂浴（或可调温电炉）上蒸发至逸出白色硫酸烟雾，冷却。如此重复三次，以除去痕量的亚硝酸化合物。冷却后，用水稀释至约 80mL。

当试料中砷的质量分数大于 0.001% 时，将试液移入 500mL 容量瓶中，用水稀释至刻度，摇匀。量取该试液 20.00mL，置于定砷器的广口瓶中，加入 10mL 硫酸溶液和 10mL 水。

当试料中砷的质量分数在 0.001%~0.0001% 之间时，将试液移入 100mL 容量瓶中，用水稀释至刻度，摇匀。量取该液 20.00mL，置于定砷器的广口瓶中，加入 10mL 硫酸溶液和 10mL 水。

当试料中砷的质量分数小于 0.0001% 时，不必稀释，将试液移至定砷器的广口瓶中，加热浓缩至体积为 40mL，不再加硫酸溶液。

2）标准色阶的制作

分别量取 0、1.00mL、2.00mL、4.00mL、6.00mL、8.00mL、10.00mL 砷（AS）标准溶液，置于定砷器的广口瓶中，加入 10mL 硫酸溶液，加水至体积约为 40mL，再加入 2mL 碘化钾溶液和 2mL 氯化亚锡溶液，摇匀，静置 15min。

将溴化汞试纸预先剪成圆形，直径约 20mm，置于定砷器的玻璃管上端管口和玻璃帽之间，且用橡皮圈固定。然后往定砷器广口瓶中，加入 5g 金属锌，迅速连接，使反应进行 45min。取出溴化汞试纸，注明相应的砷质量，用熔融石蜡浸透，贮于干燥器中。

3）测定

在盛有试液的定砷器的广口瓶中，加 2mL 碘化钾溶液和 2mL 氯化亚锡溶液，摇匀，静置 15min。

将溴化汞试纸预先剪成圆形，直径约 20mm，置于定砷器的玻璃管上端管口和玻璃帽之间，且用橡皮圈固定。然后往定砷器广口瓶中，加入 5g 金属锌，迅速连接，使反应进行 45min。取出溴化汞试纸，注明相应的砷质量，用熔融石蜡浸透，贮于干燥器中。

将所得色斑与标准色阶比较，测得砷含量。

4. 结果计算

砷的质量分数 w_7，数值以%表示，按式(15-7)计算：

$$w_7 = \frac{m_1 \times 10^{-6}}{m \times (100 - w_2)/100} \times 100 \qquad (15-7)$$

式中　m_1——从标准色阶上查得的砷质量的数值，μg；

　　　m——分取试料的质量的数值，g；

　　　w_2——测得的水分的质量分数,%。

取平行测定结果的算术平均值作为测定结果。

平行测定结果的绝对差值应符合表 15-7 的规定。

表 15-7　平行测定结果绝对差值的规定

砷的质量分数/%	≤0.001	>0.001≤0.005	>0.005≤0.01	>0.01≤0.05	>0.05
平行测定结果的绝对差值/%	≤0.0001	≤0.0005	≤0.001	≤0.005	≤0.02

15.3.8　粉状硫黄筛余物的质量分数的测定

1. 仪器

（1）实验筛：R40/3 系列，ϕ200mm×50mm/75μm 和 ϕ200mm×50mm/150μm，附有筛底及筛盖。

（2）振筛机。

2. 分析步骤

称取约 20g 粉状硫黄试样，精确至 0.01g，置于孔径为 150μm 实验筛上，将孔径为 75μm 实验筛、筛底依次放在孔径为 150μm 实验筛下面，盖上筛盖，机械震筛（或手工震筛）24min。然后打开筛盖，用软毛刷捻碎结成块的硫黄粉，将筛网背面的硫黄刷入下面的筛或筛底盘中，盖上筛盖再行过筛，直至筛余物不再通过为止。

过筛完毕，用软毛刷把两个筛内的剩余物分别移至两个已称量的表面皿上，称量，精确至 0.0001g。

3. 结果计算

每号筛内的筛余物的质量分数 w_8，数值以%表示，按式(15-8)计算：

$$w_8 = \frac{m_1}{m} \times 100 \qquad (15-8)$$

式中 m_1——筛余物的质量的数值，g；

m——试料的质量的数值，g。

15.3.9 液体硫黄中硫化氢含量的测定

1. 方法概要

已知量的液体硫黄在控温(145±2)℃的油浴中加热，液体硫黄中硫化氢与乙酸锌反应，生成硫化锌沉淀。在酸性溶液中，硫化锌析出与碘反应，过量的碘用硫代硫酸钠滴定，根据碘消耗量计算硫化氢的含量。

反应式如下：

$$H_2S + Zn(CH_3COO)_2 \xrightarrow{\quad} ZnS \downarrow + 2CH_3COOH$$

$$ZnS + 2CH_3COOH + I_2 \xrightarrow{\quad} Zn(CH_3COO)_2 + 2HI + S$$

$$I_2 + 2Na_2S_2O_3 \xrightarrow{\quad} 2NaI + Na_2S_4O_6$$

2. 试剂和材料

(1) GB/T 6682 中规定的三级水。

(2) 乙酸锌：3%溶液。

(3) 硫代硫酸钠标准溶液：0.1000mol/L。

(4) 碘溶液：0.1mol/L。

(5) 淀粉指示剂：0.5%。

3. 仪器

(1) 棕色酸式滴定管：50mL，分度值0.1mL。

(2) 浮子流量计：2L。

(3) 碘量瓶：250mL。

(4) 三角烧瓶：500mL。

(5) 控温油浴：控温精度2℃。

4. 实验方法

（1）按表 15-8 的规定移取液体硫黄，置于质量为 M_1 的 500mL 三角烧瓶中，并用抗硫化氢介质的橡胶塞密封瓶口，两根聚四氟乙烯管用止水夹夹住，冷却至室温，称其质量 M_2。

表 15-8　液体硫黄取样量的规定

硫化氢含量/(mg/kg)	取样量/g	称重精度/g
0.5~5	300	1
5.1~50	300	1
51~100	150~300	0.5
101~500	50~150	0.1

（2）将装有液体硫黄的三角烧瓶置于室温的控温油浴中，并连接三角烧瓶和装有 100mL 3% 的乙酸锌吸收液的烧杯，缓慢升温至 (145 ± 2)℃。待液体硫黄完全融化后，通入流量为 150mL/min 的氮气于三角烧瓶约 40min。

（3）取下装有乙酸锌的烧杯，将溶液转移至碘量瓶中，用蒸馏水冲洗玻璃管和烧杯，洗涤液一并转入碘量瓶，加入 10mL 0.1mol/L 碘溶液和 10mL 乙酸，摇匀。用 0.1000mol/L 硫代硫酸钠标准溶液滴定至溶液呈淡黄色，加入 1mL 淀粉指示剂，继续滴定至蓝色消失为终点。同时做空白实验。

5. 结果计算

$$X_1 = \frac{17.04 \times C(V_0 - V) \times 1000}{(M_2 - M_1)} \tag{15-9}$$

式中　X_1——硫化氢的含量，mg/kg；

　　17.04——计算常数；

　　C——硫代硫酸钠标准溶液的浓度的准确数值，mol/L；

　　V_0——空白实验耗用硫代硫酸钠的体积，mL；

　　V——样品滴定时耗用硫代硫酸钠的体积，mL；

　　M_2——移取液体硫黄后三角烧瓶的质量，g；

　　M_1——移取液体硫黄前三角烧瓶的质量，g。

取平行测定结果的算术平均值为报告结果。

平行测定结果之差的绝对值应符合表 15-9 的规定。

表 15-9　液体硫黄取样量的规定

浓度范围/(mg/kg)	0.5~10	11~50	51~100	101~500
允许差/(mg/kg)	0.5	1	2	5

16.1 石油和石油产品及添加剂机械杂质测定

16.1.1 范围

本方法规定了用已恒重的定量滤纸或微孔玻璃过滤器过滤试样来测定石油和石油产品及添加剂中机械杂质的方法。

本方法适用于测定石油、液态石油产品和添加剂中的机械杂质。

本方法不适用于润滑脂和沥青。

16.1.2 方法概要

称取一定量的试样，溶于所用的溶剂中，用已恒重的滤器过滤，被留在滤器上的杂质即为机械杂质。

16.1.3 仪器与材料

1. 仪 器

（1）烧杯或宽颈的锥形烧瓶。

（2）称量瓶。

（3）玻璃漏斗。

（4）吸滤瓶。

（5）水流泵或真空泵。

（6）干燥器。

（7）水浴或电热板。

（8）红外线灯泡。

（9）分析天平：感量 0.1mg。

2. 材料

（1）定量滤纸：中速（滤速 31~60s），直径 11cm。

（2）溶剂油：符合 SH0004 标准要求。使用前均应过滤，然后作溶剂用。

16.1.4　试剂

（1）95%乙醇：化学纯。

（2）乙醚：化学纯。

（3）苯：化学纯。

（4）乙醇-苯混合液：用 95%乙醇和苯按体积比 1∶4 配成。

（5）乙醇-乙醚混合液：用 95%乙醇和乙醚按体积比 4∶1 配成。所有试剂在使用前均应过滤，然后作溶剂用。

16.1.5　准备工作

（1）将装在玻璃瓶中的试样（不超过瓶容积的四分之三），摇动 5min，使混合均匀。石蜡和黏稠的石油产品应预先加热到 40~80℃，润滑油的添加剂加热至 70~80℃，然后用玻璃棒仔细搅拌 5min。

（2）将定量滤纸放在敞盖的称量瓶中，在 105~110℃ 的烘箱中干燥不少于 1h，然后盖上盖子放在干燥器中冷却 30min，进行称量，称准至 0.0002g。干燥（第二次干燥时间只需 30min）及称量操作重复至连续两次称量间的差数不超过 0.0004g。

16.1.6　实验步骤

（1）从混合好的石油产品中称取试样。100℃ 黏度不大于 20mm²/s 的石油产品称取 100g；100℃ 黏度大于 20mm²/s 的石油产品称取 25g，蜡和难于过滤的润滑油称取 50g，以上均称准至 0.5g，机械杂质含量大于 1% 的重油试样称取 10g，称准至 0.1g，添加剂的试样称取 5~10g，称准至 0.02g。

（2）往盛有石油产品试样的烧杯中加入温热的溶剂油。100℃黏度不大于 20mm²/s 的石油产品加入溶剂油量为试样的 2~4 倍，100℃黏度大于 20mm²/s 的石油产品加入溶剂油量为试样的 4~6 倍，重油加入溶剂油量为试样的 5~10 倍，添加剂加入溶剂油量为试样的 10~12 倍。

在测定深色未精制石油产品、酸碱洗的润滑油、含添加剂的润滑油或添加剂的机械杂质时，可用苯作为溶剂。

作为试样用的溶剂油或苯应在水浴上预热，在预热时不要使溶剂沸腾。

（3）趁热将试样的溶液用恒重好的滤纸过滤，该滤纸是安置在固定于漏斗架上的玻璃漏斗中，溶液沿着玻璃棒倒在滤纸上，过滤时倒入漏斗中溶液高度不得超过滤纸的四分之三。用热的溶剂油（或苯）将残留在烧杯中的沉淀物洗到滤纸上。

（4）如试样含水较难过滤时，将试样溶液静置 10~20min，然后向滤纸中倾倒澄清的溶剂油（或苯）溶液。

此后向烧杯的沉淀物中加入 5~10 倍的乙醇-乙醚混合液，再进行过滤，烧杯中的沉淀要用乙醇-乙醚混合液和温热的溶剂油（或苯）冲洗到滤纸上。

（5）在测定难于过滤的试样时，试样溶液的过滤和冲洗滤纸，允许用减压吸滤和保温漏斗，或红外线灯泡保温等措施。

减压过滤时，可用滤纸或微孔玻璃滤器安装在吸滤瓶上，然后将吸滤瓶与抽气泵连接，定量滤纸用溶剂润湿，放在漏斗中，使它完全与漏斗紧贴。抽滤速度应控制在使滤液成滴状，而不允许成线状。

微孔玻璃滤器的干燥和恒重与定量滤纸处理过程相同，热过滤时不要使所过滤的溶液沸腾。新的微孔玻璃滤器在使用前需以铬酸洗液处理，然后以蒸馏水冲洗干净，置于干燥箱内干燥后备用。在做过实验后，应放在铬酸洗液中浸泡 4~5h 后再以蒸馏水洗净，干燥后放入干燥器内备用。当实验中采用微孔玻璃滤器与滤纸所测结果发生争议时，以用滤纸过滤的测定结果为准。

（6）在过滤结束时，对带有沉淀的滤纸，以带橡皮球洗瓶装的热溶剂油冲洗至过滤器中没有残留试样的痕迹，而且使滤出的溶剂完全透明和无色为止。

在测定深色未精制的石油产品、酸碱洗的润滑油、含添加剂的润滑油或添加剂的机械杂质时，可用苯冲洗残渣。

在测定添加剂或含添加剂润滑油的机械杂质时，常有不溶于溶剂油和苯的残渣，可用热的乙醇-乙醚混合液或乙醇-苯混合液冲洗残渣。

（7）在测定添加剂或含添加剂润滑油的机械杂质时，若需要使用热水冲洗残渣，则在带沉淀的滤纸用溶剂冲洗后，要在空气中干燥 10～15min，然后用 50mL 温度为 55～60℃的蒸馏水冲洗。

（8）在带有沉淀的滤纸和过滤器冲洗完毕后，将带有沉淀的滤纸放入已恒重的称量瓶中，敞开盖子，放在 105～110℃烘箱中干燥不少于 1h，然后盖上盖子放在干燥器中冷却 30min，进行称量，称准至 0.0002g。重复干燥（第二次干燥只需 30min）及称量的操作，直至两次连续称量间的差数不超过 0.0004g 为止。

（9）如果机械杂质的含量不超过石油产品或添加剂的技术标准的要求范围，第二次干燥及称量处理可以省略。

（10）滤纸时，必须进行溶剂的空白实验补正。

16.1.7　实验步骤

试样的机械杂质含量 $x[\%(m/m)]$，按式（16-1）计算：

$$x = \frac{m_2 - m_1}{m} \times 100 \qquad (16-1)$$

式中　m_2——带有机械杂质的滤纸和称量瓶的质量（或带有机械杂质的微孔玻璃滤器的质量），g；

$\quad\quad m_1$——滤纸和称量瓶的质量（或微孔玻璃滤器的质量），g；

$\quad\quad m$——试样的质量，g。

16.1.8　精密度

重复性：

同一操作者重复测定两个结果之差，不应大于下列数值。

机械杂质含量/%	重复性/%
<0.01	0.005
0.01~<0.1	0.01
0.1~<1.0	0.02
>1.0	0.20

16.1.9　报告

（1）取重复测定两个结果的算术平均值作为实验结果。

（2）机械杂质的含量在0.005%（质量分数）（包括0.005%）以下时，则可认为无机械杂质。

16.2　石油产品闪点和燃点测定

16.2.1　范围

本方法适用于克利夫兰开口杯仪器测定石油产品的闪点和燃点。但不适用于测定燃料油和开口闪点低于79℃的石油产品。

本方法是按国际标准ISO 2592—1973《石油产品闪点和燃点测定法（克利夫兰开口杯法）》制订的。

16.2.2　方法概要

把试样装入实验杯至规定的刻线。先迅速升高试样的温度，然后慢慢升温。当接近闪点时，恒速升温。在规定的温度间隔，以一个小的实验火焰横着越过实验杯，使试样表面上的蒸气闪火的最低温度，作为闪点。如果需要测定燃点。则要继续进行实验，直到用实验火焰使试样点燃并至少燃烧5s的最低温度，作为燃点。

16.2.3　仪器与材料

1. 仪器

（1）克利夫兰开口杯仪器，包括一个实验杯、加热板、实验火焰发生器、加

228

热器和支架。

（2）防护屏：推荐用 46cm 见方、61cm 高，有一个开口面，内壁涂成黑色的防护屏。

（3）温度计。

2．材料

无铅汽油或其他合适的溶剂。

16.2.4　准备工作

（1）将测定装置放在避风和较暗的地方，并用防护屏围着，以使闪火现象看得清楚。到预期闪点前 17℃ 时，必须注意避免由于实验操作或凑近实验杯呼吸引起实验杯中蒸汽的流动而影响实验结果（有些试样的蒸汽或热解产品是有害的，可允许将有防护屏的仪器安置在通风橱内，但在距预期闪点前 56℃ 时，调节通风，使试样的蒸汽既能排出又能使实验杯上面无空气流通）。

（2）用无铅汽油或其他合适的溶剂洗涤实验杯，以除去前次实验留下的所有油迹、微量胶质或残渣。如果有碳渣存在，应该用钢丝刷除去。用冷水冲洗实验杯，并在明火或加热板上干燥几分钟，以除去残存的微量溶剂和水。使用前应将实验杯冷却到预期闪点前至少 56℃。

（3）将温度计放置在垂直位置，使其球底离实验杯底 6mm，并位于实验杯中心与边之间的中点，和测试火焰扫过的弧（或线）垂直的直径上，并在点火器臂的对边。温度计的正确位置应使温度计上的浸入刻线位于实验杯边缘以下 2mm 处。

16.2.5　实验步骤

（1）在任何温度下将试样装入实验杯中（黏稠的试样应在注入试样杯前先加热到能流动，但加热时的温度不应超过试样预期闪点前 56℃），使弯月面的顶部恰好到装试样刻线。如果注入实验杯中的试样过多，则用移液管或其他适当的工具取出多余的试样；如果试样沾到仪器的外边，则倒出试样，洗净后再重装，要除去试样表面上的空气泡（含有溶解或游离水的试样可用氯化钙脱水，用定量滤纸或疏松干燥脱脂棉过滤）。

（2）点燃实验火焰，并调节火焰直径到 4mm 左右。如仪器上安装着金属比较小球，则与金属比较小球直径相同。

（3）开始加热时，试样的升温度速度为每分钟 14~17℃。当试样温度到达预期闪点前 56℃时，减慢加热速度，控制升温速度，使在闪点前约 28℃时，为每分钟 5~6℃。

（4）在预期闪点前 28℃时，开始用实验火焰扫划，温度计上的温度每升高 2℃，就扫划一次。实验火焰须在通过温度计直径的直角线上划过实验杯的中心。用平稳、连续的动作扫划，扫划时以直线或沿着半径至少为 150mm 的周围来进行。实验火焰的中心必须在实验杯边缘面上 2mm 处以内的平面上移动，先向一个方向扫划，下次再向相反的方向扫划。实验火焰越过实验杯所需时间约为 1s。

（5）当试样液面上任一点出现闪火时立即记下温度计上的温度读数作为闪点。但不要把有时在实验火焰周围产生的淡兰色环与真正闪点相混淆。

（6）如果还需要测定燃点，则应继续加热，使试样的升温速度为每分钟 5~6℃，继续使用实验火焰，试样每升高 2℃就扫划一次，直到试样着火，并能连续燃烧不少于 5s，此时立即从温度计读出温度作为燃点的测定结果。

16.2.6　精密度

用下述规定判断实验结果可靠性(95%置信水平)。

重复性：同一操作者，用同一台仪器重复测定两个实验结果之差，不应超过下列数值。

闪点：8℃　　　　　　　　燃点：8℃

再现性：由两个实验室提出的两个结果之差，不应超过下列数值。

闪点：16℃　　　　　　　　燃点：14℃

16.3　石油产品水分测定

16.3.1　范围

本方法适用于测定石油产品中的水含量，用百分数表示。

16.3.2 方法概要

一定量的试样与无水溶剂混合，进行蒸馏测定其水分含量并以百分数表示。

16.3.3 仪器与材料

1. 仪器

水分测定器[图 16-1(a)]：包括圆底玻璃烧瓶容量为 500mL，接收器[图 16-1(b)]和直管式冷凝管长度为 250~300mm。

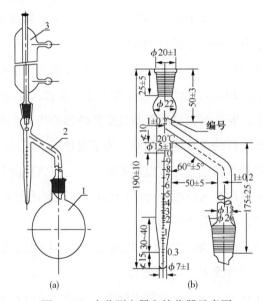

图 16-1　水分测定器和接收器示意图

1—圆底烧瓶；2—接受器；3—冷凝管

水分测定器的各部分连接处，可以用磨口塞或软木塞连接(仲裁实验时必须用磨口塞连接)。接受器的刻度在 0.3mL 以下设有十等分的刻线；0.3~1.0mL 之间设有七等分的刻线，1.0~10mL 之间每分度为 0.2mL。

2. 材料

(1) 溶剂：工业溶剂油或直馏汽油在80℃以上的馏分，溶剂在使用前必须脱水和过滤。

(2) 无釉瓷片、浮石、或一端封闭的玻璃毛细管，在使用前必须经过烘干。

16.3.4　实验步骤

（1）将装入量不超过瓶内容积 3/4 的试样摇动 5min，要混合均匀。黏稠的或含石蜡的石油产品应预先加热至 40~50℃，才进行摇匀。

（2）预先洗净并烘干的圆底烧瓶 1 并称入摇匀的试样 100g，称准至 0.1g。

用量筒取 100mL 溶剂，注入圆底烧瓶中。将圆底烧瓶中的混合物仔细摇匀后，投入一些无釉瓷片、浮石或毛细管。黏度小的试样可以用量筒量取 100mL，注入圆底烧瓶中，再用这只未经洗涤的量筒量出 100mL 的溶剂。圆底烧瓶中的试样重量，等于试样的密度乘 100 所得之积。试样的水分超过 10% 时，试样的重量应酌量减少，要求蒸出的水不超过 10mL。

（3）洗净并烘干的接受器要用它的支管紧密地安装在圆底烧瓶上，使支管的斜口进入圆底烧瓶 15~20mm。然后在接受器上连接直管式冷凝管 3。冷凝管的内壁要预先用棉花擦干。安装时，冷凝管与接受器的轴心线要互相重合，冷凝管下端的斜口切面要与接受器的支管管口相对。为了避免蒸汽逸出，应在塞子缝隙上涂抹火棉胶。进入冷凝管的水温与室温相差较大时，应将冷凝管的上端用棉花塞住，以免空气中的水蒸汽进入冷凝管凝结（允许在冷凝管的上端外接一个干燥管，以免空气中的水蒸汽进入冷凝管凝结）。

（4）用电炉、酒精灯或调成小火焰的煤气灯加热圆底烧瓶，并控制回流速度，使冷凝管的斜口每秒滴下 2~4 滴液体。

（5）蒸馏将近完毕时，如果冷凝管内壁沾有水滴，应使圆底烧瓶中的混合物在短时间内进行剧烈沸腾，利用冷凝的溶剂将水滴尽量洗入接受器中。

（6）接受器中收集的水体积不再增加，而且溶剂的上层完全透明时，应停止加热。回流的时间不应超过 1h。

停止加热后，如果冷凝管内壁仍沾有水滴，应从冷凝管上端倒入 16.3.3.2 中 1 条所规定的溶剂，把水滴冲进接受器。如果溶剂冲洗依然无效，就用金属丝或细玻璃棒带有橡皮或塑料头的一端，把冷凝器内壁的水滴刮进接受器中。

（7）圆底烧瓶冷却后，将仪器拆卸，读出接受器中收集水的体积。

当接受器中的溶剂呈现浑浊，而且管底收集的水不超过 0.3mL 时，将接受器放入热水中浸 20~30min，使溶剂澄清，再将接受器冷却到室温，才读出管底收集水的体积。

16.3.5　计算

试样的水分重量百分含量 X，按式(16-2)计算：

$$X = \frac{V}{G} \times 100 \qquad\qquad (16-2)$$

式中　V——在接受器中收集水的体积，m；

　　　G——试样的重量，g。

水在室温的密度可以视为 1，因此用水的毫升数作为水的克数。试样的重量为(100±1)g 时，在接受器中收集水的毫升数，可以作为试样的水分重量含量测定结果。

16.3.6　精密度

在两次测定中，收集水的体积差数，不应超过接受器的一个刻度。

16.3.7　报告

(1) 取两次测定的两个结果的算术平均值，作为试样的水分。

(2) 试样的水分少于 0.03，认为是痕迹。在仪器拆卸后接受器中没有水存在，认为试样无水。

16.4　石油产品酸值测定

16.4.1　范围

本方法适用于测定石油产品的酸值。

16.4.2　方法概要

中和 1g 石油产品所需的氢氧化钾毫克数称为酸值。本方法用沸腾乙醇抽出试样中的酸性成分，然后用氢氧化钾乙醇溶液进行滴定。

16.4.3　仪器

（1）锥形烧瓶：250mL 或 300mL。

（2）球形回流冷凝管：长约 300mm。

（3）微量滴定管：2mL，分度为 0.02mL。

（4）电热板或水浴。

16.4.4　试剂

（1）氢氧化钾：分析纯，配成 0.05000moL/L 氢氧化钾乙醇溶液。

（2）95%乙醇：分析纯。

（3）碱性蓝 6B：配制溶液时，称取碱性蓝 1g，称准至 0.01g，然后将它加在 50mL 煮沸的 95%乙醇中，并在水浴中回流 1h，冷却后过滤。必要时，煮热的澄清滤液要用 0.05000moL/L 氢氧化钾乙醇溶液或 0.05000moL/L 盐酸溶液中和，直至加入 1~2 滴碱溶液能使指示剂溶液从蓝色变成浅红色而在冷却后又能恢复成为蓝色为止，有些指示剂制品，经过这样处理变色才灵敏。

（4）甲酚红：配制溶液时，称取甲酚红 0.1g（称准至 0.001g）。研细，溶于 100mL95%乙醇中，并在水浴中煮沸回流 5min，趁热用 0.05000moL/L 氢氧化钾乙醇溶液滴定至甲酚红溶液由橘红色变为深红色，而在冷却后又能恢复成橘红色为止。

16.4.5　实验步骤

（1）用清洁、干燥的锥形烧瓶称取试样 8~10g，称准至 0.2g。

（2）另一只清洁无水的锥形烧瓶中，加入 95%乙醇 50mL，装上回流冷凝管。在不断摇动下，将溶液煮沸 5min。

在煮沸过的混合液中，加入 0.5mL 碱性蓝 6B（或甲酚红）溶液，趁热用 0.05000moL/L 氢氧化钾乙醇溶液滴定直至 95%乙醇层由蓝色变成浅红色（或由黄色变成紫红色）为止。

对于在滴定终点不能呈现浅红色（或紫红色）的试样允许滴定达到混合液的

原有颜色开始明显地改变时作为滴定终点。

在每次滴定过程中，自锥形烧瓶停止加热到滴定达到终点所经过的时间不应超过 3min。

16.4.6 计算

试样的酸值 X，用毫克 KOH/g 的数值表示，按式(16-3)计算：

$$X = \frac{V \times 56.1 \times C}{G} \qquad (16-3)$$

式中 V——滴定时所消耗氢氧化钾乙醇溶液的体积，mL；

G——试样的重量，g；

C——氢氧化钾乙醇溶液的摩尔浓度，moL/L。

16.4.7 精密度

用以下规定来判断结果的可靠性(95%置信水平)。

1. 重复性

同一操作者重复测定两个结果之差不应超过以下数值：

范围，mgKOH/g	重复性，mgKOH/g
0~0.1	0.02
大于 0.1~0.5	0.05
大于 0.5~1.0	0.07
大于 1.0~2.0	0.10

2. 再现性

由两个实验室提出的两个结果之差不应超过以下数值：

范围，mgKOH/g	再现性，mgKOH/g
0~0.1	0.04
大于 0.1~0.5	0.10
大于 0.5~1.0	平均值的 15%
大于 1.0~2.0	平均值的 15%

16.4.8 报告

取重复测定两个结果的算术平均值，作为试样的酸值。

16.5 石油产品运动黏度测定

16.5.1 范围

本方法适用于测定液体石油产品(剪切应力和剪切速率之比为一常数，也就是黏度与剪切应力和剪切速率无关，这种液体称为牛顿液体)的运动黏度，其单位为 m^2/s，通常在实际中使用为 mm^2/s。动力黏度可由测得的运动黏度乘以液体的密度求得。

16.5.2 方法概要

本方法是在某一恒定的温度下，测定一定体积的液体在重力下流过一个标定好的玻璃毛细管黏度计的时间，黏度计的毛细管常数与流动时间的乘积，即为该温度下测定液体的运动黏度。在温度 t 时运动黏度用符号 v_t 表示。

该温度下运动黏度和同温度下液体的密度之积为该温度下液体的动力黏度。在温度 t 时的动力黏度用符号 η_t 表示。

16.5.3 仪器与材料

1. 仪器

1) 黏度计

玻璃毛细管黏度计应符合 SY3607《玻璃毛细管黏度计技术条件》的要求。也允许采用具有同样精度的自动黏度计。

毛细管黏度计一组，毛细管内径为 0.4mm，0.6mm，0.8mm，1.0mm，1.2mm，1.5mm，2.0mm，2.5mm，3.0mm，3.5mm，4.0mm，5.0mm 和 6.0mm (图 16-2)。

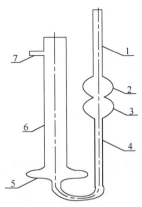

图 16-2　毛细管黏度计图

1，6—管身；2，3，5—扩张部分；4—毛细管；a，b—标线

每支黏度计必须按 JJG155《工作毛细管黏度计检定规程》进行检定并确定常数。

测定试样的运动黏度时，应根据实验的温度选用适当的黏度计，务使试样的流动时间不少于 200s，内径 0.4mm 的黏度计流动时间不少于 350s。

2）恒温浴

带有透明壁或装有观察孔的恒温浴，其高度不小于 180mm，容积不小于 2L，并且附有自动搅拌装置和一种能够准确地调节温度的电热装置。

在 0℃ 和低于 0℃ 测定运动黏度时，使用筒形并有看窗的透明保温瓶，其尺寸与前述的透明恒温浴相同，并设有搅拌装置。

3）玻璃水银温度计

符合 GB 514《石油产品实验用液体温度计技术条件》分格为 0.1℃。测定 −30℃ 以下运动黏度时，可以使用同样分格值的玻璃合金温度计或其他玻璃液体温度计。

4）秒表：分格为 0.1s。

用于测定黏度的秒表、毛细管黏度计和温度计都必须定期检定。

2. 材料

（1）溶剂油：符合 GB 1922《溶剂油》中 NY−120 要求，以及可溶的适当溶剂。

（2）铬酸洗液。

16.5.4 试剂

（1）石油醚：60~90℃，化学纯。

（2）95%乙醇：化学纯。

16.5.5 准备工作

（1）试样含有水或机械杂质时，在实验前必须经过脱水处理，用滤纸过滤除去机械杂质。

对于黏度大的润滑油，可以用瓷漏斗，利用水流泵或其他真空泵进行吸滤，也可以在加热至50~100℃的温度下进行脱水过滤。

（2）在测定试样的黏度之前，必须将黏度计用溶剂油或石油醚洗涤，如果黏度计沾有污垢，就用铬酸洗液、水、蒸馏水或95%乙醇依次洗涤。然后放入烘箱中烘干或用通过棉花滤过的热空气吹干。

（3）测定运动黏度时，在内径符合要求且清洁、干燥的毛细管黏度计内装入试样。在装试样之前，将橡皮管套在支管7上，并用手指堵住管身6的管口，同时倒置黏度计，然后将管身1插入装着试样的容器中，这时利用橡皮球、水流泵或其他真空泵将液体吸到标线b，同时注意不要使管身1，扩张部分2和扩张部分3中的液体发生气泡和裂隙。当液面达到标线时，就从容器里提起黏度计，并迅速恢复其正常状态，同时将管身1的管端外壁所沾着的多余试样擦去，并从支管7取下橡皮管套在管身1上。

（4）将装有试样的黏度计浸入事先准备妥当的恒温浴中，并用夹子将黏度计固定在支架上，在固定位置时，必须把毛细管黏度计的扩张部分2浸入一半。

温度计要利用另一只夹子来固定，务使水银球的位置接近毛细管中央点的水平面，并使温度计上要测温的刻度位于恒温浴的液面上10mm处。

16.5.6 实验步骤

（1）将黏度计调整成为垂直状态，要利用铅垂线从两个相互垂直的方向去检查毛细管的垂直情况。

将恒温浴调整到规定的温度，把装好试样的黏度计浸在恒温浴内，经恒温如表 16-1 规定的时间。

实验的温度必须保持恒定到±0.1℃。

表 16-1　黏度计在恒温浴中的恒温时间

实验温度/℃	80, 100	40, 50	20	0~-50
恒温时间/min	20	15	10	15

（2）利用毛细管黏度计管身 1 口所套着的橡皮管将试样吸入扩张部分 3，使试样液面稍高于标线。并且注意不要让毛细管和扩张部分 3 的液体产生气泡或裂隙。

（3）此时观察试样在管身中的流动情况，液面正好到达标线 a 时，开动秒表，液面正好流到标线 b 时，停止秒表。

试样的液面在扩张部分 3 中流动时，注意恒温浴中正在搅拌的液体要保持恒定温度，而且扩张部分中不应出现气泡。

（4）用秒表记录下来的流动时间，应重复测定至少四次，其中各次流动时间与其算术平均值的差数应符合如下的要求：在温度 100~15℃测定黏度时，这个差数不应超过算术平均值的±0.5%，在低于-30~15℃测定黏度时，这个差数不应超过算术平均值的±1.5%。在低于-30℃测定黏度时，这个差数不应超过算术平均值的±2.5%。

然后，取不少于三次的流动时间所得的算术平均值，作为试样的平均流动时间。

16.5.7　计算

在温度 t 时，试样的运动黏度 $v_t(\mathrm{mm^2/s})$，按式（16-4）计算：

$$v_t = c \cdot \tau_t \tag{16-4}$$

式中　c——黏度计常数，$\mathrm{mm^2/s^2}$；

　　　τ_t——试样的平均流动时间，s。

16.5.8 精密度

用下述规定来判断实验结果的可靠性(95%置信水平)。

1. 重复性

同一操作者，用同一试样重复测定的两个结果之差，不应超过下列数值：

测定黏度的温度/℃	重复性/%
15~100	算术平均值的1.0
低于-30~15	算术平均值的3.0
低于-60~-30	算术平均值的5.0

2. 再现性

由不同操作者，在两个实验室提出的两个结果之差，不应超过下列数值：

测定黏度的温度/℃	再现性/%
15~100	算术平均值的2.2

16.5.9 报告

（1）黏度测定结果的数值，取四位有效数字。

（2）取重复测定两个结果的算术平均值，作为试样的运动黏度或动力黏度。

第 6 部分　在线分析

绪　　论

　　随着我国石化、冶金、电力等工业装置的大型化和整体技术装备水平的提升，随着对节能降耗、提高质量、治污减排和安全生产的日益追求，在线分析仪表的重要性和使用量与日俱增。与发达工业国家相比，我国新建化工装置在线分析仪表的配置已经接近国际先进水平，并逐渐呈现取代实验室分析仪表的走势，提高了工艺生产过程质量的在线分析能力和自动化水平，强化了生产过程的精细化管理。

第17章
样品预处理系统

样品处理系统的作用是保证分析仪在最短的滞后时间内得到有代表性的工艺样品，样品的状态(湿度、压力、流量和清洁程度)适合分析仪所需的操作条件。

在线分析仪能否用好，往往不在分析仪自身，而是取决于样品系统的完善程度和可靠性。因为，分析仪无论如何复杂和精确，分析精度也要受到样品的代表性、实时性和物理状态的限制。事实上，样品系统使用中遇到的问题往往比分析仪还要多，样品系统的维护量也往往超过分析仪本身。所以，要重视样品系统的作用，至少要把它放在和分析仪等同的位置上来考虑。

在石油化工装置中，样品传输管线往往需要伴热或隔热保温，以保证样品相态和组成不因温度变化而改变。样品传输过程中一个明显的温度变化来源是天气的变化，我国处于大陆性季风带，冬夏极端温度之差往往高达60℃以上。此外，还必须考虑直接太阳辐射的加热效应，在夏季阳光曝晒下，样品管线表面温度有时可达80~90℃。因此，在样品传输设计中必须考虑环境温度变化对样品相态和组成的影响。

气样中含有易冷凝的组分，应伴热保温在其露点以上；液样中含有易汽化的组分，应隔热保温在其蒸发温度以下或保持压力在其蒸汽压以上。微量分析样品(特别是微量水、微量氧)必须伴热输送，因为管壁的吸附效应随温度降低而增强，解吸效应则呈相反趋势。易凝析、结晶的样品也必须伴热传输。总之，应根据样品条件和组成，根据环境温度的变化情况，合理选择保温方式，确定保温温度。

17.1 样品传输的基本要求

(1) 传输滞后时间不得超过60s，这就要求分析仪至取样点的距离尽可能短，

244

传输系统的要尽可能小，样品流速尽可能快（1.5~3.5m/s 之间为宜）。

（2）如果在分析仪允许通过的流量下，时间滞后 60s，则应采用快速回路系统。

（3）传输管线最好是笔直地到达分析仪，只有最少数目的弯头和转角。

（4）没有死的支路和死体积。

（5）对含有冷凝液的气体样品，传输管线应保持一定坡度向下倾斜，最低点应靠近分析仪并设有冷凝液收集罐。倾斜坡度一般为 1：12，对于黏滞冷凝液可增至 1：5。

（6）防止相变，即在传输过程中，气体样品完全保持为气态，液体样品完全保持为液态。

（7）样品管线应避免通过极端的温度变化区，它会引起样品条件无控制的变化。

样品传输系统不得有泄漏，以防样品外泄或环境空气侵入。

17.2 样品系统的基本要求

17.2.1 基本要求

（1）使分析仪得到的样品与工艺管线或设备中物料的组成和含量一致。

（2）工艺样品的消耗量最少。

（3）易于操作和维护。

（4）能长期可靠工作。

（5）系统构成尽可能简单。

（6）采用快速回路以减少样品传送滞后时间。

分析仪通常需要不含干扰组分的清洁、非腐蚀性的样品，在正常情况下，样品必须是在限定的温度、压力和流量范围之内。样品的预处理系统的基本任务和功能可归纳如下：

（1）流量调节，包括快速回路和分析回路。

（2）压力调节，包括降压、抽吸和稳压。

（3）温度调节，包括降温和保温。

（4）除尘。

（5）除水除湿和气液分离。

（6）去除有害物，包括对分析仪有危害的组分和影响分析的干扰组分。

1. 烟气预处理

样气通过抗高温的采样管线进入固体过滤器，过滤掉固体颗粒，再通过蒸汽伴热管线，保证样品的气态传输，进入用于反吹样气管线的旋转电磁阀，然后抽气泵给样气提供动力，样气进入一级和二级旋风制冷器，将样气中的气态水变为液态水除去，再进入微除尘过滤器进行除尘，进入微除水过滤器进行除水，最后通过转子流量计进入分析仪表。

2. 氢表预处理

样气首先经过一级除水罐进行陶瓷热交换除水，然后经过 $7\mu m$ 过滤器，过滤掉固体颗粒物，然后抽气泵给样气提供动力，样气进入二级除水罐除去剩余的水，最后通过转子流量计进入仪表。

3. 色谱预处理

样气首先在前级预处理箱经过带有蒸汽伴热的减压阀，从 8MPa 一级减压至 2~3MPa，再通过二级减压至 0.8MPa，然后经过 $7\mu m$ 过滤器，过滤掉样气中的固体颗粒物，最后通过转子流量计进入分析仪表。

4. 微量硫预处理

样气首先经过带有蒸汽伴热的减压阀，再经过二级减压至 0.8MPa，然后经过三级过滤器，过滤掉样气中杂质，最后通过进样电磁阀进入分析仪表色谱柱，分离待测组分后经过转子流量计进入分析仪表。

第18章

介质的分析

18.1 高压气体组分分析

18.1.1 检测原理

待测混合组分样品在色谱柱内分离，经前吹、返吹后，需检测组分进入相关检测器内进行检测，检测信号经放大器放大，以色谱峰的形式流出，根据色谱峰的面积计算出各组分的含量。

天然气净化厂 PGC2000 气相色谱仪使用的检测器有 TCD 检测器、FID 检测器、FPD 检测器。各检测器的工作原理如下。

1. TCD 热导检测器

有热导丝 TCD 和热敏电阻 TCD 检测器两种。

热导丝 TCD 检测器依靠周围气体成分对受热体的散热效应而工作，热导丝感应散热速率的变化，并以电桥输出于变化的热导丝电流。TCD 包括参比热导丝和测量热导丝，当用于参比的载气流过两者，两个热导丝具有相同的热导丝温度，那么电桥有一零点输出。在测量运行时，样品流过测量热导丝，改变了热传导和热导丝温度，从而引起电阻相应的变化，电桥感应这种电流的变化，并增加或减少流过电桥电流以补偿温度的变化，电桥的电流变化与被测样品的组分浓度成比例关系(图 18-1)。

热敏电阻 TCD 检测器基于热敏电阻的电阻值反比于温度变化的效应而工作的。TCD 包括参比热敏电阻和测量热敏电阻，连接至比较电路。当用于参比的载气流过两个热敏电阻，两个热敏电阻具有相同的电阻，那么比较电路发出一个零输出。在测量运行时，样品流过测量热敏电阻，这样在两个热敏电阻间引起电阻差，这个电阻差由比较电路感应，产生的输出信号代表被测样品的组分浓度。

图 18-1　TCD 热导检测器

2. FID 检测器

氢火焰离子化检测器，其原理是含碳有机物在 H_2-Air 火焰中燃烧产生碎片离子，在电场作用下形成离子流，根据离子流产生的电信号强度，检测被色谱柱分离组分的浓度(图 18-2)。

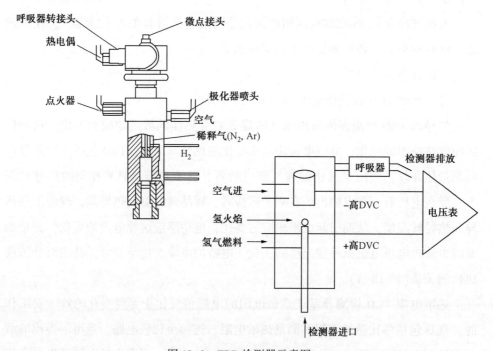

图 18-2　FPD 检测器示意图

248

3. FPD 检测器

火焰光度检测器(FPD)是利用富氢火焰使含硫原子的化合物分解，形成激发态分子，当它们回到基态时，发射出一定波长的光，此光强度与被测组分量成比例。其发光过程如下：

硫分子燃烧激发反应：　硫化物$(H_2S\quad SO_2)\longrightarrow S_2^*$

激发态硫分子发光：$S_2^* \longrightarrow S_2 + hv$

当样品在富氢火焰里燃烧时，含硫化合物主要是以 S_2 分子形式发射出波长为 394nm 的特征光，这种特征波长的光通过滤光片选择后，由光电倍增管接收，转换成电信号，经微电流放大器放大后记录下来。FPD 检测器最小测量可达 10^{-11} g。

18.1.2　流路表和分析方法表的编辑

1. 流路表的编辑

在色谱主背景菜单上按 F1(命令)键，用下移键下移至 ANALYSISCONTROL (分析控制)，按 F3 软键，选择"STREAMS"(流路表)，将随机数据包资料中的流路分配表数据输入流路分配表中，并保存(图 18-3)。

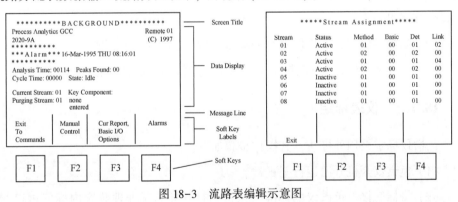

图 18-3　流路表编辑示意图

2. 方法表的编辑

1) 原方法表的编辑

(1) 在色谱主背景菜单上按 F1(命令)键，用下移键下移至 TABLEEDIT(表格编辑)，按 F2 软键，选择 METHODS(方法表)。

（2）打开原方法表，对需要改动处进行编辑。如对原响应因子的编辑，将光标移至方法表中定义的组分处，按右方向软键，屏幕显示该组分的定义屏，向下移动光标至该组分的响应因子处，输入以标气分析计算出的新响应因子。

（3）对需要改动处编辑后，按 F2 键保存。

2）新方法表的编辑

（1）在色谱主背景菜单上按 F1（命令）键，用下移键下移至 TABLEEDIT（表格编辑），按 F2 软键，选择 METHODS（方法表）。

（2）方法表##? 出现在屏幕，用 GCC 面板的数字键为此方法表输入数字 1（方法表的序号），当正确值显示在屏幕上时，按下 F2（编辑表格）软键。

（3）在出现的标定定义和周期屏幕上用数字键设定分析周期时间和该屏幕需改动的其他数据。确保编辑了正确的数据后，按下 F1（继续）软键。

（4）出现方法表#01 屏幕，按下 F2（插入行）软键，然后用数字键输入 1，光标指向函数列，输入的数字变为 0001，在函数列中用上下箭头键滚动函数名称，直至"Turnon"出现，然后光标指向右边。

（5）在函数列中，光标向上或向下直到"one"出现。

（6）按下 F2（插入行）软键，并重复方法表第一行的插入过程进行编辑至方法表全部编辑完为止。

（7）确保完成了方法表所有行的编辑，按下 F1（退出）软键。

（8）在方法表#01 屏幕上按下 F2（退出和更新）软键去存储这个方法表。

18.1.3　仪表标定

色谱仪标定采用外标法，其操作步骤如下：

（1）色谱仪开机升温运行至正常。

（2）将标气接上色谱仪的标准气接口，打开样品预处理装置内标气进口阀，调节流量计流量为 10L/h。

（3）对于多流路分析色谱仪，首先设定标定流路。其方法是在背景屏幕上按 F1 键，进入命令屏幕，在"分析控制"菜单下选择"流路表"，打开流路表，将需标定的流路在"流路表"中设置成 Active（有效），其余流路设置成 Inactive（无效），然后，在主背景菜单下的"手动控制"菜单里，将 PurgeSelect（吹扫选择）数值设成进样流路的数值，按 F1 退出键，开始吹扫所选择流路。

（4）在开始/停止分析屏幕上按下 F4 软键，在屏幕上按下 F2 软键，仪器开始对标气进样分析。如只作一次分析，开始分析后按 F4，然后按 F2 确认停止分析（分析周期末结束分析）（图 18-4）。

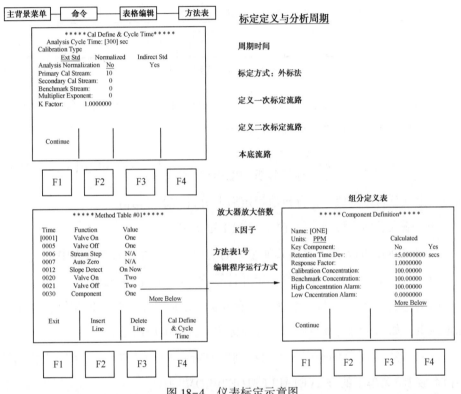

图 18-4　仪表标定示意图

（5）在"手动控制"菜单下连续按 F2 直至看到色谱谱图。查看色谱图上峰的开关门时间是否与方法表中设定的保留时间相符。如有不符，记录下峰实际的开关门时间和保留时间，在分析结束后，按实际的时间改正方法表。

（6）连续运行几个分析周期，直至分析结果稳定。

（7）记录下标气分析所有组分的结果值（用仪器内原响应因子计算的结果），同时记下标气瓶上标气值。

（8）调出所标定流路的方法表（图 18-5），将光标移至方法表中该组分处，

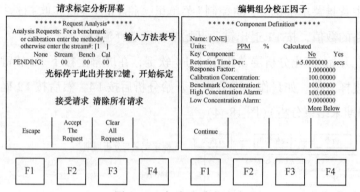

图 18-5　标定流路方法表

按右方向软键，屏幕显示该组分的定义屏，向下移动光标至该组分的响应因子处，输入按以下方法计算出的新响应因子。

$$新响应因子 k=\frac{钢瓶上标气浓度值(\%或\,ppm)}{标气分析浓度值(\%或\,ppm)}\times原响应因子 \qquad (18-1)$$

式中　标气分析浓度值——分析值稳定后取分析结果平均值。

（9）输入后向下移动一行光标，按 F1 键退出。

（10）按同样的方法计算出其他组分的响应因子，并输入方法表中。

（11）按 F2 键保存，用标气标定并计算输入新响应因子完成。

（12）重新进标气分析一个周期，看分析结果值是否与标气值相符，如相符，标定结束，如不相符，查找原因，重新标定并计算响应因子。

（13）将标定计算的响应因子保存到"STORAGE&CONFIG"（存储/组态）下的"存储/恢复"菜单下的"SAVETABLESTOE2PROM"中。

18.1.4　仪表开机步骤

（1）确定仪表各部件安装正常，接上载气 H_2、N_2 以及标准气。

（2）打开仪表空气阀开关，调节空气吹扫盘上等温箱吹扫空气和电子控制箱吹扫空气两个压力表的压力为 40psi。

（3）打开载气（H_2 和 N_2）控制阀，接着打开仪器电源开关。

（4）根据随机数据包资料设定仪器各路压力和温度，保存后仪器开始升温。

（5）待温度升至100℃后，对于 FPD 和 FID 检测器，打开助燃空气阀开关仪器开始点火（对于计量撬处的色谱仪，由于压力控制盘内已安装有五个控制阀，将仪器助燃空气阀安装在控制盘右则，手动调节其压力为 16psi）。对于 FPD 和 FID 检测器，如果色谱板内点火器设在自动点火，即 Ignitor（点火器）设为 Auto-timeout（自动溢出），则仪器升温到一定温度后，仪器自动在规定时间内点火，色谱板上"Flame"（火焰）后面的 Out 变成 Lit（点燃），表示仪器自动点火已成功，面板上的 FLAMEOUT 灯熄灭。如果色谱板上"Flame"（火焰）后出现 Out（没点燃），表示仪器自动点火失败，且面板上的 FLAMEOUT 灯亮着。这时按下 F4（自动点火器开）软键点火，在规定溢出时间内点火线圈保持通电，一旦火焰点着，面板上的 FLANEOUT 灯熄灭。点燃后，在仪器池放空出口管内有水雾喷出。如果色谱板上 Ignitor（点火器）设为 Manual（手动点火），则在 FPD 或 FID 检测器温度升到100℃后，按 F4 软键运用手动点火。为了保证点火线圈的使用寿命，一般设置为手动点火（图 18-6）。

（6）待仪器运行稳定，编辑好流路表和方法表后就可以进样对标样和工艺气进行分析。

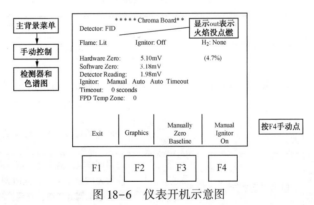

图 18-6　仪表开机示意图

18.1.5　仪表停机步骤

1. 短期停机（一月以内）

（1）按仪表面板上的 F4 键、F1 键，仪表停止分析，关掉室外预处理箱内进样截止阀。打开预处理箱内氮气阀，让氮气吹进样管线 2min 后关闭。

（2）对于 FPD 或 FID 检测器色谱，关掉助燃空气使火焰熄灭。

（3）短期停机，不关仪表电源，一直通载气和吹扫空气。

2. 长期停机（一月以上）

（1）按仪表面板上的 F4 键、F1 键，仪表停止分析，关掉室外预处理箱内进样截止阀。打开预处理箱内氮气阀，让氮气吹进样管线 2min 后关闭。

（2）对于 FPD 或 FID 检测器色谱，首先关掉助燃空气使火焰熄灭。

（3）10min 后，待检测器内水分吹扫完毕后，关掉仪表电源开关。对于只有 TCD 检测器的仪器，可直接关电源。

（4）待炉箱降温后，关掉载气钢瓶上总阀，再关钢瓶上二级减压阀和室内各气体的截止阀。

（5）为了防止腐蚀性气体进入仪器内部，仪表停电后，一直用仪表空气吹扫仪表，使仪表内部保持正压。

18.1.6 常见故障处理（表 18-1）

表 18-1 常见故障处理

故障现象	原因分析	故障处理
TCD 检测器基线漂移	无载气供给色谱仪	检查色谱载气，保证载气供应
	恒温箱温度不正常	检查温度控制硬件——温度控制主板、恒温箱区域板、温控探头、恒温箱加热器等，确认故障后更换故障部件
	检测器测量边与参比边流量差别太大	调节测量边与参比边流量至正常
	检测器不平衡	需调整检测器平衡，按自动基线调节检测器读数为 (2 ± 0.5) mV，同时调节 TCD 检测放大器上电位调节旋钮，直到检测器读数等于硬件零和软件零值之和，且硬件零点值小于 10%
	进样阀内漏，造成检测器内连续出现样品	维护或更换进样阀
	检测器热丝故障	测量两根热导丝的阻值，其差值应在 1Ω 内，否则更换检测器热丝或更换检测器
	电子控制器件故障，包括检测放大器、I/O 板	确认热丝无故障后，则检测确认是检测放大器还是 I/O 板故障，确认后更换之

故障现象	原因分析		故障处理
TCD 检测器短周期漂移	恒温箱温度短时间失控，载气不纯或载气流量不正常		检查温度失控原因，更换纯的载气，或调节载气流量至正常
TCD 检测器基线连续向上或向下漂移	恒温箱温度漂移		维修温度控制硬件
	柱子被液体样品冲刷或被样品中含有的重烃类所污染		
	检测器热丝老化		更换检测器热丝
TCD 检测器基线连续的噪声	载气及各种管路被污染		更换载气，清洗管路
	检测器热丝故障或检测器引线问题		更换检测器热丝，检查检测器引线
	检测器放大电路板以及供电方面的问题		更换检测器放大电路板，检查供电电压是否正常
FTD、FPD 检测器基线漂移	燃烧炉或恒温箱温度不正常		检查温度控制硬件—温度控制主板、温控区域板、温控探头、加热器等，确认故障后更换故障部件
	载气及各种管路被污染		更换载气，清洗管路
	进样阀内漏，造成检测器内连续出现样品		维护或更换进样阀
	FID、FPD 放大器故障		更换 FID、FPD 放大器
FTD、FPD 检测器连续的基线噪声	电器噪声	检测器放大电路板故障或供电问题	更换检测器放大电路板，检查供电电压是否正常
		电器连接部件松动	紧固电器连接部件
		信号线同轴电缆接触不好	紧固信号线同轴电缆
	气体被污染	载气不纯	更换纯净的载气
		各种管路被污染	清洗管路
		水聚集在检测器出口，检测器通过的气体流出时会产生气泡，引起背压变化，引起火焰强烈波动	安装时让检测器出口管线稍向下倾斜，不让水聚集在出口管线内

故障现象	原因分析		故障处理
无色谱峰，测量值为0	没有样品流到进样阀		维护样品进样流路
	没有载气供给分析仪		检查载气流量压力
	无空气推动进样阀	无供应空气	检查空气供应流路
		电磁阀驱动板或色谱 I/O 板故障，导致电磁阀不动作	检查电磁阀带电时是否有110V 直流电压，如无110V 直流电压，更换电磁阀驱动电路板或色谱 I/O 板
		电磁阀故障	如电磁阀上有110V 直流电压，但电磁阀不动作，则维修或更换电磁阀
	进样 CP 阀故障	阀因长时间未动作，滑块被卡住，无法动作	取下滑块，清洁滑块内异物
		阀气缸内密封圈老化，导致气缸漏气，活塞无法动作	更换气缸内的三种 O 形环，并涂上润滑油脂
	基线严重漂移		按1和5中基线漂移处理
	TCD、FID、FPD 检测器故障。		维修或更换检测器
	激活的流路错误		检查进样流路
有色谱峰，但测量值不正常或为0	方法表中峰设置的开关门时间(斜率检测时间)或保留时间与实际不相符		正确设置峰的开关门时间(斜率检测时间)或保留时间，保证谱峰全部落在开关门时间之内，保留时间与实际保留时间相吻合或在设定差值范围内
组分的保留时间不稳定	载气压力不稳定	电子压力控制箱内传感器、比例阀、控制电路板故障	检查确认故障部件，并更换之
		电子压力控制电路板故障	更换电子压力控制电路板
	载气流量不稳定		检查维护载气供应流路
	恒温炉温度不稳定		检查温度控制硬件——温度控制主板、温控区域板、温控探头、加热器等，确认故障后更换故障部件
	检测器测量边放空口堵塞，造成背压大		检查维护检测器放空口堵塞
	进样阀不正常	电磁阀驱动板或色谱 I/O 板故障，导致电磁阀不动作	检查电磁阀带电时是否有110V 直流电压，如无110V 直流电压，更换电磁阀驱动电路板或色谱 I/O 板
		电磁阀故障	如电磁阀上有110V 直流电压，但电磁阀不动作，则维修或更换电磁阀
	载气被污染		更换清洁载气

续表

故障现象	原因分析		故障处理
出现反峰	TCD 检测器测量和参比热丝引线接反		将测量和参比热丝引线接正确
	TCD 的测量和参比边的连接管线接反		将测量和参比边的连接管线接正确
	FID 检测器喷嘴接地或喷嘴无电压		检查维护 FID 检测器
检测器灵敏度降低	衰减设置太大		正确设置衰减值
	CP 阀滑块上样品槽被堵		清洁滑块上样品槽
	进样阀有问题，滑块未安装好		检查维护进样阀
	检测器放大板故障		维修或更换检测器
	FID 检测器被污染		清洗 FID 检测器
温度控制器硬件问题	测温探头开路		温度探头常温下阻值为 440Ω，如阻值特别大，则是开路，需更换探头
	测温探头短路		如测温探头阻值为 0 或特别低，则是短路，需更换探头
	恒温炉超温传感器开路		更换超温传感器
	无仪表风或仪表风压力低		恒温炉未加热，检查仪表风
	加热器开路或短路		加热器阻值一般在 100~120Ω，如开路短路，则更换加热器
	交流电源板上保险丝熔断		更换交流电源保险丝
	恒温炉温度偏低	恒温炉空气压力低	检查供应的空气
		空气压力开关断开，导线或接点接触不良	维护或更换炉空气压力开关
		温度探头故障	维修或更换温度探头
		加热器孔受外物限流	清洁加热器孔
	炉温高于设定值		加热器失控或温度探头故障，检查维修加热器或温度探头
分析仪键盘无反应	键盘故障		维修或更换键盘
	显示控制电路板故障		更换显示控制电路板
	键盘与显示控制电路板连接电缆有问题或接触不良		检查连接电缆

故障现象	原因分析	故障处理
无法与控制室路油器通信	仪表上通信电路板故障	更换通信电路板
	仪表上通信地址设置不正确	重新设置通信地址
	路由器故障	更换路由器
	通信电缆接线端子接触不良	紧固通信线路上各处接线端子
	通信电缆被腐蚀，导致电缆特性阻抗发生变化，使整个传输系统线路阻抗不匹配	增大分析仪上电缆末端的终端电阻，使之电缆特性阻抗相匹配
FID、FPD 检测器火焰不能点燃，火焰熄灭灯亮，同时试图点燃火焰，但仍失败	燃料气 H_2 或空气缺少或不足，	检查燃料气 H_2 或空气供应情况
	FID、FPD 检测器喷嘴、阻火器堵塞或截流	清洁检测器喷嘴、阻火器或更换 FID、FPD 检测器
	点火器或点火电子电路有故障	维修或更换 FID、FPD 检测器及检测放大器电路板
	检测器放空管堵塞	清洁检测器放空管
FID、FPD 检测器火焰实际已点燃，但"火焰熄灭灯"亮	检测器放大器故障	维修或更换检测器放大器
	检测器故障	清洁维修检测器，或更换检测器
低载气压力报警	无载气供应	检查钢瓶的载气压力
	电子压力控制箱内传感器、比例阀、控制电路板故障	检查确认故障部件，并更换之
	电子压力控制电路板故障	更换电子压力控制电路板
	载气进入仪器的入口过滤器或限流孔板堵塞	清洁载气入口过滤器或限流孔板
无吹扫空气	无空气供应	检查供应空气
	吹气空气开关损坏	更换空气吹扫开关
进样流路没有选择	要分析的流路没有激活	激活要分析的流路
	要分析的流路没有设置正确的方法表	给要分析的流路设置正确的方法表
	方法表中没有流路步进指令	给方法表设置流路步进指令
	因电磁阀、电磁阀驱动板、色谱 I/O 板故障引起无空气进入流路选择系统	维修或更换电磁阀、电磁阀驱动板、色谱 I/O 板

故障现象	原因分析	故障处理
谱峰中出现未知的大峰	这种现象一般是方法表中多次进样造成的。普光净化厂天然气组分分析就是采用了三次进样。其原因是阀 3 进样分析 H_2 引起的，阀 3 上 4# 预分色谱柱因阻力大，使用效果不好，导致 H_2 和 CH_4 等组分不能在预分柱分开，在阀 3Off 前 CH_4、C_2H_6 等进入了 5#、6# 柱中，即阀 3Off 晚了，导致 H_2 后面的 CH_4、C_2H_6 等重组分进入了 5#6# 检测柱中，最后进入检测器的参考臂检测出一个大峰在下一流路流出来。处理方法是：将阀 3Off 的时间提前或更换 4# 预分色谱柱。阀 3Off 的时间提前后，H_2 和 C_2H_6 峰又分不开，需将 H_2 进样时间提前(需同时将阀 3Off 时间提前)	
同一路载气，在进样期间和返吹期间载气压力不一样，造成出峰时间不稳定	进样期间和返吹期间，都是同一路载气，只是经过的路线不同。On 进样期间是经过定量管到色谱柱，最后到检测器检测放空；Off 返吹期间反向经过色谱柱后到放空阀放空。可见进样和返吹所不同是色普柱的方向不一样以及返吹期间经过了放空阀放空。因此，造成进样和返吹压力不一至的原因可能是预分色谱柱正反阻力不一样和放空阀有堵塞	更换预分色谱柱或返吹放空阀；将该路载气的压力设定为返吹时的载气压力

18.1.7　仪器维护保养

1. 日常检查维护

1）正常运行的检查项目

（1）分析器稳压调节部分。载气压力、流量；样气压力、流量；仪表空气压力；样品回路排放流量。

（2）控制器电路部分。软件/硬件报警灯状态；火焰熄灭灯状态（FID、FPD）；检测器平衡（TCD）。

（3）公用系统。载气钢瓶压力；驱动用空气压力；吹扫空气压力。

2）定期维护保养项目

（1）对各切换阀进行检查和清洗。

取出取样阀、反吹阀和选择阀，对阀芯进行检查。

当发现阀芯的滑片有损伤时，轻则要进行表面研磨处理，重则须更换。

当发现阀芯面有脏物时要及时进行清洗。

检查阀的驱动膜片，如发现膜片有老化现象，则需重新更换。

上述操作要在清洁的场所进行，以防止滑片的滑动面受到污染。

（2）样品过滤器的检查和清洗。

取出滤芯，如有脏物，可用空气吹除。如果发现有油等沾附物时可以用溶剂清洗，清洗干净后应用热风吹干后方可装入。

如果滤芯老化，则须更换。过滤芯在拆装过程中，应小心谨防密封垫片损坏。

（3）流量计清洗。

将各个拆下的流量计浸入盛有无水乙醇的容器中。

数小时后用空气进行吹洗处理。

若流量计污痕严重，以上过程可以重复多次。

（4）空气过滤阀清洗。

每半年拆下室外空气过滤阀进行清洗。

（5）Nafion 干燥管清洗。

每半年对预处理的 Nafion 干燥管的内外进行吹扫清洗。

（6）泄漏检查。

清洗过的各部件装入分析器后通入载气和驱动空气。

用试漏液对各个气路管线作全面的泄漏检查，对于流量计等的泄漏检查可以在进样时进行。同时载气系统也要进行严格的检漏。

（7）其他。

目测检查硬件、旋钮、接地、电缆等有无松动或损坏。

确保色谱仪的环境条件符合要求，保持色谱仪的内部和外部的整洁。

检查色谱仪自身状况，如腐蚀或生锈等，若比较严重应采取必要的保护措施。

使用色谱仪提供的技术资料，检查样品系统是否符合要求，特别是流量和压力，确保所有的流量和压力设定值符合设计要求。

在打开和关闭色谱仪的控制室门时，应检查各部件的连接电缆是否弯折或处于被拉紧状态。

通过操作面板检查电子压力控制器和炉温的设定和状态是否符合要求，色谱仪运行的时序和流路是否正确。

检查各取样点、预处理单元及采样管线的保温伴热情况。

3）色谱柱的维护保养

（1）引起色谱柱劣化的主要原因。

①早期失效。在正常操作条件下，色谱柱一般都有一年以上的使用寿命（特殊的例外）。柱效劣化的特征是：色谱柱在使用一定时间后峰保留时间和分离度慢慢变差，而不是急剧地变差，这可在日常的维护中觉察到。

②载气不纯。载气中有不纯物混入引起色谱柱劣化的现象较普遍，对于用活性炭作吸附剂时，当载气混入水分时，劣化速度特别快。污染源通常来自钢瓶和配管。

③操作不当。流量的失调和切换时间设定不当使得保留时间长的重组分进入主分离柱，造成吹扫时间不足而引起色谱柱提前劣化。

④仪器部件故障。由于温度控制器故障使得柱温失控；切换阀因故障（膜片破损，或者由于驱动空气太脏而引起阀体堵塞）停止动作，造成重组分在柱内长期积累而引起中毒。

（2）防止柱劣化和延长寿命的措施

载气纯度应为 99.99％以上，特别是载气中的水分含量应小于 50ppm。

避免载气管道和钢瓶污染，尤其是在进行钢瓶更换时要特别注意。

避免减压阀压力表与油、脂类物质接触。

当因故障而使载气中断时应立即关闭检测器。

当发现温度控制器故障时应立即关闭进样阀并停止仪器运行。

长期停用时应将色谱柱进样口和出口用堵头堵住。

备品柱的两头应封牢以防污染。

定期校验仪器，当发现色谱柱有劣化趋势时，适当增加校验的频率，必要时更换色谱柱，将已经劣化的色谱柱进行实验室老化处理。

2. 维护注意事项

（1）计量撬处的色谱仪，设置 FPD 检测器为主流路，TCD 为 FPD 的从流路，实际只有一个流路，因此当执行开始或停止分析时，FPD 和 TCD 检测器同时动作，即同时开始或停止分析。如要停止分析，只能在主检测器（FPD）上停止才能执行停止分析命令，在 TCD 检测器上不能停止分析，因主流路是 FPD 检测器。

（2）方法表中各组分设置的开关门时间是根据色谱仪随机数据资料和用标气分析调试修改而编辑的。在样气分析中，如开关门时间发生偏移，要根据实际峰的开关门时间修改方法表。

（3）在方法表编辑的色谱板上，有一行"MultiplierExponent"（乘法指数），这是分析结果放大或缩小增溢指数，该数增加 1，样品分析结果就缩小 10 倍，该数减小 1，样品分析结果就增加 10 倍，因此在标定标气时，如发现分析结果与实际相差 10 倍，就将此数值增加或减小 1。

（4）响应因子的意义就是单位峰面积（mvs）的组分含量，公式是 $RF_i = C_i/A_i$，单位是 ppm/mvs 或%/mvs。天然气成分分析或硫分析中，用标气分析并计算响应因子的方法叫外标法。

（5）在方法表编辑的色谱板上，有一行"AnalysisNormalization"（分析归一法），此设置一般都设置为 NO，如设置为 Yes，表示分析结果用归一法进行积分计算，样品最后的分析结果都将全部增加或缩小相同的倍数并累计为 100%。对天然气的组分分析，可以将此设置为 Yes（分析归一法），将所有组分之和归一为 100%，但硫分析千万不能设置为 Yes。但在用标气校正天然气组分流路校正因子时，应将归一法改成 No，即校正时不能设成归一法。

（6）方法表中除设置阀的开关动作外，还设置了流路循环进样电磁阀和大气平衡进样阀 Valve6 的控制方法，以色谱分析三流路循环进样为例，其工作原理如下：

图 18-7 中 V1 是大气平衡控制阀，V2 是火炬和自动放空选择气动阀，V3 是三位三通进样阀。V1、V2、V3 的共同作用使样气进入色谱柱，并实现流路循环进样和样气定量管中的压力与大气保持平衡等过程（保证进样量一致）。其过程是（以 AT-10706 色谱仪为例）：ATMPS1、ATMPS2、ATMPS3 由色谱仪的三个电磁阀控制，这三个电磁控制阀是按流路顺序表中设定的顺序循环控制预处理箱中 V3 阀的三个气动阀，实现 1、2、3 流路样气循环进入 V1 阀，这个过程是通过方

法表中的"StreamStep"语句来控制的。在某一流路进样中，方法表中的 Valve6on（实际上是一个电磁阀，控制空气通断）时，V1 与 V2 同时进入空气，阀动作，大气平衡阀 V1 由通转为关闭，选择放空气阀 V2 实现从色谱仪来的样气与 Flamevent（火炬放空）相通转变成与 ATMvent（自动放空）相通，从而使色谱仪定量管中的样气与大气相通，实现大气平衡。5s 钟后，进样阀动作，载气带动样气进入色谱柱。7s 后，Valve6off（关），V1 阀通，V2 阀实现从色谱仪来的样气与 Flamevent 出口相通，这样样气保持经过 V1 阀、色谱仪定量管至 Flamevent（火炬）的流路。当下一次需进样时，Valve6on，实现上面同样的进样过程。

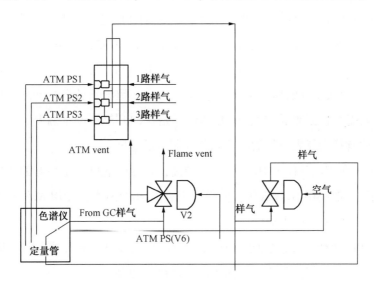

图 18-7　色谱仪流路循环示意图

（7）在尾气分析色谱仪预处理装置中，有一段里面是小管，外面是胶管，这叫 Nafion 干燥管，主要是吸收样气中的水分，起干燥作用。其原理是样气从里面的小管通过，氮气逆向通过大的胶管与小管之间，中间的小管是一种特殊材料（磺酸基团）做成的，这种基团具的很强的亲水性，逆向通过的氮气带走从小管渗透出来的水分，从而达到干燥样气的作用。

（8）方法表中上一组分的关门时间和下一组分的开门时间可以重叠，但不能交叉。

（9）仪表随机数据包中的"FPDGainSetting"（FPD 增溢设置）50-23%的意思：

表示仪器的增溢设置成50，那么仪器的HardwareZero(硬件零点)数值是23%。当仪器经过长时间运行后，HardwareZero(硬件零点)小于了15%时，则打开仪器左侧的FPD检测器箱，调节FPD放大电路板上的增溢调节器，使硬件零点大于15%，如果调到最大位置也调不到15%，则只有换仪器内的硫添加装置了，只有FPD检测器才有这个设置。

(10) FPD检测器的HardwareZero(硬件零点)应大于15%，而TCD检测器的HardwareZero(硬件零点)应小于10%，当高于10%时，调节TCD放大器电路板上的电位器使之低于10%。

(11) 方法表中进样阀On时，表示载气带动样气进入色谱柱，进样阀off时，表示截气开始对色谱柱内样气进行返吹。阀的On和Off，是空气推动cp阀上滑块的动作，里面都有载气和样品的流动，只是载气和样气运动的路径不同。

(12) 如仪表空气的压力不够，达不到40psi，恒温箱就会自动断电保护，恒温箱就会降温。达到40psi后，恒温箱就开始自动升温到设定温度。因此，日常维护时要注意检查仪表空气的压力和各控制点的温度。

(13) 因在相同条件下H_2的热导率最高，导热性能好，是最好的载气，因此TCD检测器一般都用H_2作载气，但样气里有H_2组分时则只能用N_2作载气，因此进样分析H_2的Valve3用N_2作载气。

(14) PGC2000色谱仪温度和压力自动控制最多只控制五个区域，因此计量橇处色谱仪助燃空气只能通过右侧手动控制阀来控制。

(15) 分析方法表中Auto-ZeroBaseline(自动零基线)语句的作用：自动将基线调零，即将电压调到2mV。

(16) 分析方法表中Streamstep(流路步进)语句的作用：在方法表中一出现这样的语句，表示这一流路最后一次进样已完成，开始按设定的分析顺序对下一流路进样置换，这样的语句适用于两个及两个以上流路分析的方法表中，对于单流路这样的语句不起作用。在"分析控制"菜单下有"流路表"菜单，在这个表里将要分析的流路设置成Active(有效)或Inactive(无效)，以及方法表和Basic数值的设定。在"编辑表格"菜单下"其他表格"里有"流路顺序表"，这个表设定流路分析顺序，在分析中按设定的顺序自动一个一个的循环进样。在AT-10706具有三流路的色谱仪中，分析 CO_2、H_2S、COS 中进了两次样，一次进样分析 CO_2，一次进样分析 H_2S 和 COS；在天然气组分分析中进了三次样，一次进样分析 N_2、CH_4、CO_2、C_2H_6，一次进样分析 H_2，一次进样分析 C_3H_8。

（17）ABB 色谱分析方法表中，计算峰面积的方法有两种：一种是开关门峰面积积分法，这种积分方法适用于组分分离得较好，每个峰相隔较远。另一种是斜率检测法，即通过自动斜率检测，当峰的斜率发生突变时，能自动识别峰形的开始和结束，从而积分计算出峰面积。这种方法适用于峰相隔较近的峰面积的计算。

（18）色谱仪一般要求必须有载气的情况下才能上电，但在使用过程中，如果断载气 2~3 个小时，对 TCD 检测器没有大的影响，重新换上载气后就可以了，但断气时间不能过长，否则会烧坏检测器。

（19）ABB 色谱仪 FID 检测器，空气流量是 $300mL/min$，氢气流量是 $30mL/min$，空气流量是氢气流量的 10 倍。FPD 检测器，属于富氢火焰，氢气流量是 $60mL/min$，空气流量是 $30mL/min$，氢气流量是空气流量的 2 倍。

（20）气体进样阀，也叫十通阀，是通过自动控制空气进入阀的前后气腔使阀的阀块前后移动，从而改变气体的流径。当发现阀块上有划痕时，应及时更换阀块，否则样品会漏气，分析不准确。阀块一般两年更换一次，更换时，大部分阀块是对称的，但也有少数不对称，更换时应注意原来是什么位置，按原样放回原位置就是。阀一般不易坏，但使用中，当发现阀动作时不能前后移动，或移动很缓慢时，一个原因是空气压力不够，另个可能是阀漏气，这时应更换阀气腔内的密封圈。

（21）流路分配表中 Basic 下面设置成 1，这是一个求和程序，事先将其编制好后保存在 E2PROM 中，序号设为#1，需要求和的方法表才设置，不需求和的设置成 0。

（22）在色谱仪具有三流路的色谱仪中，Valve#7 是一个检测器信号开关，是 TCD 和 FPD 检测器与色谱 I/O 板连接的一个开关(因色谱仪内只有一块色谱 I/O 板)，Valve7on 表示 TCD 检测器与 I/O 板连接，Valve7off 表示 FPD 检测器与 I/O 板连接。如在天然气中 CO_2、H_2S、COS 分析中，首先是用 TCD 检测器分析 CO_2，因此 Valve7on。当在 135s 时，Valve7off，表示与 FPD 检测器连接，用于分析 H_2S 和 COS。

（23）在多流路色谱分析中，如要选择某一流路进行分析，首先将要进样分析的流路在"流路表"中设置成 Active（有效），将其余流路设置成 Inactive（无效），然后，在主背景菜单下的"手动控制"菜单里，将 PurgeSelect（吹扫选择）数值设成进样流路的数值。

（24）在用 TCD 检测器分析天然气组分分析中，H_2S 或 COS 在 TCD 检测器上有一定的响应值，其硫化物的后半部分峰形与 C_3H_8 前半部分峰形重叠，这样对 C_3H_8 的分析结果有一定的影响。其处理方法是适当向后移 C_3H_8 的开门时间至 C_3H_8 恰好出峰，可缩小硫化物峰对 C_3H_8 结果的影响。

（25）联合和空分空压色谱仪样气在柱中的分离流程和分离原理。

① 111-AT-10706……162-AT-10706 分离流程和原理（其方法表、阀流程图和各色谱柱的作用见 ABB 测试分析数据资料）：

（a）1#阀阀块从下至上第二横槽是进样定量管。

（b）第一、二流路分析中，首先是 5#阀进样，目的是为了测 CO_2 含量，其中 11#柱分离和返吹 CO_2 后面的重组分，是预分柱，12#柱是分离和测量 CO_2 含量；其次是 1#阀进样，目的是为了测 H_2S 和 COS 的含量，其中 1#柱分离和返吹 COS 后面的重组分，是预分柱，2#柱是吹除 H_2S 前面的轻组分和分离测量 H_2S 和 COS 含量，3#柱是一个硅处理的毛细管柱，起缓冲、减小流速的作用。

（c）第三流路分析中，首先是 5#阀进样，目的是为了测其中的 N_2、CH_4、CO_2、C_2H_6 含量，其中的 11#柱返吹 C_2H_6 后面的重组分，是预分柱，12#柱是分离和测量其中的 N_2、CH_4、CO_2、C_2H_6；其次是 3#阀进样，目的是为了测 H_2 含量，其中 4#柱分离和返吹 H_2 后面的重组分，是预分柱，5#柱是分离不需测量的氦，6#柱测 H_2 含量；最后是 4#阀进样，目的是为了测 C_3H_8 含量，其中 7#、8#柱返吹水分和分离返吹 C_3H_8 后面的重组分，是预分柱，9#、10#柱是吹出 C_3H_8 前面的轻组分和分离测量 C_3H_8。

② 脱水单元色谱分离流程和原理（其方法表、阀流程图和各色谱柱的作用见 ABB 测试分析数据资料）：

首先是 3#阀进样，目的是为了测其中的 N_2、CH_4、CO_2、C_2H_6含量，其中的 8#柱返吹 C_2H_6 后面的重组分，是预分柱，9#柱是分离和测量其中的 N_2、CH_4、CO_2、C_2H_6；其次是 1#阀进样，目的是为了测 H_2 含量，其中 1#柱分离和返吹 H_2 后面的重组分，是预分柱，2#是分离不需测量的氦，3#柱测 H_2 含量；最后是 2#阀进样，目的是为了测 C_3H_8 含量，其中 4#、5#柱返吹水分和分离返吹 C_3H_8 后面的所有重组分，是预分柱，6#、7#柱是吹出 C_3H_8 前面的轻组分和分离测量 C_3H_8。

③ 111-AT-40702，……162-AT-40702 分离流程和原理（其方法表、阀流程图和各色谱柱的作用见 ABB 测试分析数据资料）：

（a）1#阀阀块从下至上第二横槽是进样定量管。

（b）1#阀进样，是为了测 H_2S 和 COS 的含量，1#柱分离和返吹 COS 后面的重组分，是预分柱，2#柱是吹出 H_2S 前面的轻组分和测量其中的 H_2S 和 COS 的含量。3#柱是一个硅处理的毛细管柱，起缓冲、减小流速的作用。

④ 空分空压站色谱分析的分离流程和原理（其方法表、阀流程图和各色谱柱的作用见 ABB 测试分析数据资料）：

首先是 3#阀进样，目的是为了测 C_3H_8、C_3H_6、C_4^+，其中的柱 7、柱 8 为了测 C_4^+ 进行分离和返吹，柱 9 是吹出丙烷前面的轻组分和重新组合 C_4^+，柱 10 是分离和检测最后的 C_3H_8、C_3H_6、C_4^+；其次是阀 2 进样，目的是为了测 CH_4，其中的柱 3、柱 4、柱 5 是分离和返吹 CH_4 后面的重组分，柱 6 是吹出 CH_4 前面的轻组分，柱 10 是分离和检测最后的 CH_4。最后是阀 1 进样，目的是为了测 C_2H_4、C_2H_6、C_2H_2，其中的柱 1 分离和返吹 C_2H_2 后面的重组分，是预分柱，柱 2 是分离 C_2H_4、C_2H_6、C_2H_2，柱 6 吹出 C_2H_4 前面轻组分，柱 10 是分离和检测最后的 C_2H_4、C_2H_6、C_2H_2。

（26）电子控制箱里卡笼里有四块电路板，从左至右分别是：通信主板、色谱 I/O 板、CPU 板、电子压力控制板。箱里右则是温控板，面板上贴的一块是显示板。进入色谱仪里有三根线，一根是电源线，一根是数据信号线，一根是报警信号线。

（27）AT-10706 左边中部箱里面有 9 个电磁阀，其中横放着的 5 个电磁阀从右到左分别接 1#、2#、3#、4#、5#十通阀（控制 CP 阀），竖放着的 4 个电磁阀从外往里分别接流路一驱动空气(PS1)、流路二驱动空气(PS2)、流路三驱动空气(PS3)、大气平衡阀驱动空气(ATMPS)。

(28) 装置短期停车,只将色谱仪停止样气分析,让样气在样气管道和火炬间循环,不能关机,否则管道样气中的硫易凝结,导致堵塞管道。

(29) 检查色谱小屋通信到机柜室路由器的线路是否有问题的方法:首先脱开接到每一联合五台色谱仪上的通信线,然后脱开接到路由器上且并联了一个电阻的接线端子,用万用表测量接电阻的两脚的阻值,如阻值在 30Ω 左右,就说明通信线路无问题,如阻值无穷大,就说明线路有问题,需检查线路。

(30) 脱硫和脱水单元色谱仪测天然气组分分析中,测定 C_3H_8 单独用阀 4 或阀 2 进样的原因是:由于 TCD 检测器进样量越大,响应的峰形就越大。工艺气中 C_3H_8 含量太低,需要用大的定量管(阀 4 或阀 2 上的 1CC 定量管)单独进样,如用小的定量管进样,C_3H_8 峰响应太小,以至无法检测到峰形。而 $N_2CH_4CO_2C_2H_6$ 含量高,需用小的定量管进样(阀 5 或阀 3 上的 91)$2\mu L$ 定量管),如用大的定量管,CH_4 的峰就特别大,造成分析误差,这就是 C_3H_8 要单独进样的原因。由于工艺气中 H_2 含量也低,阀 3 或阀 1 上的 H_2 进样定量管(1CC)也是用大的定量管。

(31) 进标气或样气某一组分不能出峰,可用以下方法进行诊断:

① 首先测试各阀动作是否正常,如正常按以下步骤测试。

② 先将 valve7On 或 Off,接通该组分分析的检测器,接着将这一组分的进样阀 On,立即查看峰形图,看这个组分能否出峰,如能出峰就更证明各阀的动作是正常的,只是阀的开关时间有问题,导致该组分被前吹或返吹掉。

③ 改动该组分前吹阀或返吹阀的 off 时间,查看能否出峰,如能出峰,就说明该组前吹阀或返吹阀的动作时间不正确,作相应改动后,直至能正常出峰。并对该峰的开关门时间、保留时间以及自动零时间作相应改动,并适当延长分析周期。

(32) 常用备品备件(表 18-2)

表 18-2　常用备品备件

备件名称	备件号
色谱 I/O 板(新型号)	802A028D-
VistaNET 通信板	3617198-1

续表

备件名称	备件号
电子压力控制板	802A013B-1
单板计算机 CPU 板	
FID 放大器	81943A040-
FID 放大器保险丝(1A)	3615087-03
热丝型 TCD 放大器	81943A041-1
TCD 放大器保险丝(0.376A)	3615086-04
RFI 波波器(220VAC)	3617189-1
电源板	802A016B-1
电磁阀驱动板	802A001B-1
继电器/电磁阀驱动板	826A003B-1
载气报警压力开关	3620003-2508
压力传感器	3615565-6
上箱右侧门面板组合套件	800K010-
交流电源处理板	802A009B-2
数字温度区域板	802A007B-2
0.25A3AG 快速熔断丝	3615087-01
25mA 保险丝，半导体型	3616470-25
加热空气压力开关	3617302-1037
1/4in Tube 管	3617355-2
1/8in Tube 管	3617355-1
电磁阀	800K005-1
电磁阀垫圈	3617331-1
减压阀，0~40psi	3616975-2
压力表，0~110psi	44726-4
调压器圈	81943D033-1
压力表垫圈	81943D033-2
比例阀	3617341-1
比例阀 O-型环	801K001-1
电子压力控制盘内控制电路板	802A011B-1
压力传感器电路板	802A012B-1
电子压力控制盘加热器	81943A042-1
炉加热器套件，230V500W/1000W	800K007-4/2
温度传感器，铂金	3617330-1

备件名称	备件号
补充气阀	3616890-1
分流气阀	3616890-2
计量阀	3529409-1
节流阀	3616446-1
FID 喷嘴	3617156-2
FID 点火器组件	794A007B-1
FID 热电偶组件	794A008B-1
FID 极化器组件	794A009B-1
TCD 热丝组件	800K003-1
TCD 热导池组件	
CP10 通阀瓣	3527366-
CP 阀 40psig O-型环套件	764K001N-2
CP 阀接头组件	753K002N-11
CP 阀承载组件 SPV	3527273-1
CP 阀楔子	3527279-1
FPD 变压器	3617648-1
FPD 同轴电缆	3528546-1
FPD 光电倍增管	804A003-1
FPD 三通电磁阀(X 吹扫)	3616261-3
FPD 压力传感器	3615565-6
FPD 静电计放大器电路板	804A010-1
FPD 燃烧池组件	804A005-1
FPD 燃烧池加热器，70W	3617444-1
FPD 燃烧池热电偶组件	3617462-1
FPD 燃烧池电极压帽	804A004-1
FPD 燃烧池喷嘴	3617432-1
O-型环外径 15/16in，碳氟化合物	45051-4-106
O-型环外径 11/16in，特氟纶	45051-5-18
O-型环外径 3/8in，碳氟化合物	45051-4-13
FPD 燃烧池阻火器出口	3528205-1
FPD 燃烧池阻火器管	753A038-5
FPD 燃烧池接头	804M009-1
FPD 燃烧池硫添加晶片	3617453-_

续表

备件名称	备件号
SulfurColumn#1 不锈钢色谱柱	管径：1/8in，管长：5′
SulfurColumn#1 不锈钢色谱柱	管径：1/8in，管长：10′
Silco-treatedS. S. CapillaryP/N804D004-5 不锈钢色谱柱	管径：0.021in，管长：29 ″
HayesepQ，60/80　316 不锈钢色谱柱	管径：1/8in，管长：1′
HayesepQ，60/80　316 不锈钢色谱柱	管径：1/8in，管长：4′
HayesepQ，60/80　316 不锈钢色谱柱	管径：1/8in，管长：8′
HayesepQ，60/80　316 不锈钢色谱柱	管径：1/8in，管长：12′
Carboxen1000，40/60　316 不锈钢色谱柱	管径：1/8in，管长：4′
Sorbitol，10% on ChromosorbW-AW60/80　316 不锈钢色谱柱	管径：1/8in，管长：18 ″
DC 200，20% on Chromosorb P60/80　316 不锈钢色谱柱	管径：1/8in，管长：4′
DC 200，20% on Chromosorb P60/80　316 不锈钢色谱柱	管径：1/8in，管长：8′
HayesepT，60/80　316 不锈钢色谱柱	管径：1/8in，管长：4′
HayesepN，60/80　316 不锈钢色谱柱	管径：1/8in，管长：4′
HayesepN，60/80　316 不锈钢色谱柱	管径：1/8in，管长：2′
HayesepN，60/80　316 不锈钢色谱柱	管径：1/8in，管长：1′′
Carboxen1000，40/60　316 不锈钢色谱柱	管径：1/8in，管长：1′
DC 200，20% on Chromosorb P60/80　316 不锈钢色谱柱	管径：1/8in，管长：6′
N-Octane on Ressil C80/100　316 不锈钢色谱柱	管径：1/8in，管长：12′
N-Octane on Ressil C80/100　316 不锈钢色谱柱	管径：1/8in，管长：2′

（33）常用载气标气

① N_2（1.0%）、CH_4（92.43%）、CO_2（5.0%）、H_2（0.05%）、C_2H_6（1.5%）、C_3H_8（0.02%），4L/9MPa 钢瓶装。

② CO_2（5.0%）、H_2S（0.05%）、COS（0.02%）/余 N_2，4L/9MPa 钢瓶装。

③ H_2S（300ppm）、COS（100ppm）/余 N_2，4L/9MPa 钢瓶装。

18.2　克劳斯脱硫法 H_2S/SO_2 比值分析

18.2.1　检测原理

当原始光 I_0 通过测量池时，样气中的被测组分 H_2S 和 SO_2 按时间程序分别吸

271

收各自特征波长的紫外光（H_2S 吸收 232nm，SO_2 吸收 280nm），如图 18-8 所示，吸收后经各自单色滤光片滤波，然后通过光电二极管检测器检测。该检测信号通过对数放大器转换为吸光率，吸光率与样气中被测 H_2S 和 SO_2 的浓度成正比。其吸收原理是根据贝尔-兰贝特定律：

$$A = \varepsilon \times L \times C \tag{18-2}$$

$$T = I/I_0 \tag{18-3}$$

$$A = -\log T = -\log(I/I_0) \tag{18-4}$$

式中　A——吸光率；

　　　ε——摩尔吸光系数；

　　　L——光路长度；

　　　C——样气浓度；

　　　T——透光率；

　　　I_0——原始光强度；

　　　I——透过测量池后光的强度。

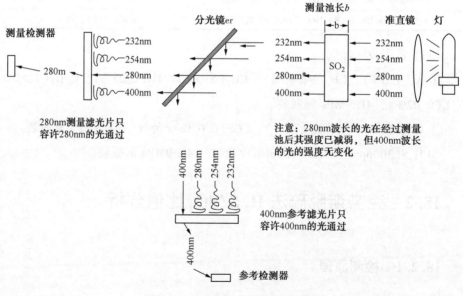

图 18-8　SO_2 光学吸收原理示意图

18.2.2　仪表组态设置

（1）Set Auto Cal Time（设置自动校准时间）设置：按 CONFIG/TEST（组态/测试）键，再按 Enter 键输入 2 级密码，按 Enter 键进入 1 级菜单，用光标选择"Set Auto Cal Time"项，按 Enter 键确认，屏显出现"Enter New Time（键入新时间）"提示后，输入自动校准周期时间，输入 4 位 24h 制的时间，然后按 Enter 键确认（注意：h 和 min 不用加标点符号，如早上 6：30，输入 0630；午夜零时不能用于启动校准的有效时间，当输入"0000"后，自动校准功能将关闭）。

（2）仪表第一次调试开机或恢复出厂设置后，系统内的所有参数都是厂商默认值，这时需将该仪器对应的随机资料中带 ＊ 的参数以及模拟量量程、时间等参数输入仪表内。

（3）模拟量量程设置：SO_2 输出量程：0～1%；H_2S 输出量程：0～2%；ExcessH$_2$S（过量 H_2S）输出量程：-5%～5%；H_2S/SO_2 比值输出量程：0~4%。

（4）将显示屏前三行组态为：第一行：SO_2，第二行：H_2S，第三行：测量池压力或除雾器温度（图 18-9）。

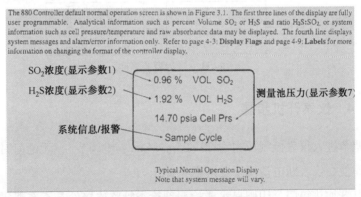

图 18-9　仪表组态设置界面

18.2.3　仪表校验

1. 零点校验

按仪表键盘上的 FLUSH/ZERO 键，使用方向键选择 ZERO，再按 Enter 确认键，三通电磁阀切换，纯氮气对除雾器、光室和抽气机进行吹扫，仪器进入计时期间 1 和期间 2，"ZERO CYCLE"（零点周期）显示在第 4 行（图 18-10）。校准期间，每个通道的偏移值将被测量，并且将这些偏移值（系统变量 Offset_ X，X = 1 →4）储存在存储器中，直到下一个校零周期校零后才更新，此偏移值用来标准化每个光电二极管在零点（0.0）的吸光率。

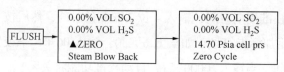

图 18-10　零点校验界面

2. 量程校验

按仪表键操作键盘上的 CALIB（校准）键，再按 Enter 确认键，仪器进入计时期间 5、6、7、8，"System Calibrating（系统校准）"将显示在第 4 行（图 18-11）。进入期间 7 后，螺线管校准滤光片被旋进光通道，标准的吸光率被测定并显示。等待 2min 后观察显示屏的第 4 行，如果没出现"EXCESSIVE ZERO ERROR"或"CALEXCESSIVE ERROR"，则仪表顺利通过校正，仪表运行正常。

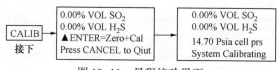

图 18-11　量程校验界面

18.2.4　仪表开机步骤

（1）调节进入仪表氮气压力为 20~25psi（Gauge#1 调节），无论何时一直保持此压力，即使在仪表断电情况下也应保持此压力。

（2）打开加热箱门，用肥皂水或检漏剂检查管路连接件是否有泄露，确保连接件无泄露。

（3）确认上述正常无误后，给仪表送电。调节压力表 Gauge#3 至 2.5Mbar（慢慢旋拧中间黑色旋钮），此压力用来保证检测室正压通风压力。

（4）等待 CELLTEMP 加热至 145℃，除雾器温度 129℃，打开加热箱下部的采样阀和回样阀，迅速关闭箱门，扣紧密封螺栓以防止热量损失。

（5）调出光室温度、除雾器温度、光室压力的组态显示：

按 CONFIG/TEST（组态/测试）键，在 Enter Accesscode（输入密码）提示下输入二级密码 2222 进入二级菜单，用方向键选择 Display（显示项）按 Enter 键确认，显示屏前三行连续显示，

第一行(显示参数1)	0.36% VOL SO$_2$
第二行(显示参数2)	0.92% VOL H$_2$S
第三行(显示参数7)	14.70 Psia cell prs
	Sample Cycle

当第一行 Line×Flag（×＝1＝＞3），呈高亮状态可进行修改，出现"New Value"？（新数值?）提示后输入显示标记值 8（光室温度），按 Enter（确认）键保存，用同样方法第二行显示参数修改为显示参数 9（除雾器温度）。

（6）输入三级密码进入"模拟量测试菜单"，查看仪器各光度计的光通量值是否在规定范围内。光通量值一般要求绝对值大于 17000 以上，如低于此值，说明仪表光室石英镜片已脏，需拆下光室擦净石英镜片。

（7）当 CELLTEMP（光室温度）145℃和 DEMISTER TEMP（除雾器温度）129℃稳定后，分析仪表由 Zero cycle（零气循环）进入 Sample cycle（样气循环），确认工艺气温度已达到 135℃以上，调节 Gauge#2 黑色旋钮（加热箱左上部旋钮），使屏显的 CELLPre（光室压力）下降 0.07~0.1psi，让文丘里管进行正常的工作，切勿让此压力下降大于 0.1psi，否则会使硫在除雾器冷却而凝固，致使除雾器被堵塞。

（8）样气进入光室后，屏幕上就显示 H$_2$S 和 SO$_2$ 的测量值，该值稳定后所测数值就是样气中 H$_2$S 和 SO$_2$ 的含量。

18.2.5　仪表停机步骤

（1）点按面板按键"FLUSH/Zero"，吹净除雾器、光室及抽气机中的含硫气体，吹扫 20s 后，关闭抽气机氮气调节阀（加热箱左上部旋钮）。

（2）打开光室加热箱门，关闭样气采样球阀和回样阀。

（3）在机柜室 UPS 配电柜给仪器断电。

（4）不要关闭饱和蒸汽。为了防止腐蚀性气体进入仪表内部，仪表停电后，

氮气也不能关闭，一直让仪表氮气吹扫仪表，使仪表内部保持正压。

18.2.6 常见故障分析处理(表18-3)

表18-3 常见故障分析处理

故障现象	原因分析	故障处理
显示屏提示"MAIN TIMER STOPPED"	控制器时钟被人为终止	在CONFIG/TEST菜单下，2级口令进入，选择TIMER确认ENTER，NOWTIMERISON。即可消除此信息
第四行出现"CELL TEMP/PRESS ALARM"报警	光室温度设定值为145℃，其偏差为±10℃。最高光室温度警报限值为155℃，最低警报限值为135℃。在所有计时期间内，如所测量的光室温度超出限制时，那么就会出现"CELLTEMP/PRESSALARM"报警，出现此报警的原因如下：	
	在仪表投用加热过程中光室温度还没有达到设定温度范围，即145±10℃	等待光室温度加热达到设定值145℃
	加热箱密闭性不好，使得光室温度始终低于135℃	锁紧加热器箱门
	温度控制器故障，温控器无法将温度控制在197~210℃	更换温度控制器
	光室RTD(电阻温度检测器)故障	检查RTD阻值是否在105Ω，如短路或断路，更换RTD
	加热器故障	检查加热器阻值是否正常，是否短路，是否有220V加热电源。确认是加热器坏，更换加热器
第四行出现"CELL PRESSURE ALARM"报警	在计时期间4开始时，所测量的光室压力与所设定的最高限值25psi高或最低限值13.5psi低，就会出现"CELL PRESSURE ALARM"报警，分析仪会立即跳到计时期间2(冲洗)，并会跳到期间3及期间4。刚开始进入期间4时，如所得到的光室温度仍超出限制，分析仪将返回期间2(冲洗)并继续此循环中，直到警报条件得到解除。出现此报警的原因是：	
	压力低于13.5psi报警，一般是样气管路有泄漏	检查样气管路泄漏点，并处理
	如压力值为负值，则是压力传感器故障	更换光室压力传感器
	如果压力值大于25psi，表明样气从采样及回样管路系统有堵塞，采样和回样阀均关闭时，气室压力应在30psi	关闭采样阀，打开回样阀，气室压力值应迅速从30psi降到20psi以下，反之，关闭回样阀，打开采样阀，气室压力也应从30psi迅速降至20psi以下，如果下降缓慢说明除雾器或进回样阀有固液态硫黄堵塞，需拆开进样阀、回样阀或除雾器清除堵塞硫黄

故障现象	原因分析		故障处理
第四行出现"LOW LIGHT LEVEL"报警	光室石英窗口变脏		清洁光室和光室石英窗口
	光电二极管吸光率的调节设置不正确		重新调节设置光电二极管吸光率或更换光电二极管
	检测电路板故障		更换检测箱内检测电路板
	检测电路板电位调整不当		按维护注意事项 3 中检测电路板电位调整步骤调整检测电位
	光源不闪光或发光频率不规则	电气控制箱内左下角 PS 15VDC 输出电压不正常，不能为触发器提供 15V 电压	更换 PS 15VDC 电压输出电路板
		温控器下面电容坏	检测电容两端直流电压是否为 600VDC，否则更换电容
		光源触发器故障	检查检测室内光路检测电路板端子 P1，P1 脚为+5VDC，P2 脚为触发控制信号，此脚为 4.5Vdc，断开应为 3.8Vdc。如果控制信号正常，+15V 及电容两端均正常，更换光源触发器。
		光源氙灯故障	如果控制信号不正常，检查扩展电路板上第 8 号 LED 灯是否闪烁(发光正常时此灯闪烁)，若光源不发光或发光强度不够，更换光源
		光源发光频率不正常(氙灯发光频率应约 2s 一次)	更换触发器
第四行出现出现"EXCESSIVE ZERO ERROR"	光通量值偏低，使测量的偏移值(offset_ X)超出设定的每一个光度计的最大偏移值(Zero_ AlaramX)		大多是测量气室两个石英窗镜片上结硫。拆下测量气室，擦干净镜片上结硫，或用刀具刮干净镜片上的结晶硫黄
	检测电路板电位调整不当		按维护注意事项 3 中检测电路板电位调整步骤调整检测电位
第四行出现"EXCESSIVE CAL ERROR"报警	光通量值偏低，使测量的偏移值(offset_ X)超出设定的每一个光度计的最大偏移值(Zero_ AlaramX)		大多是测量气室两个石英窗镜片上结硫。拆下测量气室，擦干净镜片上结硫，或用刀具刮干净镜片上的结晶硫黄
	校准过滤器旋转电机故障，校准时无法将滤光片旋转到光通道		维修或更换校准过滤器旋转电机

续表

故障现象	原因分析	故障处理
第四行出现"DE-MISTER TEMP ALARM"报警	在计时期间 4 除雾器温度超出偏差设定值，除雾器温度设定值为 129℃，其偏差为 ±15℃，最高温度警报限值为 144℃，最低警报限值为 114℃。出现此报警的原因是：	
	仪表刚投用时，因气温度低，或进样球阀保温效果差，样气进入除雾器后使除雾器温度降低	待样气温度升至 135℃ 以上后投用，做好进样球阀的保温
	用于除雾器冷却用的电磁阀坏，或控制电磁阀通断的接口电路板、CPU 板故障，电磁阀无法关闭或一直关闭，致使除雾器一直通气冷却或一直无冷却气	检查电磁阀、接口电路板和 CPU 板，确定故障部件后，更换电磁阀，或接口电路板，或 CPU 板
	除雾器温度传感器故障	维护或更换除雾器温度传感器
	测量箱温度控制器故障，致使测量箱温度无法控制	更换温度控制器
	测量箱加热器故障	更换加热器
第四行出现"MEMORY IS CORRUPTED"（存储器破坏）报警	EEPROM 存储器或使用电池的 RAM 存储器出现故障或损坏 2	更换 EEPROM 存储器或使用电池的 RAM 存储器
第四行出现"ALARM1（2/3/4）HI/LO ACTIVE"报警	在采样期间 4 中，测量的 SO_2、H_2S、过量 H_2S、硫比值等与设定的高低报警值相比较，如测量值超出报警设定值，将出现此报警	一般在是开车投用或生产不正常时，测量值超出高低报警设定值时出现，此报警不会影响正常测量，只是提示操作维护人员
仪表的显示屏上不能显示正确的字符，而是显示乱码	进入仪器的 3 级菜单，使用"Default memory"目录下的"Erase memory"命令去擦除仪器的所有参数，使之恢复到出厂时的默认值。然后再把仪器自带的原始参数表中带星号的特定参数重新输入仪器	
SO_2 和 H_2S 浓度值均为零或 SO_2 和 H_2S 浓度值呈固定值不变化	样气进样阀或回样阀被堵塞，样气无法进入光室	检查抽气量表头是否有压力或指针是否抖动，如有压力，将采样阀和回样阀关闭，看气室压力是否在 30psi 左右，打开采样阀关闭回样阀或打开回样阀关闭采样阀，检查气室压力是否从 30psi 迅速回落至 20psi 以下，如果不回落，往往就是除雾器、文丘里管、采样阀以下采样管、回样阀以下管线等被硫黄堵塞。确定堵塞处后，清除堵塞硫黄
	检测室内滤光组件被腐蚀	更换滤光组件
	光检测电路板上光电池损坏	更换光电池

续表

故障现象	原因分析	故障处理
键盘按键错乱，有些键无法使用，有时字符呈闪烁状态	按键板故障	更换按键板
	按键电路板故障	更换按键电路板
	电源电路板故障	更换电源电路板
	显示/CPU 电路板故障	更换显示/CPU 电路板

18.2.7　仪器维护保养

1. 日常检查维护

每天对以下项目进行检查：

（1）仪表显示 H_2S 和 SO_2 测量值是否正常，如不正常，查找原因。

（2）仪表显示屏第四行是否有报警，如有，查找报警原因，并按下面常见故障处理方法进行处理。

（3）检查仪表光通量值是否在正常范围之内（-26000~-17000）。

（4）检查仪表入口氮气压力是否正常。

（5）检查正压保护氮气压力是否正常。

（6）检查伴热蒸汽是否正常。

2. 维护注意事项

（1）仪表检查光强信号（光通量）步骤：

① 按 CONFIG/TEST 键→.3-18（三级密码）→选 Configure Menu <菜单。

② 按 ENTER 键，进入 System Tests Menu 菜单。

③ 按 ENTER 键，选择 TestAnalog input（模拟输入测试）菜单，按两次 Enter 键，画面出现四个光强信号值（光通量值），应为-17000~-26000 间的值。

④ 如果光强度信号绝对值小于 17000，表明光通量较弱，拆下光室，用软布擦试光室两端石英窗和光室外面两端的石英窗，校零和校量程后重新进行测试光强度信号。

（2）仪表模拟信号输出测试步骤：

① 按 CONFIG/TEST 键→.3-18↓选 Configure Menu <菜单。

② 按 ENTER 键，进入 System Tests Menu 菜单。

③ 按 ENTER 键，选 Test Analout1&3，测试 1 组(SO_2 浓度)和 3 组信号(过量 H_2S)输出，显示输入新值，可键入 -15% ~ 100% 的不同百分比，分别测试 1.6 ~ 20mA 的信号输出值，用数字万用表在左边的接线箱分别进行测试 1 组和 3 组信号输出，判断电流信号是否与输出的浓度值相符。

④ 选择 Test Analout 2&4，用上面同样的方法测试 2 组(H_2S 浓度)和 4 组(硫比值)的信号输出。

(3) 当光室两个石英窗镜片清洁，光源发光正常，检测器箱内检测部件也正常，仍出现 LOWLIGHTLEVEL 或 EXCESSIVEZEROERROR 报警，则是检测电路板电位调整不当，需对检测电路板电位进行调整，其调整步骤如下：

① 按下 FLUSH/ZERO 吹零，选择 2 级密码进入 CONFIG/TEST，关闭 TIMER 主时钟，把检测器箱的温度设置为 0，保证光室的镜片干净，且里面一直流通氮气。

② 用一块柔软黑色布，塞在校验镜片处挡住光路，一定要保证不透光。打开检测室门，用万用表黑色表笔插入光检测电路板 TP20 或 TP26，红色表笔测量右下边四路 TP10、TP12、TP14、TP16 对数放大系数电压值，并用螺丝刀调节各对应电阻，使电压均为 (3.80±0.02)Vdc。然后撤掉黑色布，黑表笔仍插入 TP20 或 TP26，用红色表笔测量左下边 TP2、TP4、TP6、TP8 电压值，并用螺丝刀调节各对应电阻，使电压均为 (-4.25±0.05)Vdc。如某一通道的电压值不能调低到 -4.25V，则记录其能调节到的最大负电压值(如 -3.5V)，然后把所有 4 个通道的电压值全部调到 (-3.5±0.05)V 即可。

(4) 仪表左边信号接线箱的输出接线如下：

①②脚接 SO_2 的输出(①正②负-第 1 组信号)，③④脚接 H_2S 的输出(③正④负-第 2 组信号)，⑤⑥脚接过量 H_2S 的输出(⑤正⑥负-第 3 组信号)，⑦⑧脚接硫比值的输出(⑦正⑧负-第 4 组信号)，⑬⑭脚接系统报警输出(⑬正⑭负-第 5 组信号)。

(5) 仪表接入机柜室内 13 柜和 20 柜的接线分布如下：

AT-31001A+ 和 AT-31001A- 接的是 SO_2 输出(至仪表信号接线箱内①②脚)，AT-31001B+ 和 AT-31001B- 接的是硫比值输出(至仪表信号接线箱内⑦⑧脚脚)，AT-31001C+ 和 AT-31001C- 接的是 H_2S 输出(至仪表信号接线箱内③④脚)，

UA-31001+和 UA-31001-接的是系统报警输出（至仪表信号接线箱内⑬⑭脚）。

（6）将系统设置参数还原成厂商默认值的要求和方法：

当仪表换 CPU 板或 CPU 板上的芯片以及仪表出现系统故障时，需进行控制器重置，其方法是以三级密码进入仪器菜单，选择 DefaultMemory（控制器重置）菜单，按两次 ENTER 键进行仪表重置，仪表重置后，系统内的所有参数都还原成厂商默认值，这时需将该仪表对应的随机资料中带 * 的参数以及模拟量量程、时间等参数输入仪器内。

（7）仪表电气箱内电路控制板名称如下：

电气控制箱内上部小箱的结构是：最右边一块是电源板，中间上面的是显示/CPU 板，中间一块是继电器控制板，下面一块是扩展电路板。小箱下面是接口板。箱内左下部是触发器 15V 电源板。

（8）仪表电气控制箱内左边壁上继电器的名称：

K1 CELL HTR1　光室加热器控制器继电器；

K2 SAMPLE　样品电磁阀 SV1 抽气进样控制继电器；

K3 DEMSTER　除雾器冷却电磁阀 SV2 控制继电器；

K4 E-ENCL HTR2　电气外壳加热器控制继电器；

K7 HTR1TEMP　加热器温度控制继电器（温控器控制在 197℃）。

（9）仪表探针规格：长 1400mm，外径 ϕ12.5mm，内径 ϕ10.5mm，壁厚 1mm。安装要求：安装时探针斜口面背对着气流方向，以避免气体中杂质进入采样探针，以致造成堵塞。

（10）仪表上或 DCS 上显示的过量硫化氢值是按 H_2S-2SO_2 计算出来的。

（11）检测器箱有四个硅光电二极管，分别对应测定四个信号，四个信号的波长分别是：1#：232nm，2#：280nm，3#：254nm，4#：400nm，对应分别测定 H_2S、SO_2、硫蒸汽、参比气。

（12）尾气中背景气对 H_2S、SO_2 测定的干扰：

① 尾气中 N_2 O_2 CO_2 CO Ar H_2O 不吸收紫外线，对测定无干扰。

② 尾气中 CS_2、COS、硫蒸汽是影响测量的潜在干扰因素。

（a）CS_2 对测定的干扰小，可忽略不计。

（b）COS 在 280nm 处无吸收，但 232nm 处的吸收是 H_2S 的一半，所以样品中的 COS 会给 H_2S 的测量结果带来正偏差，但在操作正常的情况下，COS 含量不会超过 0.05％，对测量结果影响不大。

（c）硫蒸汽对 H_2S 干扰是对 SO_2 干扰的 2 倍，当尾气中 H_2S/SO_2 比值等于 2∶1 时，硫蒸汽对比值的干扰可以忽略，但实际中硫比值会偏离 2∶1，硫蒸汽的存在会对测量结果造成影响，所以在该分析仪中，专门设置了测量硫蒸汽的光路（254nm 波长专门测量硫蒸汽），从而解决了硫蒸汽的干扰问题。

（13）样气正常测量时，在氮气的驱动抽吸作用下，样气经进样阀、除雾器到测量室，然后从抽吸器经样品返回阀返回到工艺管线。仪表在校零或校量程时，三通电磁阀切断抽吸器的动力源，氮气分两路进行吹扫：一路经除雾器、样品进样阀返吹进样管线，另一路吹扫测量室、抽吸器和样品返回阀，此时仪表样气通路不进样。

（14）除雾器的原理是：利用冷的氮气对除雾器局部降温（冷却到 129℃），使饱和硫蒸汽冷凝成液态硫，在重力作用下自动返回工艺管线，然后再将样品升温到 145℃，这样，样气送入后面的测量室等部件时就不会产生硫的冷凝现象，确保后面的样品管路畅通。

（15）常用备品备件编号

部件名称	部件号
石英窗口	200 887 001
窗口垫圈	880 042 001
VitonO 环窗口封垫	202 813 026
滤光组件	880 033 901
氙灯	200 880 001
灯管 P/S+触发组件	880 118 901
除雾器垫，金属	880 063 001
除雾器衬垫，特氟纶	880 136 901
固态继电器	265 972 001
保险丝，5A(F1)	269 439 024

保险丝，2A（F2）	269 439 019
保险丝，2A（F3）	269 439 019
保险丝，Micro，1A	205 223 019
保险丝，Micro，250mA	205 223 011
CAL3200 温度控制器	269 323 011
除雾器组件	880 019 902
光室 RTD 探针	880 041 001
除雾器 RTD 探针	880 041 002
光室加热箱加热器，240V	407 467 904
抽气机	407 300 902
压力传送器	280 465 001
2 路电磁阀，240V	880 108 914S
3 路电磁阀，240V	880 108 915S
键区	880 061 001
CPU/显示模块	880 115 901S
编程 EPROM	880 060 901S
控制器供电器组件	880 114 901
光电二极管 PC 组件	880 020 901
15 VDC 供电器	880 107 901
CPU PC 组件（不含 EPROM）	80440SE
继电器 PC 组件	80436SE
扩展 PC 组件	80449SE

18.3　高压气体微量硫分析

18.3.1　检测原理

该分析仪是基于紫外线分光光谱吸收原理。预处理后样气中硫化物经色谱柱

分离为 H_2S、COS、MeSH，各种硫化物按顺序进入光室，经特定波长的紫外光吸收，吸收后经各自单色滤光片滤波，然后通过光电倍增管检测器检测，该检测信号通过对数放大器转换为吸光率，吸光率与样气中被测硫化物浓度成正比，其原理如图 18-12 所示。其吸收原理是根据贝尔-兰贝特定律。

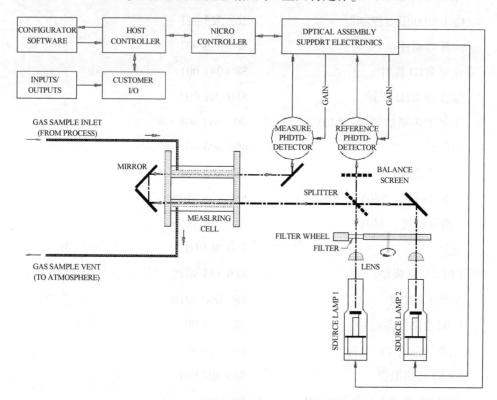

图 18-12 高压气体微量分析仪原理图

18.3.2 仪表组态设置

（1）仪表首次启动分析前，需用 AMETEK SYSTEM 200 软件，对分析仪进行设置组态。

分析仪上电运行稳定，用 RS-232 专用线将安装了 AMETEK SYSTEM 200 软件的笔记本电脑与 M933 连接建立通信。如果笔记本电脑没有 RS232 接口，只有 UBS 接口，需用 RS232 转换 UBS 专用连线和安装相应软件，实验能否连机成功。双击桌面 AMETEK M933 Conf 图标，出现 AMETEK M933 Confingurator-Configl 主菜单(图18-13)。

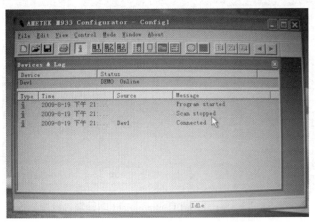

图18-13 启动 AMETEK M933 Conf 软件

(2) 在 Edit(编辑)菜单中点击 Device Properties(设备属性),打开 M933Properties(M933属性)菜单。该菜单栏目第一项为 General(常规)。DeviceEnabled(设备启用)选项中打√,在 LiveData(实时数据)选项中打√。笔记本电脑与 M933 分析仪通信联机成功会出现 Status(状态):Online(联机),如果没有联机成功会出现:Offline(脱机),然后点击确定。点击 General(常规)栏中的 setup,出现 Serial Port Configuration 菜单,port 设为 COM1,Baud 设为9600,点选 RS-232port 如图18-14、图18-15所示。

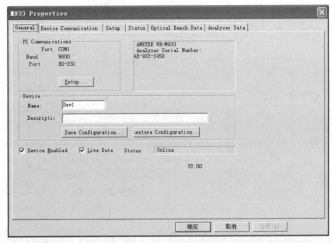

图18-14 M933 Properties General(M933 属性常规)

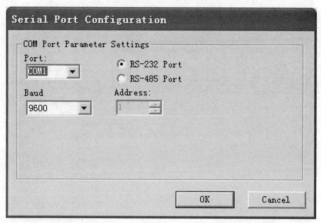

图 18-15　Serial Port Configuration(串行端口设置)

（3）点击 M933 Properties 栏第二项 Device Communication(设备通信)出现 Device Communication 菜单。Baud 设为 9600，"RS-485Address"是仪器通信地址，AT-10707 设为 1，AT-20609 设为 2。设置完成后点击确定。如图 18-16 所示。

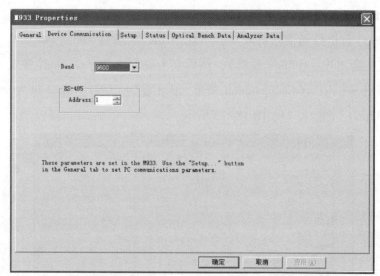

图 18-16　Device Communication(设备通信)

（4）在 M933 Properties 的栏中点击第三项 Setup(设置)，出现菜单如图 18-17 所示。

① 在菜单中点击 Gas Calibration，出现图 18-18 Gas Calibration 菜单。

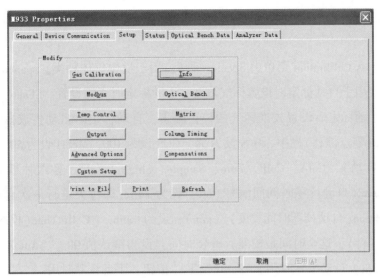

图 18-17　Setup(设置)

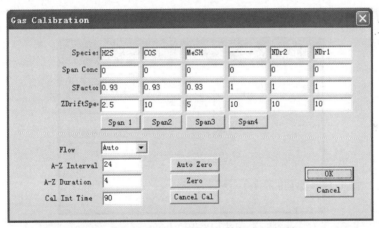

图 18-18　Gas Calibration(气体标定)对话框

② 采样系统试漏。

（a）关闭样气，将零点气与分析仪样气入口连接，调整钢瓶输出压力为 Gas Calibration(气体标定)对话框 Flow 选项中选择色谱柱 A（ColA），单击 OK，然后单击 Apply(应用)，当提示是否将参数保存在 EEPROM 中，选择 NO(否)。关闭钢瓶上零点气总阀，如果压力表读数不变，说明仪器气密性很好，不泄漏；如果读数下降，就用试漏液找出漏点，拧紧接头防止泄漏。

（b）在 Flow 选项中选择色谱柱 B（ColB），重复（a）步骤，测试电磁阀 B 是否泄漏。

（c）Gas Calibration 菜单中 Species（种类）用于设置气体种类。spanconc（量程浓度）栏，用于自动标定时设置标气浓度，手动标定时无需设置。SFactor（校正因子）用于手动标定后设置校准标气的校正因子，自动标定时自动生成校正因子。ZDriftSpec（零点漂移）栏中，H_2S 设为 50，COS 设为 100，MeSH 设为 50。Flow 中有 Auto（自动）、ColA、ColB、Zero、Sample、Shutin（关闭）等六种模式选择。"A-ZInterval（自动校零时间间隔）"（h），设为 24h，即每天进行一次自动校零。"A-ZDuration（自动校零时间长度）"（min），设为 4min。"CalIntTime（校准间隔时间）"（按 s 计），这个时间是校准后整合时间，设为默认值 90s。"AutoZero（自动校零）"按钮，自动校零时用。"Zero（校零）"按钮，手动校零时用。

（d）在图 Setup（设置）菜单中点击 Inof，出现图 18-19 Inof 菜单，用于设置仪器的信息。Serial 输入仪器的序列号。

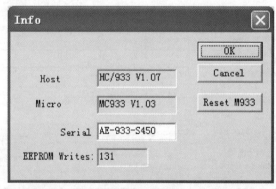

图 18-19　Inof

（e）在图 Setup（设置）菜单中点击 Modbus，出现图 18-20 Modbus 菜单，Address（地址）栏，AT-10707 设为 1，AT-20609 设为 2。Baud 设为 9600，stop（终止位）设为 1。Parity（奇偶校验）设为 None。

（f）在 Setup（设置）菜单中点击 OpBench，出现图 18-21 OpBench 菜单。此菜单栏数据无需人为设定，大多由厂家调试时设置，其余是由仪器 Auto-Setup（自动设置）时自动更新。Auto-Setup（自动设置）按钮，用于仪器优化 PMT 增益和光源电流时自动设置。Cancel Auto-Setup（取消自动设置）按钮。

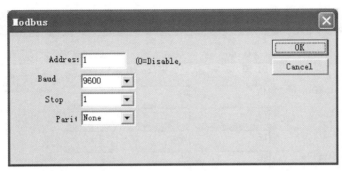

图 18-20 Modbus

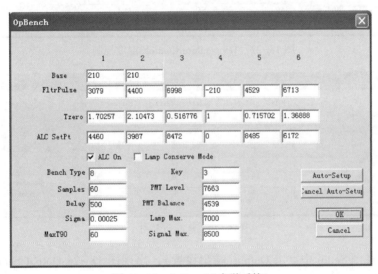

图 18-21　OpBench(光学系统)

（g）在图 Setup（设置）菜单中点击 Temperature Control，出现图 18-22 Temperature Control 菜单。此菜单用于设置光路系统和色谱柱模块温度控制参数。Range 用于选择设置光路系统和色谱柱系统温度控制范围。Setpoint（设定值）用于设定 Bench 和 Column 温度，Bench 设为 40℃，Column 设为 40℃。TooCold（过冷值）和 TooHot（过热值）（℃）用于设置 Bench 和 Column 低温和高温报警值，两个的 TooCold（过冷值）设为 38℃，TooHot（过热值）设为 42℃。其余栏不用设置。

（h）在图 Setup（设置）菜单中点击 Matrix（矩阵），出现图 18-23 Matrix 菜单。Species（种类）是分析的气体种类，分别设置 H_2S、COS、MeSH。Row/Filter（行/过滤器）用于计算矩阵中的每一行（1~6 行）和每一列（1~6 列）的值。

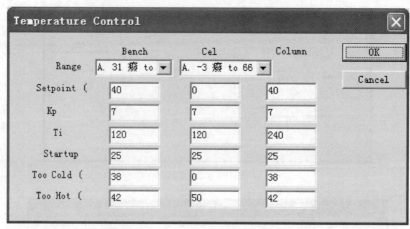

图 18-22　Temperature Control(温度控制)

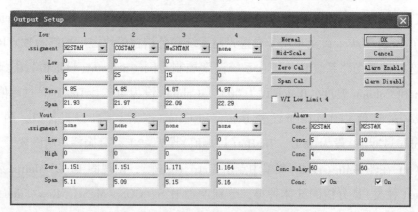

图 18-23　Matrix(矩阵)

（i）在图 Setup 中点击 Output(输出设置)，出现图 18-24 Output Setup 菜单。此菜单由厂家出厂时设置和自动设置时自动更新，无需手动设置。

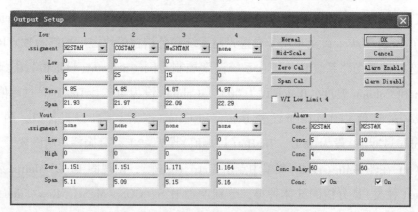

图 18-24　Output Setup(输出设置)

（j）在图 Setup（设置）菜单中点击 Column Timing（色谱柱保留时间），出现图 18-25 Column Timing 菜单。SwitchInterval（电磁阀转换间隔）（s），设为 120s。Species（种类）用于分析气体种类设置。HoldTime（保持时间）（s）是 H_2S、COS、MeSH 分析数据保持时间，分别设置 30s、105s、118s。

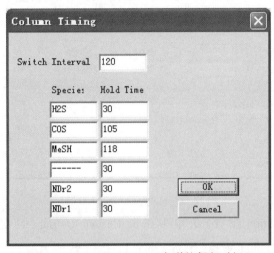

图 18-25　Column Timing（色谱柱保留时间）

（k）在图 Setup（设置）菜单中点击 Advanced Options（高级选项），出现图 18-26 Advanced Options 菜单。Startup Auto-Zero Recheck（启动自动校零重检查）"（min 计），无需启动，默认值为 0。Fault Relay Latching（错误继电器锁闭），不勾选。

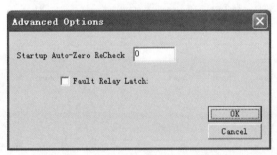

图 18-26　Advanced Options（高级选项）

（l）在图 Setup（设置）菜单中点击 Compensations（补偿），出现图 18-27 Compensations 菜单。此菜单栏中数据无需人为设定，由厂家调试时设置。其中 cell-pressure 下的 Fixed Default，是在量程气校准时，标气压力低于 80psi（为了节省标气)时点选,点选后在其框中输入换算成 mmHg 的量程气压力,这是对量程气压力的补偿。

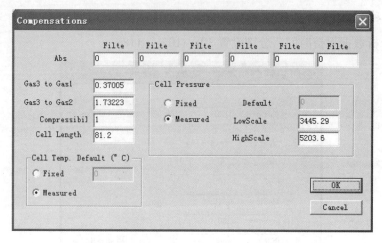

图 18-27　Compensations(补偿)

（m）在图 Setup(设置)菜单中点击 Custom Output(自定义输出),出现图 18-28 Custom Output 菜单。Conversion Factors(转换因数),输入分析气体将 ppm 单位转换成其他单位的转换系数,因无需转换,全部输成1。CustomResults(自定义结果),无需设置。

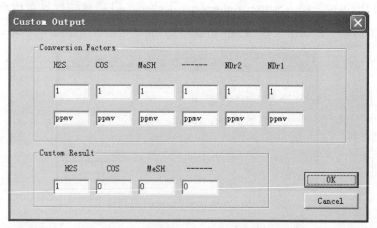

图 18-28　Custom Output(自定义输出)

（5）在 M933Properties(属性)点击 Status(状态),出现图 18-29 菜单。此菜单用于通信状态、报警状况、仪器运行状况、分析浓度值等显示。

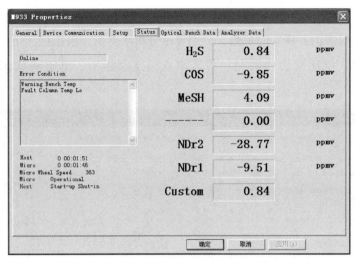

图 18-29 Status(状态)

（6）在 M933 Properties(属性)点击 OpticalBenchData(光路系统数据)，出现图 18-30 菜单。此菜单用于显示仪器运行时光路系统的实时数据。Transmittance (透光率)，显示每个过滤器的透光率。PMT Measure(PMT 测量)，显示每个过滤器 PMT 的测量信号。PMT Reference(PMT 参比)，显示每个过滤器 PMT 的参比信号。Absorbance(吸收率)，显示每个过滤器的吸收率。ALC Lamp Pulse(自动光源控制光源脉冲)，显示每个过滤器当前的电源脉冲控制。

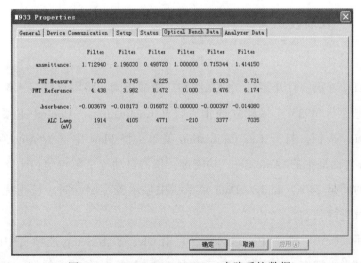

图 18-30 Optical Bench Data(光路系统数据)

(7) 在 M933 Properties(属性)点击 AnalyzerData，出现图 18-31 菜单。此菜单用于显示仪表的各项实时数据。分别显示分析浓度值、模拟电压电流输出、自动校零和 AB 电磁阀转换时间、各监测点温度和压力、电磁阀状态、报警状态等。

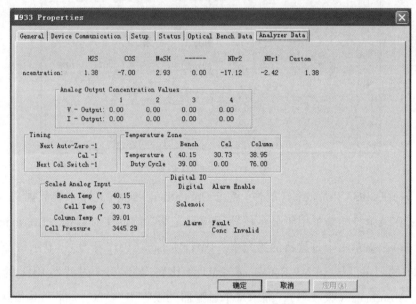

图 18-31　Analyzer Data(分析数据)

18.3.3　仪表校正

1. 零点校正

(1) 自动校正：打开零点气钢瓶阀和二级减压阀，将零点气接入标气入口电磁阀。用电脑与 M933 连接建立通信，打开 Confingurator-Configl 主菜单，点击 GasCalibration 按钮，打开 Gas Calibration 菜单，将 Flow 中选为 Auto，点击 Gas Calcbration 对话框中的"Auto Zero"功能键，仪器自动校正零点值(图 18-32)。自动校零的时间是 240s，analyzerData 菜单栏中显示校零倒计时。校正完成后自动切换到样气进样状态。

(2) 手动校正：Flow 中点选 Zero，点击 OK，单击 Setup 选项卡中的"应用"按钮，手动引入零气。数值稳定后，点击 Setup 菜单中的 Zero 铵钮，开始手动校零，手动校零的时间是 90s，Analyzer Data 菜单栏中显示校零倒计时。校零完成后，实时检测零点气数值。

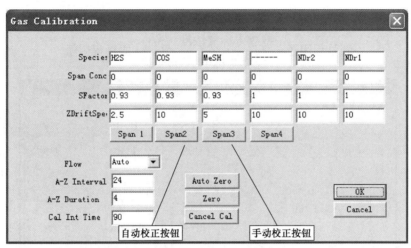

图 18-32 零点校正对话框

2. 量程校正

（1）接入需校正的量程气，将标气瓶上的输出压力调为 0.55MPa。

（2）在 Flow 列表中选"Zero"，单击 OK，然后单击 Setup 选项卡中的"应用"，提示保存至 EEPROM 时，单击 NO，标气通过零点气电磁阀进入仪器（图 18-33）。调节标气瓶上减压阀使进入仪器的压力为 80psi。

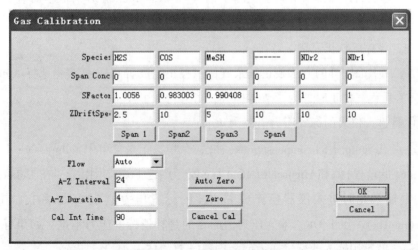

图 18-33 量程校正对话框

（3）点击 status（状态）选项卡，查看所标定气体的测量值（图18-34），待测量值稳定后，

按以下方法计算新量程因子：

$$新量程因子 = \frac{钢瓶上标气浓度（ppm）}{标气测量浓度（ppm）} \times 原量程因子 \qquad (18-5)$$

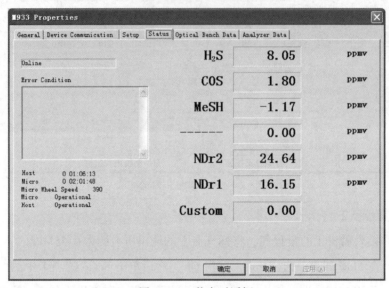

图18-34 状态对话框

（4）将上面计算出来的新量程因子输入 Gas Calcbration 对话框中对应气体下面的 SFactor（量程因子）框中，点击 OK，"应用"，将新量程因子值保存至 EEP-ROM 中，该标气校正完毕。

（5）用上面同样的方法校正其余气体。校正完成后 Flow 列表中选择 Auto。

（6）量程气校正时，为了节省标气，可进行如下校正：

① 将进入仪表的标气压力值调为 40psi。

② 点选 Setup 中的 compensations（补偿）菜单，记录菜单中 cellpressure 下面的 Lowscale（低量程）值和 Highscale（高量程）值。点选 Fixed（固定），在 Default（默认）框中输入此时进入仪器换算成 mmHg 的标气压力值 2068.6mmHg（40psi = 2068.6mmHg），点击 OK。输入压力值的目的是补偿标气压力不足，如果标气调成 80psi，就不用输入此标气压力值。[1psi = 51.715mmHg]

③ 查看此时所测得的标气浓度值，按上面同样的方法计算所标气体的新量程因子，然后输入对应气体量程因子的框中。

④ 校正完后，点选 Measured，将记录的 Lowscale（低量程）值和 Highscale（高量程）值输入 Lowscale（低量程）和 Highscale（高量程）框中，同时 Flow 列表中选择"Auto"，单击 OK，然后单击应用，提示保存至 EEPROM 时单击 Yes。

18.3.4　仪表开机步骤

（1）打开预处理面板左上角的仪表电表开关，仪表上电升温。

（2）待仪表色谱柱温度和光路温度恒定，仪表运行稳定后，用电脑连接仪表，对仪表进行零点和量程校正。

（3）如 AB 进样电磁阀不自动开闭，手动让其开闭后，再切换到自动，观察是否自动开闭，如仍不自动开闭，则仪表有故障，查找故障原因。

（4）打开面板上样气进样截止阀，观察面板上压力表压力是否在 0.8MPa 左右，否则调节一级减压预处理箱内减压阀使面板上压力表压力在 0.8MPa 左右。

（5）打开样气到火炬的引流调节阀，让样气流通约 10min。

（6）关闭引流调节阀，将仪表排出气转到就地排放口。调节面板上的蒸汽伴热减压阀，使其通过压力在 80psi 以上，再顺时针调节进样减压阀使其压力为 80psi，样气进入仪器开始分析。

（7）DCS 上显示值就是仪器所测量的 H_2S、COS、MeSH 含量。

18.3.5　仪表停机步骤

1. 短期停机
直接关断进样截止阀，仪器停止进样。

2. 长期停机
（1）关断进样截止阀，关闭仪器电源开关。

（2）关闭零点气钢瓶上总阀。

18.3.6 常见故障分析处理（表 18-4）

表 18-4 常见故障分析处理

故障现象	原因分析		故障处理
通信故障，现场数据无法传输到 DCS	DCS 通信故障	用 Modbus 通信软件测试是 DCS 通信故障还是仪表通信故障	确认是 DCS 通信故障后，DCS 系统维护人员查找原因
	仪表通信故障	重新启动分析仪。关闭分析仪交流电源 15 s 后重启电源	如通信仍不正常，单击 Setup 选项卡上的"Info"，查看"Analyzer Information"对话框，并单击"重启 M933"按钮。如通信仍不正常，按主控制电路板上的 SW100 或按微控制电路板上的 SW400，重新启动主控制器板或微型控制器板
		主控制器（J300）和微接口（J104）板间的 4 线电缆的连接故障	检查连线是否有割断、缺口、烧毁等损坏，如有，则更换连线
		微型控制器板故障	更换微型控制器板
		主控制器板故障	更换主控制器板
		微-接口电路板故障	更换微-接口电路板
进样 AB 电磁阀间断性的均不带电动作，样气无法进入测量池	正常情况下仪表 AB 进样电磁阀循环通断电 120s，电磁阀循环进样。进样电磁阀的循环通断电是靠仪表下箱的主控制器电路板来控制的，或者是输入输出电路板故障		通过逐步更换主控制器电路板或输入输出电路板来确定是哪块电路板的故障
状态菜单栏出现"零漂移报警"（Warning Zero Drift）	校零用氮气用完		更换氮气
	进行零点校正		如不能消除请检查气室测量池镜片及光路是否洁净。
	在"（Analyzer Data）"选项卡上，检查"Temperature Zon"下"Bench Temperature"是否正常		如不正常，查找原因，确保其稳定
	在"Setup"选项卡上，查看"Gas Calibration"对话框，检查设置的 Z（漂移参数）是否正确，是否被更改		设置新的漂移参数 Z 值
	光源故障		更换铜灯或镉灯

续表

故障现象	原因分析		故障处理
进样压力低于 80psi	排出气量大于 4L/min	色谱柱模块内的限流器阻力减小，无法限制排出气体流量	更换限流器
	排出气量小于 2L/min	进样系统堵塞，或者进样 AB 电磁阀内污物堵塞	检查进样系统，清除堵塞物，打开电磁阀，清除阀内污物
进样压力高于 80psi，关闭零气减压阀，压力降到正常	零电磁阀关闭不严漏气到样气中		清除零电磁阀阀内杂物，如仍关不严，更换零电磁阀
状态栏出现"EEPROM 已满报警"	EEPROM（非易失存储器）已经超过了设置参数被写入的次数（95%已用）		更换 EEPROM
色谱柱温度过高或过低报警	环境温度高于色谱柱过热设定值		设法降低环境温度，或稍提高色谱柱过热设定值
	环境温度远低于色谱柱过冷设定值		色谱柱模块采取保温措施，把色谱柱模块温度控制在过冷值以上，或稍降低色谱柱过冷设定值
	检查加热器控制电路	检查低位箱中的交流分配 保险丝 F3 是否熔断	更换保险丝
		检查高位箱内的光路系统部件的热敏开关（过热）	更换热敏开关
		检查 24V 电源是否正常，控制线接触是否良好	维修 24 V 电源输出
	色谱柱模块温度传感器（RTD）短路或断路		更换 RTD
	输入输出电路板故障		更换输入输出电路板
状态菜单栏出现"零点气压力报警"	零气钢瓶没有足够的压力供应，零气输出减压阀上压力表输出压力不够（0.55MPa）		更换零气钢瓶，调节输出减压阀上压力至 0.55MPa（80psi）
	热交换器模块内的压力传感器故障		更换压力传感器
	零气电磁阀故障	零气电磁阀不带电	维修电磁阀电源
		零气电磁阀内污物堵塞或电磁阀关不严	清洗电磁阀内污物或更换电磁阀
	Setup 选项卡上 Output Setup 对话框内"Low Scale"和"High Scale"压力设置不正确		设置正确的"Low Scale"和"High Scale"压力
	输入输出电路板的压力传感器跳线设置不正确		正确设置输入输出电路板的压力传感器跳线
	输入输出电路板故障		更换输入输出电路板

续表

故障现象	原因分析	故障处理
样气压力过高或过低报警*	排出气流量大于 4L/min，色谱柱模块内的限流器阻力减小，无法限制排出气体流量	更换限流器
	进样系统堵塞，或者进样 AB 电磁阀内污物堵塞	检查进样系统，清除堵塞物，打开电磁阀，清除阀内污物
	热交换器模块内的压力传感器故障	更换压力传感器
	Setup 选项卡上 Output Setup 对话框内"Low Scale"和"High Scale"压力设置不正确	设置正确的"Low Scale"和"High Scale"压力
	输入输出电路板的压力传感器跳线设置不正确	正确设置输入输出电路板的压力传感器跳线
	输入输出电路板故障	更换输入输出电路板
状态菜单栏出现"分析数据错误报警"	故障报警的原因是主控制器板没有从微型控制器板接受到分析数据，采取的具体措施有：	
	重新启动分析仪。关闭分析仪交流电源 15s 后重启电源	如报警没消除，单击 Setup 选项卡上的"Info"，查看"Analyzer Information"对话框，并单击"重启 M933"按钮。如报警仍没消除，按主控制电路板上的 SW100 或按微控制电路板上的 SW400，重新启动主控制器板或微型控制器板
	主控制器（J300）和微接口（J104）板间的 4 线电缆的连接故障	检查连线是否有割断、缺口、烧毁等损坏，否则更换连线
	微型控制器板故障	更换微型控制器板
	主控制器板故障	更换主控制器板
	微-接口电路板故障	更换微-接口电路板
状态栏出现"ADC 芯片错误报警"	主控制器板或微控制器板的内部模拟-数字转换器（ADC）没有响应	更换主控制器板或微控制器板

续表

故障现象	原因分析	故障处理
状态栏出现 "PMT 信号报警"	根本原因是测量或参比 PMT（光电倍增管）的最高信号超出正常范围（2.5V～9.84V 直流），其具体原因和措施有：	
	光路系统电路板和光路系统之间的水平电缆连接有故障	检查水平电缆是否有割断、缺口、烧毁等损坏，否则更换水平电缆
	需 Auto-setup 自动设置	启动 Auto-setup 自动设置功能
	光源亮度不够	更换铜灯和镉灯
	光路系统电路板	光路系统电路板
	PMT 缓冲电路板故障	更换 PMT 缓冲电路板
状态栏出现 "ALC 报警"	当一个或两个光源脉冲电流控制器的信号超出光源最大信号值时会出现此报警。默认的最大值是 7.0V 直流。解决措施有：	
	光源槽和灯泡结合不紧密，光源调节板不到位	将光源装配到位
	光源没完全装入检测器部件中	将光源按规定装入检测器中
	光路系统电路板和光路系统之间的水平电缆连接有故障	检查水平电缆是否有割断、缺口、烧毁等损坏，否则更换水平电缆
	灯泡的自然老化导致光源亮度低，需更换光源	临时的解决办法，可启动自动设置，增加 PMT 效能，补偿减少的照明水平，待有光源时再更换
状态栏出现 "光路系统温度报警"	光路系统温度范围设置不正确	在 "Temperature Control" 对话框中将 "Bench" 温度 "Range" 设为范围 A（"31~47℃"）
	分析仪环境温度比设定的过热上限高或者比过冷下限低	使环境温度在系统温度设定范围之内
	微控制板上的 JP300 跳线设置不正确	正确设置微控制板上的 JP300 跳线，跳线设置应是跳线 2~3
	上箱中的光路系统温度传感器（RTD）短路或断路	检查光路系统温度传感器（RTD），必要是更换光路系统温度传感器（RTD）
	加热器控制电路故障	检查下箱中的交流分配 PWB 保险丝 F4 是否熔断，如已熔断则更换；检查光路系统部件的热敏开关（过热），如果塞子突出则按下将其重置
	微控制电路板故障	更换微控制电路板

续表

故障现象	原因分析	故障处理
状态栏出现"转速错误报警"	滤光轮轴备选断续器没有响应，或者过滤器转速超出了正常范围 240～600r/min，解决措施有：	
	供给滤光轮轴马达备选结合器电缆的电压（15V）值不正常	维修电压供应电路
	滤光轮轴马达的电压不正常	维修马达供应电压
	备选结合器和断路器部件之间电缆连接有故障	检查电缆是否有割断、缺口、烧毁等损坏，否则更换电缆
	过滤器齿轮轴的环与轴衬结合不紧密	确保过滤器齿轮轴的环与轴衬结合紧密
	滤光轮轴轴承不正常	确保滤光轮轴轴承正常
	微控制器电路板故障	更换微控制器电路板

＊样气压力超过全量程范围的99%或低于全量程范围的1%，就会出现过高或过低报警。

18.3.7 维护注意事项

1. 日常检查维护

（1）每天检查样气进样压力是否在正常范围内（80psi），如压力不在80psi，查找原因。

（2）检查样气取样和预处理系统，防止取样和预处理系统被堵。

（3）定期用标准气对仪表进行校正。

（4）每三个月检查校零用氮气瓶是否用完。

（5）每年对三级过滤器进行清洗。

（6）测量池的维护。每年对测量池进行清洗和更换O形圈。其清洗方法见933中文说明书第六章中《测量池的预防与维护》。注意拆下清洗前一定要用零点氮气进行吹扫。清洗测量池请使用不造成磨损的洗涤剂和水溶剂。异丙醇或者使用药用蒸馏水清洗后，使用试剂级的丙酮来擦净。

（7）每两年更换色谱柱模块组件中的O形圈和过滤原件。同时查看单向阀是否磨损，必要时。

（8）更换，并清洗色谱柱模块组件腔。如系统气流速度减小到不可接受的程度，更换气流稳流器。

定期用电脑连接仪表，查看报警栏上是否有报警。当出现 Warning ALC（自动光源控制报警）、Warning PMT Signal（PMT 信号报警）、Warning Zero Drift（零漂移报警）报警时，一般都应更换光源，更换后再做 Auto Setup 设置。

更换光源的步骤：

① 切断分析仪电源，打开高位箱外壳。

② 松开但不要取下光路系统微型控制器安装支座上的两颗 M3×8 螺钉，向外旋转微控制器和微接口板组件。

③ 松开灯座底部的固定螺钉，将灯泡调节板旋转 90°，取下灯泡插座组件。

④ 松开灯泡压缩栏上的光源箱位螺钉，旋转并向下滑动灯泡，然后取下灯泡。

⑤ 安装新灯源，左边（靠近光源）是 L1 镉灯，右边是 L2 铜灯，确保灯泡的底痤被完全推进灯座，注意：请勿触摸灯泡末端的（平）窗。

⑥ 轻轻紧固灯泡箱位螺钉，固定灯泡，请勿过紧，弹簧不要毁坏。

⑦ 将灯泡调节板旋转 90°（旋转到原来的位置），重新安装灯泡插座组件，紧固螺钉，固定灯泡插座组件，注意不要过分紧固。

⑧ 把微控制器和微接口板组件旋转回原来的位置，紧固光路系统微型控制器安装支座上的两颗 M3×8 螺钉。

（9）Auto-setup 设置。

① 以下情况需要进行 Auto-setup 设置：

（a）Status 状态栏上显示"PMT 信号警告"报警。

（b）一个或两个光源都被更换。

（c）光学过滤器被更换。

（d）一个或两个 PMT（光电倍增管）被更换。

（e）光路系统电路板被更换。

（f）测量池窗口或光学器件被更换。

② Auto-setup 设置步骤：

（a）使用电脑与仪表连接，打开仪表设置菜单（M933 configurator）。进入

setup 菜单中的子菜单 Gas Calibration，如图 18-35 所示。

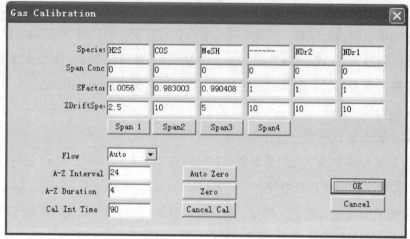

图 18-35　Gas Calibration

（b）点击上图中 Flow 右边的下拉按钮，选择 Zero 后，点击右下角的 OK 按钮；再点击 Setup 菜单下面的 Apply（应用）按钮，让零气进入测量池。

（c）等待零气流动 5min 左右，再进入 Setup 菜单中的子菜单 Optical Bench 中，如图 18-36 所示：

（d）点击上图中右下边的 Auto-setup 按钮，再点击 OK 按钮，仪器将开始进行自动调整内部参数。

（e）进入仪器的 Status 菜单，如图 18-37。

（f）观察上图中的左下脚 Micro 右边的状态，它将依次显示如下信息：

· Setup-Prelim PMT Level（设置—初始化 PMT 电平）

· Setup-Prelim Lamp Pulses（设置—初始化光源脉冲）

· Setup-PMT Balance（设置—PMT 平衡）

· Setup-Final PMT Level（设置—最后的 PMT 电平）

· Setup-Final Lamp Pulse（设置—最后的光源脉冲）

· Setup-ALC（设置—自动光源控制）

· Setup-Off/Completed（设置—关闭/完成）

（g）当显示 Setup-Off/Completed 后，表示完成 Auto-setup 自动调整，大约需

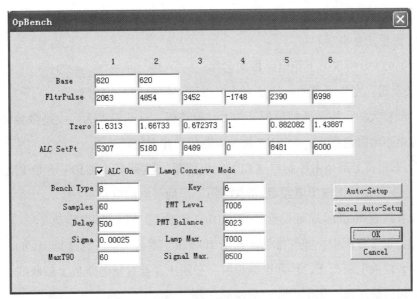

图 18-36 Optical Bench

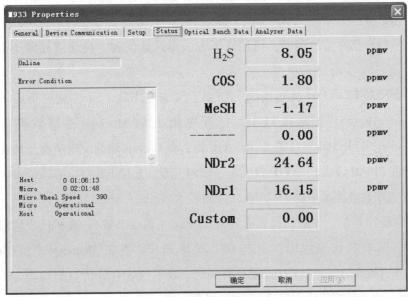

图 18-37 Statns

要 5min。

（h）在仪器完成 Auto-setup 自动调整后，观察（e）的状态菜单左面的错误信息提示筐，如果此错误信息提示筐内无任何错误提示，则表示仪器正常，仪器将自动转入正常运行状态。

2. 维护注意事项

（1）933 分析仪上下箱电路板的名称。

① 上箱：左边竖着的一块是光学电路板，此板最易出故障。

内部较大的一块是微控制器（CPU）电路板，外部较大的一块是微接口电路板。光电倍增管盒内有一块 PMT 缓冲电路板和光电倍增管。

② 下箱：上部是主控制器（CPU）电路板（电路板上 U106 是 EEPROM 内存卡）。下部是输入输出电路板（I/O 板）。里面是电源电路板。

（2）仪表 Modbus 地址设置：AT-10707 设成 1，AT-20609 设成 2。

（3）正常分析中，样气排气流速是 2L/min，零点气排气流速是 4L/min。

（4）仪表电路板坏，换新电路板时，必须注意查看新电路板上的跳线是否与原电路板跳线一致，如不一致，应换成一致。

（5）更换光路系统时，要注意检查上箱光路系统光电倍增管左则的序列号是否与下箱铬牌上的分析仪序列号要一致。

（6）当出现通信故障时，可用以下方法测试是仪表本身通信故障还是 DCS 故障：

① 用 232 转 485 转换器接线一端接于仪表输出线上（注意正负极不能接反），另一端接于电脑接口上，打开电脑上的 Modbus 通信软件，点击 configuration，打开 Mdbus configuration 对话框，将 Modbus 地址设成仪表上 Modbus 设置的地址（10707 设成 1，20609 设成 2），COM 口设成连接电脑对应的口 COM1。

② 点击软件菜单中的 On，第二行如显示 comm. -Nrmal（通信正常），表示仪表通信输出正常，如第二行显示 comm. -Fail（通信失败），表示仪表通信输出不正常，需查找仪表原因。点击 Off，关断通信。点击 Displays 中的 Holding Regs.，一行、二行、三行有数据且有变化，表示仪表有分析数据输出，如显示 0，表示仪表无数据输出，仪表有通信故障。

（7）安装或拆卸上箱光路系统组件的方法：

① 安装光路系统组件时，必须保持排列成直线，即上下凸轮销钉外面显示的凹槽成直线。

② 手持光路系统组件，将光路系统水平的送进固定槽内。

③ 用内六角顺时针旋转上部的凸轮销钉，直至紧固（凹槽成 45°倾斜），逆时针旋转下部的凸轮销钉，直至紧固（凹槽成 45°倾斜）。

④ 将绿色/黄色的接地线接上。

⑤ 将测量池的电阻式温度检测器（RTD）插头连接到微接口板上边缘的 J300 上。

⑥ 将 RS-422 通信线插头连接到微接口板下边缘左数第一个接口的 J104 上。

⑦ 将微型接口交流电源线插头连接到微接口板下边缘左数第二个接口的 J200 上。

⑧ 将直流电源线插头连接到微接口板下边缘左数第四个接口的 J103 上。

⑨ 光路系统组件安装完毕，如需拆卸光路系统组件，与上面的安装步骤相反。

（8）新装光路系统组件或更换光学电路板时，要注意光学电路板上有两个 240V 跳线，此跳线必须接到 240V 接点上，不能接到 120V 接点上，否则会烧坏电路板。如图 18-38 所示。

（9）主控制电路板右则接线口附近有四组跳线，每组跳线有三个点，四组跳线全部接到 2 点、3 点上，1 点不接，如果不这样接的话，DCS 上就无通信。

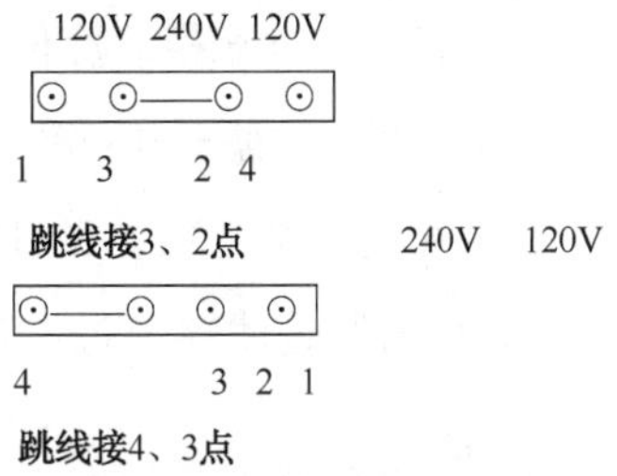

图 18-38 跳线接点图

（10）仪表光路安装及调试简要过程：确认光学电路板上的两组跳线是否接到 240V→按 6 中的方法安装光路系统组件→上电→预热升温→设 Modbus 地址（10707 为 1，20609 为 2）、零点漂移值等组态值→确认主板上的四组跳线是否接到 2 点、3 点上→确认状态栏上无报警后手动进零气→Auto setup（自动设置）→校零→进标气标定→在 Flow 上选 Auto 状态后保存→仪器正常运行。

（11）每次做 Auto-Setup 设置前后，记录下 OpBench 菜单上 PMT 电平和 PMT 平衡的数值，并比较这两个值在设置前后有多大变化。这两个值应在 2500～9840mV 范围内（2.5～9.84V），如果超出了这个范围，仪表就可能存在问题：

自动设置是否完成、测量池是否干净、光源是否需更换、测量池是否泄漏等。

（12）常用备品备件。

部件名称	部件号
逆止阀（色谱柱模块部件）（检查阀）	100～1788
气流阀（色谱柱模块部件）（限流器）	100～1794
光源镉灯（高位箱）	300～2070
O 形环，Viton，2-010（色谱柱模块和过滤器部件）	300～2375
联合过滤器元件（色谱柱模块和三级过滤器部件）	300～6217
O 形环，Aflas，0008（色谱柱模块和三级过滤器部件）	300～6241
光源铜灯，空心阴极（高位箱）	300～8707
O 形环，Aflas，#121（色谱柱模块部件）	300～8719
O 形环，HSN，#125（色谱柱模块部件）	300～9060
O 形环，Aflas，#113（色谱柱模块部件）	300～9147
气流稳流器（限流器）（过滤模块部件）	100～1219
O 形环（过滤模块部件）	300～6242
O 形环（过滤模块部件）	300～6244
O 形圈（过滤模块部件）	300～8643
高气流薄膜过滤器（过滤模块部件）	300～5862
5 型薄膜过滤器（过滤模块部件）	300～8594
电机	300～2227
轴承，铜轮轴（铜部件）	300～9437
色谱柱加热器保险丝（F3）（0.5A）	300～6291
光电倍增管保险丝（F300）（0.2A）	300～3214
高位箱 F4 保险丝（0.5A）	300～6291
DC 供电保险丝（F2）（1A）	300～9244
主保险丝（F1）（1.6A）	300～6292
主板保险丝（F200）（63mA）	300～8777
光源保险丝（F201）（32mA）	300～9524

用户 I/O 板（低位箱）	100～1758
主控制器板（低位箱）	100～1757
微型控制器板（高位箱）	100～1781
微接口板（高位箱）	100～1759
光路系统电路板（高位箱）	100～1841
PMT 缓冲板（高位箱）	100～0140

（13）常用标气。

① H_2S 标气：10ppm/高纯余 N_2，4L/9MPa 钢瓶装。

② COS 标气：70ppm/高纯余 N_2，4L/9MPa 钢瓶装。

③ CH_3SH 标气：35ppm/高纯余 N_2，4L/9MPa 钢瓶装。

18.4　高压天然气水含量分析

18.4.1　检测原理

晶体振荡式微量水分析仪的敏感元件是水感性石英晶体，它是在石英晶体表面涂覆了一层对水敏感（容易吸湿也容易脱湿）的物质。当湿性样品气通过石英晶体时，石英表面的涂层吸收样品气中的水分，使晶体的质量增加，从而使石英晶体的振荡频率降低。然后通入干性样品气，干性样品气萃取石英涂层中的水分，使晶体的质量减小，从而使晶体的振荡频率增高。在湿气和干气两种状态下振荡频率的差值，与被测气体中水分含量成比例。由于吸附和脱附的交替转换，使晶体表面质量发生变化，从而振荡频率发生变化，水分浓度通过测量晶体振荡频率的变化而被测出来，测量流程如图 18-39 所示。

校验时，干气通过内部的水分发生器，加入一定量的水分，形成校验用的标气。传感器交替通入干参比气和水分发生器来的标准气，测量出标准气的水分含量值，测出的水分含量值与储存的标准数值比较，如果数值在允许范围内，分析仪会自动调整校准，如果数值超出允许范围，会发出报警信号，需更换水分发生器，校正流程如图 18-40 所示。

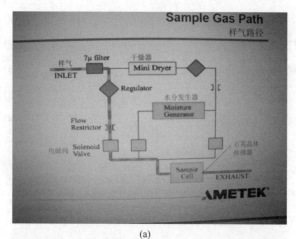

(a)

(b)

图 18-39　参比气测量流路原理图

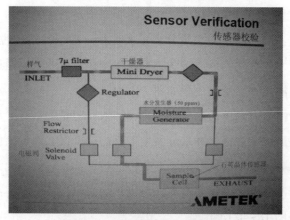

图 18-40　传感器校验流程原理图

18.4.2　仪表组态设置

用 RS-232 通信线，建立电脑与分析仪通信。用 3050 软件对分析仪进行组态。

1. "General" 组态设置（组态软件-总栏）（图 18-41、图 18-42）

点击菜单栏中的 Setup，对设置项进行如下组态：

Port：选择通信口与计算机连接（COM1）；

Baud Rate：选择通信波特率（9600 或 19200）（9600）；

RS-232：选择 RS-232 作为通信方式。

右则框内显示如下信息：

Analyzer Serial Number（分析仪序列号）：123456789；

Sensor Serial Number（传感器序列号）：22334；

Moisture Generator（水分发生器序列号）：123456789045；

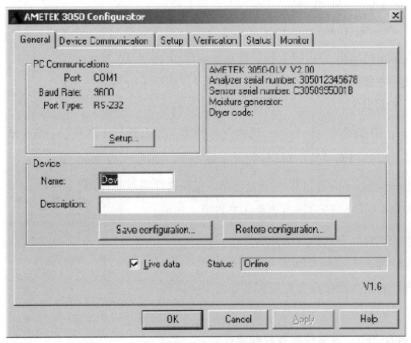

图 18-41　General 组态设置

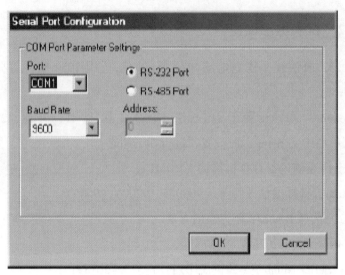

图 18-42　RS-232 通信方式信息

Dryer Code（干燥器编码）：1234567；

Live data（实时数据）：实时跟踪在线数据。

2. "Device Communication"（仪表通信）组态设置

如果用户使用 MODBUS 通信模式，请按图 18-43 设置。

波特率选择 9600，RS-485 地址选择 1，选择 4 线制 RS-485。

3. "Setup"（'Setup' 栏软件）组态设置。

Gas：根据所测气体介质，选择气体种类，如天然气、氮气、一氧化碳等。

Units：选择测量数出单位，如：ppmv，dewpoint，mg/Nm^3 等。

Process pressure：过程气压力选择，仅在选择露点时使用。

Sensor Saver：传感器石英晶体节省模式运行。

Gas Saver：节省样气模式运行。

选择确定 4~20mA 输出对应关系。

选择确定高低限报警对应关系如图 18-44 所示。

4. "Verification"（校验）组态设置（图 18-45）

Verify Now：分析仪在线校验选择健。

Calibrate after verify：校验后标定。在选择了 Verify Now 同时要选择。

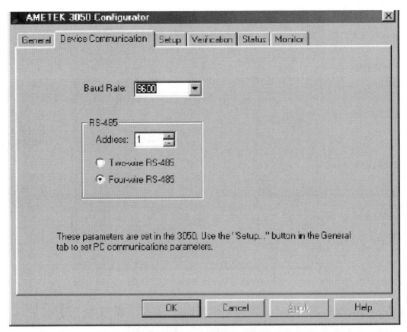

图 18-43　MODBUS 通信模式

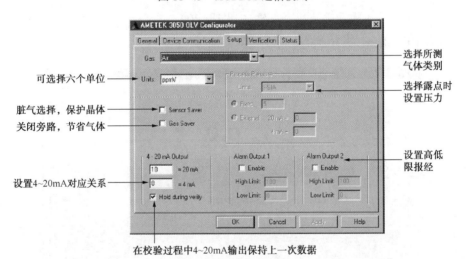

在校验过程中4~20mA输出保持上一次数据

图 18-44　Setup 组态设置

Verification duration：校验周期。通常工厂已设定，无需更改。

Scheduled Verfication：校验时间安排计划。

用户可更具实际需要选择设定，Never，Daily，Weekly，Monthly 等。

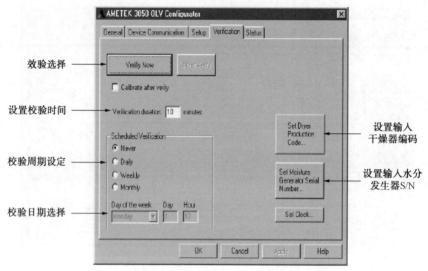

图 18-45 Verification 组态设置

Set dryer production Code：更换干燥器时，输入干燥器生产编号。

Set Moisture Generator Production Code：更换水分发生器时，输入生产编号。

5. "Status"（状态栏）组态设置（图 18-46）

DEMO Online：离线状态。

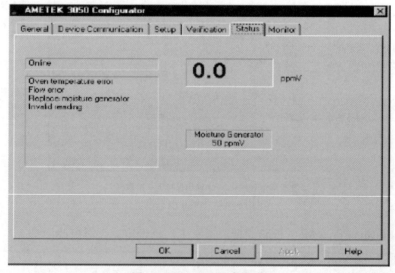

图 18-46 Status 组态设置

314

Online：在线状态。

Temperature Error：温度超限提示。

Flow Error：样气流量超限提示。

Replace the Moisture Generator：更换水分发生器提示。

Invalid Reading：读数错误。

Moisture Generator：水分发生器，标称值 50ppm。

6. "Monitor"（监视）组态显示 4.4474（图 18-47）

Moisture Concentration：水分浓度，以 ppmv 为单位表示。

Delta Frequency：石英晶体频率差值，以 Hz 为单位表示。

Sensor Frequency：石英晶体震荡频率，以 Hz 为单位表示。

Sensor Temperature：石英晶体温度，以℃为单位表示。

Electronics Enclosure Temp：分析仪箱内温度，以℃为单位表示。

Flow：样气流速，以 sccm 为单位表示。

Process Pressure：过程气体压力值，通常以 kPa 表示。

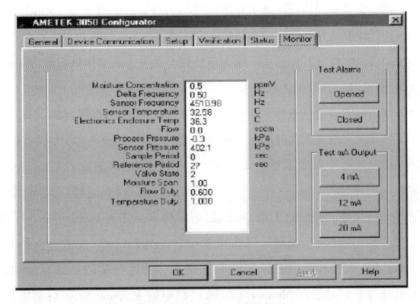

图 18-47　Monitor 组态设置

Sensor Pressure：石英晶体承受压力，以 kPa 表示。

Sample period：采样周期。以 s 为单位表示。

Reference Period：参比气周期。以 s 为单位表示。

Test Alarm：测试触点报警按键。

Open：打开；Closed：关闭。

Test Ma Output：测试毫安电流输出。

4mA 输出；12mA 输出；20mA 输出。

18.4.3　仪表开机和校正步骤

（1）检查样气管线和电气连接准确无误后，在机柜室 UPS 配电柜给仪表上电（如现场仪表上保险已断，则插上保险），仪表上电升温。等待石英晶体温度到达 60±1℃。正常情况下，分析仪需通电稳定 2~3d 才能进入正常工作状态。

（2）进样分析时，断开预处理箱进入仪器接口，打开采样气隔离阀，吹扫 10min，以便将附着在管路中的水分和污物吹扫干净。

（3）调整预处理箱内样气压力调节阀使压力表显示压力为 25~30psi（0.17~0.2MPa），打开液气分离器吹扫 3~5min 后关闭，连接样气入口。

（4）如仪表干燥气开关已关，则调节旋钮至最大。调节预处理箱内旁路流量计流量为 300 L/h，样气进入仪器，开始分析。

（5）仪表设置为干气进样 120 s，湿气进样 30 s，一个周期 150 s，每 150s 周期后，仪表就测定出天然气的露点温度。

（6）正常运行中仪表设置为每周进行一次校准。仪表在开机投运或运行不正常时，需手动对其进行校准，其校准方法是：仪表通样气运行稳定后，用电脑与分析仪建立通信，打开 3050 组态软件，点击"Verification"（校准）栏，打开"Verification"菜单，点击菜单中"Verify Now"按钮，仪器开始校验。15min 后，仪器校验完成，回到测量状态，并将校验后新计算的 Moisture Span（水分因子）显示在 Monitor（监视）栏中的 Moisture Span 后面框中。如图 18-48 所示。

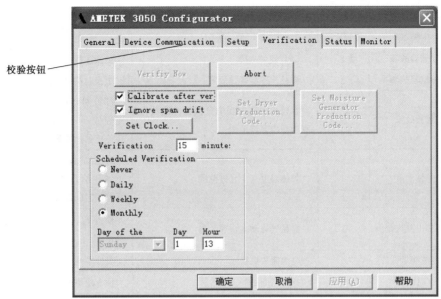

校验按钮

图 18-48 校验界面

18.4.4 仪表停机步骤

（1）短期停机，直接关断预处理箱内样气隔离阀，停止样气进入仪器。

（2）长期停机，先关断进样阀后，然后切断仪表电源，并把干燥气开关阀（仪表机箱内绿色旋钮）关掉。

18.4.5 LED 状态灯和报警状态

仪表右侧使用三个 LED 就地显示系统的状态。

（1）绿色 Power 灯亮表示电源正在供给系统。

（2）黄色 Status（状态）灯代表样品气流动情况，Status 灯闪烁表示正在测量样品气体，Status 灯灭时表示传感器正在通过干燥参比气。

（3）红色 Alarm 灯表示浓度、数据有效性和系统警报。如果有浓度报警，则红色灯亮。当有系统报警时，红色 Alarm 灯会显示故障原因。红色 Alarm 灯会如表 18-5 所示闪烁的次数亮 1s、灭 1s。闪烁完成后，Alarm 灯会关闭 5s。在间歇终点，再次重复这个过程。如果系统有多重报警发生，系统会显示最优先的报警直至解除。报警按优先顺序列出，最优先的报警有最少的闪烁次数。

表 18-5　常见报警统计分析处理

报 警 源	报警次数	原　　因	处 理 方 法
存储器故障	1	CPU 硬件故障	更换主板上的存储器
传感器故障	2	样品传感器硬件故障	更换石英晶体传感器
校验故障	3	在校验循环过程中分析仪性能被检测为超出允许范围	校验期间校验值误差超过允许值，一般情况是晶体振荡传感器出故障，需进换
炉体温度	4	炉体温度高于允许范围	加热炉温度超过允许值，炉体开始升温时出现，或打开箱门时间过长
流速超出允许范围	5	样品气流动太快或太慢	检查入口和出口的压力是否正常
电池能量低	6	电池需要更换	更换电池
参比气	7	参比气问题	检查或更换干燥器
箱内温度	8	内部过热	仪器箱内温度过高，室温应低 80℃
水分发生器日期	9	水分发生器过期	更换水分发生器
干燥器报警	10	干燥器即将过期	更换干燥器
读数报警	11	水分超出用户设定的范围，分析仪离线校验，压力超出露点校正范围	检查报警设定并用调试软件查明错误原因

18.4.6　常见故障处理（表 18-6）

表 18-6　常见故障分析处理

故 障 现 象	原 因 分 析	故 障 处 理
Ststus（状态）栏出现"replace moisture generator（更换水分发生器）"报警	水分发生器失效	更换水分发生器
Ststus（状态）栏出现"replace dryer 或 reference gas error（更换干燥器）"报警	干燥器失效	更换干燥器
Ststus（状态）栏出现"cell error 或 replace cell（更换传感器）"报警	晶体振荡传感器失效	更换晶体振荡传感器
Ststus（状态）栏出现"calibration error"报警	晶体振荡传感器出故障，导致校验期间校验值误差超过充许值	更换晶体振荡传感器

18.4.7　仪器维护保养

1. 日常检查维护

（1）每天对预处理箱内样气压力、空气调节阀、旁路流量进行检查。

（2）每天查看分析仪内报警灯是否报警，如有报警，用电脑连接后查看报警状况，分析报警原因，并及时进行处理。

（3）每周用电脑定期查看仪表运行情况：是否有报警提示，水分浓度值是否正常，石英晶体工作是否正常，箱内部温度是否正常（60℃），传感器温度是否正常（60℃±1℃），样气流速是否正常（50mL/min±5mL/min）。如有不正常，查找故障原因，并及时进行处理。

（4）每6个月对气液分离器，污物过滤器进行检查清洗，如有必要更换过滤膜。

（5）干燥器和污物过滤器，视所测气体介质情况每1~1.5年更换一次。

（6）一般情况下，水分发生器和石英晶体传感器每1~3年更换一次。

2. 维护注意事项

（1）监视栏中的样气流量（50SCCM）、石英晶体温度（60℃）、传感器压力、进样和校验状态下的样气周期和参比气周期等数值是由厂家生产调试时已设置好了的，无需现场调试设置。样气压力（process pressure）80 Bar 是在 Setup 状态栏 Fixed 中设定。Moisture span（水分量程校正因子）是在 Verfication（校验）栏中勾选"Calibrate after verify（检查后校准）"，每次校正后自动生成的校正因子。

（2）仪表在进样气校验时，湿气和干气交替进行，每一分析周期进行一次吸附和脱附。在 3050 软件 setup 栏中，如勾选了 Senser saver（传感器保护）和 Gas saver（气体节省），则湿气（吸附）为 30 s，干气（脱附）为 120 s，一个周期 150 s；如不勾选 senser saver 和 Gas saver，则湿气（吸附）和干气（脱附）都为 30 s，一个周期 60 s。在校验时，湿气（吸附）和干气（脱附）也都为 30 s，一个周期 60 s。这些都是厂家在生产调试时已设置好，无需组态设置。

（3）仪表上 status（状态）显示灯闪烁时，表示仪表正在进样气，status（状态）显示灯熄灭时，表示仪表正在进参比气（经过干燥器后的气体）。

（4）更换水分发生器或干燥器后，需在 Verfication（校验）栏中设置干燥器和水分发生器的序列号，并在 General 栏中 Save configuration（保存设置）。只要更换了水分发生器、干燥器、传感器、质量流量计、EPROM、主电路板，就必须 Save configuration（保存设置）。

（5）一、二、三联合水分分析仪单位都选成 dep point C.（露点），4~20mA 量程输出设置为−50~50 露点值，process pressure（过程气压力）下面的 untis（单位）选 Bar，点选 Fixed（固定值），框中设置成 80 Bar（≈8MPa）。仪表仅在选择露点温度单位时才选择输入过程气压力值。

（6）在通样品气之前，应把样品气管线与仪器连接处断开，样品气管线对大气吹扫 3~5min，以确保管线干净不含脏物及样品气中不含液体物质和油雾或水雾气。

（7）预处理箱样品气输入仪器压力应调节在 20~30psi（0.15~0.2MPa），推荐设定值 25psi，旁通流量计流量为 300 L/h。

（8）连接干燥器前面的小管是乙二醇脏污过滤器，用于过滤样气中的污物。仪表正常运行时，干燥器出口调节阀一般要求全开。

（9）常用备品备件及部件编号：

部件名称	部件号
水分发生器（50ppm）	305010901s
传感器组件	305122901s
干燥器	305400901s
微处理器主板	305110901
接口电路板	305113901
压力传感器	305450901s
7μ 过滤器	305448901s
24V 电源	230550001
保险丝（3.15A）	280750251
保险丝（0.125A250V）	280750238
流量计	305449901s

18.5　加氢尾气 H_2 含量分析

18.5.1　检测原理

经过预处理的样气进入红外检测器测出 CO_2 含量（作为热导检测双组分的交叉补偿），然后进入热导检测器准确分析出 H_2 含量。热导式气体分析仪是基于不同气体具有不同的热导率以及混合气体热导率随其被测成分含量变化这一物理特性进行工作的分析仪。其原理满足公式（18-6）：

$$C_1 = (\lambda - \lambda_2)/(\lambda_1 - \lambda_2) \tag{18-6}$$

式中　C_1——混合气体中 H_2 体积分数；

　λ——混合气体的热导率；

　λ_1——H_2 热导率；

　λ_2——背景气中某种组分的热导率（主要是 CO_2 的热导率）。

18.5.2　仪表组态设置

1. 标气浓度设置

（1）按上下左右键的任意一个键，进入主菜单，再按向下键，选择 Setup 菜单，按 Enter 键，进入 Setup 菜单。

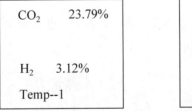

（2）Setup 菜单中选择 Calibration.，按 Enter 键，进入如下菜单。

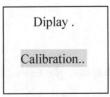

（3）选择 Calibation gases，按 Enter 键，进入组分选择菜单。

```
Calibation gases

Tol.check：off 允许偏差检查关闭


Hold  on  Cal：Yes

▼Purgetine：0S
```

（4）选 CO_2 、H_2 按 Enter 键，进入如下菜单。

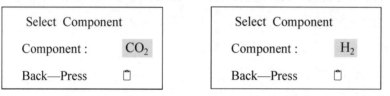

```
Select  Component          Select  Component

Component：    CO2         Component：    H2

Back—Press      □          Back—Press      □
```

（5）设置 CO_2 的零点气浓度和量程气浓度，按 Enter 确认，再按返回键到选择组分菜单，再设置 H_2 的零点气和量程气浓度值。

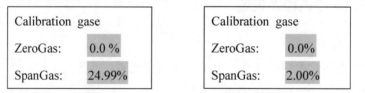

```
Calibration gase          Calibration gase

ZeroGas：   0.0 %         ZeroGas：   0.0%

SpanGas：  24.99%         SpanGas：   2.00%
```

2. 模拟量量程输出设置

（1）按上下左右键的任意一个键，进入主菜单，再按向下键，选择 Setup 菜单，按 Enter 键，进入 Setup 菜单。

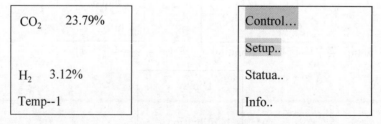

```
CO2     23.79%            Control…

                         Setup..

H2     3.12%             Statua..

Temp--1                  Info..
```

（2）Setup 菜单中选择 In/Outputs，按 Enter 键，进入如下菜单：

```
┌─────────────────────────┐
│                         │
│  Analog outputs         │
│                         │
│  Digital outputs        │
│                         │
│  Intsns                 │
│                         │
└─────────────────────────┘
```

```
┌─────────────────────────┐
│    Analog  outputs      │
│  Signal Range:4~20mA    │
│  Hold  On cal  no       │
│  Output1                │
│  Output2                │
└─────────────────────────┘
```

（3）选择 Analog outputs，按 Enter 键，进入 Analog Outputs 菜单，按上、下键选择 Signal Range：4~20mA，将其设置为 4~20mA，按 Enter 键保存设置。

（4）连续按向下键，选中 Output1，按 Enter 键，设置 CO_2 在 LowScale（4mA）对应的输出值为 0%，CO_2 在 HighScale（20mA）对应的输出值 30%，按 Enter 键保存设置。选中 Output2，按 Enter 键，设置 H_2 在 LowScale（4mA）对应的输出值为 0%，H_2 在 HighScale（20mA）对应的输出值 5%，按 Enter 键保存设置后，返回主菜单。

```
┌─────────────────────────┐
│  Signal：comp-1         │
│  Lowscale： 0%          │
│  Highscale： 30%        │
└─────────────────────────┘
```

```
┌─────────────────────────┐
│  Signal：comp-2         │
│  Lowscale： 0%          │
│  Highscale： 5%         │
└─────────────────────────┘
```

18.5.3　仪表标定

1. 零点标定

（1）连接好零点气钢瓶，打开钢瓶主阀，调节阀压力调整为 0.05MPa，调节进入仪表的流量为 30 L/h。待 CO_2、H_2 的数值稳定后，进行如下操作。

（2）按上下左右键的任意一个键，进入主菜单，再按向下键，选择 Control，按 Enter 键，进入零点气和量程气校准菜单。

```
┌─────────────────────────┐
│  Zero   Calibration..   │
│  Span    Calibration..  │
│  Adv. Calibration..     │
│  ▼Apply   gas..         │
└─────────────────────────┘
```

```
┌─────────────────────────┐
│  CO₂      23.79%        │
│                         │
│  H₂      3.12%          │
│  Temp--1                │
└─────────────────────────┘
```

（3）选中 Zero Calibration，按 Enter 键，选择需校正的组分，按 Enter 键，选中 Start Calibration，按 Enter 键，开始标定。面板上显示标定倒计时。标定结束后，按左键，返回到标定菜单。

Select		Calibration		Gasflow Zero gas
				CO_2 0ppm
Componet : CO_2		Start calibration		Procedure Zering
				Time 40s 倒计时

（4）所有组分可以同时进行零点校正，其方法是在标定菜单中选择 Adv. Calibration，按 Enter 键，再选中 zeroAll，按 Enter 键，开始对所有组分零点进行校正。校正结束后返回测量栏。

Zero		Control...		ZeroAll
Calibration..		Setup..		SpanAll.
Span		Statua..		▼
Calibration..		Info..		

2. 量程标定

（1）连接好量程气钢瓶，打开钢瓶主阀，出口压力调整为 0.05MPa，调节进入仪表的流量为 30L/h。待 CO_2、H_2 数值稳定后，进行如下操作。

（2）标定时先标定 CO_2，后标 H_2。按上下左右键的任意一个键，进入主菜单，再按向下键，选择 Control，按 Enter 键，进入 Control 菜单。

CO_2 23.79%		Control...		Zero
		Setup..		Calibration..
H_2 3.12%		Statua..		Span
Temp--1		Info..		

（3）选中 Span Calibration，按 Enter 键，选择需校正组分 CO_2，按 Enter 键，选中 Start Calibration，按 Enter 键，开始标定。面板上显示 CO_2 标定倒计时。标定

结束后，按左键，返回到标定菜单。

Select		Calibration		spanflow span gas	
Componet :CO₂		Start calibration		CO₂ 24.99 ppm	
				Procedure spaning	
				Time 40s 倒计时	

（4）按上面同样的方法对 H_2 进行标定。

3. 仪表的特殊标定和样气投用（此法是在增加脱水罐和抽吸泵前的标定法）

（1）由于测量样气压力太低，进样需用文丘里管抽气引流。但文丘里管是否抽气以及在不同的抽气压力下其 H_2 含量值存在很大差别，且抽气压力越大，H_2 含量越低。这是因为在抽气状态下，仪器测量室形成一定负压，使气体浓度降低所致。为了减小测量误差，因此用标气标定时，要同样模拟在样气进样状态下的抽气压力，以抵消由于抽气状态下形成的负压而造成的测量误差。

（2）由于样气排放管路背压太高，进样分析时无法排放，因此，一、二、三联合全部将样气排放管线拆开，让样气排空。所以预处理箱

（3）由于以上原因，标定时需按以下步骤进行：

① 完全关旁路阀，打开样气进样阀和样气干燥氮气阀，慢慢调节预处理箱内氮气总阀，使进样流量计流量为 30L/h，固定氮气调节阀不动，使抽气量保持不变。

② 打开零气和量程气阀，将预处理箱内的四通阀转到零气位置，调节零气调节针阀，使进样流量计流量为 30L/h，待仪表稳定后，用磁棒对仪表进行标零。

③ 零点标定完成后，四通阀转到量程气位置，调节量程气调节针阀，使进样流量计流量为 30L/h，待仪器稳定后，用磁棒对仪表进行量程气标定。标定使注意先标 CO_2，再标 H_2。

④ 标定完成后，将四通阀转到样气位置，即可开始进样分析。这样就保证了标定和工艺气状态下同样的抽气量，从而抵消由于抽气压力不同造成的分析误差。

18.5.4　仪表开机步骤

（1）仪表上电之前，先检查电气连接和接地是否已接好。打开预处理箱，检查所有管路及流量计是否干净无水汽或水滴。

（2）第一次或是停车后重新开车进样气之前，要检查取样管线是否已彻底吹扫干净；测量后尾气排放管路无背压或基本无背压（不大于 0.2kg）。

（3）准备进样气前，先检查内部测量及旁路流量计是否都已关闭，标定/测量切换阀门位于测量管路位置。

（4）打开氮气减压阀，将氮气导入开始引样品流。注意引流氮气不能开得过高，在 0.1MPa 左右就行，如开得过高，会造成抽气负压高，影响 H_2 的分析结果。

（5）打开样气阀，打开旁路流量计（流量大约为 40~60L/h），使样气流通大约 5min。

（6）慢慢打开测量流量计，流量调整为大约 30L/h，使样气进入仪器开始分析。

（7）再次检查机柜内部管路是否存在漏气点。

（8）等待大约 0.5~1h，仪表预热结束后，对仪表进行标定。

（9）标定时，先做零点，再做量程点；量程气标定，应先进行 CO_2 标定，然后再进行 H_2 标定；标定时应与样气分析在同样的引流气压力和同样的流量下进行。

（10）标定结束后，引进样气开始正常测量分析。

18.5.5　仪表停机步骤

（1）切断进样阀。

（2）依次关闭氮气减压阀，测量及旁路流量计。

（3）将机柜外进样阀及尾气排放阀关闭，使仪表完全脱离装置。

（4）仪表如果不是长期停机，最好不要切断电源。

18.5.6　常见故障处理（表18-7）

表 18-7　常见故障分析处理

故 障 现 象	原 因 分 析	故 障 处 理
H_2 测量值偏高或偏低，用标气无法校正	CO_2 测量池和 H_2 热导池进水	仪表氮气吹扫测量池数小时
	CO_2 测量池和 H_2 热导池被污染	用无水乙醇清洗 CO_2 测量池后，再用氮气吹干
H_2 测量值偏低，用标气校正后仪表运行正常	进样系统漏气，导致空气被抽进仪表	处理进样系统漏点
	进样系统被硫黄堵塞，样气流量计无流量	用氮气吹通进样系统管线
	H_2S 报警仪故障或样气漏气致使 H_2S 报警仪报警，导致进样电磁阀关闭，样气无法进入仪表	修复 H_2S 报警仪或处理样气漏点
CO_2 和 H_2 测量值无变化，关闭仪表电源重启后，仪表屏又无显示，维护灯闪烁，仪表内切光片不转动	仪表电源部分电压输出有故障，一是显示屏显示电压有问题，二是切光片转动马达电压有故障（测试马达电压只1V），由此可确定是主控制电路板的故障	更换主控制电路板
仪表按键无效	按键板故障	更换按键板
	按键电路板故障	更换按键电路板
仪表更换测量池或检测器等部件后无法正常运行或标定	可以恢复出厂设置后再重新标定，恢复出厂设置的方法是：选 Setup→按 Enter→选 Save Load→按 Enter→选 FactDate→按 Enter→选 Yes→按 Enter，即可恢复成出厂设置。恢复出厂设置后要进行以下四项工作：①将模拟量程选择成 4~20mA ②将 Setup→calibration→Tol. check on 中的 on 改成 off，即将偏差检查开关关闭，否则无法校验 ③重新设置 CO_2 和 H_2 标气的零点和量程浓度值 ④重新设置 CO_2 和 H_2 4~20mA 对应的模拟输出值	

18.5.7　仪器维护保养

1. 日常检查维护

（1）每天检查样气预处理系统：抽吸泵运行状况、样气流量是否正常、H_2 测量值是否正常等。

（2）每周排放一级、二级脱水罐内冷凝水。

（3）每周对仪表进行一次标定，最长不超过两周。

（4）定期检查 H_2S 有毒气体报警仪运行状况。

2. 维护注意事项

（1）仪表一般不要断电，如因维护或长期停用需断电，则在上电之后，一定要保证仪表充分预热及标定后才可投用。

（2）因样气中 H_2S 含量特别高，仪表预处理部分维护时，一定要先关闭样气隔离阀后再进行维护。

（3）仪表内检测部分结构为：仪表内部右上边的是 CO_2 测量池和检测器，左下边黄色的是 H_2 热导池。

（4）预处理箱内有一电加热器，供箱内加热，以防样气中的硫在管道中凝结。其温度是通过箱内一黑色圆柱状的温控开关来控制的。当温度高于设定值时，开关断开，加热器停止加热；当温度低于设定值时，开关接通，加热器加热。

（5）仪表样气出口不能产生较大的背压，即仪表排气口不能有堵，否则会使 CO_2、H_2 测量值产生不可想象的值，无法校正，甚至可能损坏仪表。

（6）H_2S 报警仪出现故障，如无备件或一时不能修复，可将报警仪内 TB3 端子排上的 4~5 脚短接，让电磁阀一直带电，使样气进入仪表。

（7）常用备品备件

①热导检测器；②CO_2 检测器；③CO_2 检测池；④微处理器电路主板；⑤接口电路板。

（8）标气要求

① 2.5%正成烷/余 N_2 40L /1.2MPa 瓶装标准气；

② 2.50%正成烷、2.00% H_2、25.00% CO_2/余 N_2 40L /1.3MPa 瓶装标准气。

18.6 含硫天然气尾气排放 SO_2 测定

18.6.1 检测原理

烟道气（样气）经预处理装置脱水、除尘成为干气后，依次进入紫外光检

测器检测 SO_2，电池式氧传感器检测 O_2，检测信号经过放大处理后计算出 SO_2 和 O_2 含量。其 SO_2 和 O_2 的检测原理如下。

1. SO_2 检测原理——紫外吸收光谱法

SO_2 紫外吸收光谱法，是基于 SO_2 对紫外光谱有选择性吸收，其特征吸收波长是 280nm。当原始紫外光 I_0 通过测量池时，样气中的被测组分 SO_2 吸收 280nm 波长处的紫外光谱，吸收后经单色滤光片滤波，然后通过光电二极管检测器检测，该检测信号通过对数放大器转换为吸光率，吸光率与样气中被测 SO_2 的浓度成正比。其吸收原理符合朗伯-比尔定律。

2. O_2 检测原理——燃料电池式电化学法原理。

它使用酸性液体燃料电池氧传感器，其原理结构图如图 18-49 所示。

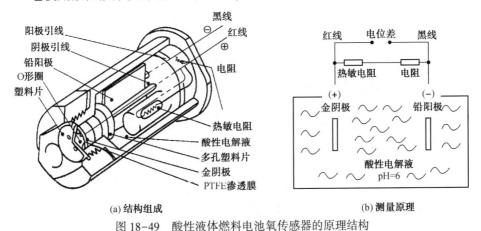

(a) 结构组成　　　　　　　　　　　　　　　(b) 测量原理

图 18-49　酸性液体燃料电池氧传感器的原理结构

该酸性液体燃料电池由金阴极+铅阳极+醋酸电解液组成。

电极反应如下：

金阴极：$O_2+2H_2O+4e^- \longrightarrow 4OH^-$

铅阳极：$2Pb+4OH^- \longrightarrow 2PbO+2H_2O+4e^-$

电池综合反应：$O_2+2Pb \longrightarrow 2PbO$

被测气体经过 PTFE（聚四氟乙烯）渗透膜进入燃料电池，气样中的氧在电池中进行上述的氧化还原反应，外接电路形成电流，输出的电流与氧的浓度成正比。此电流信号通过测量电阻和热敏电阻转化为电压信号，经前置放大器放后送入微处理器进行处理，然后以 4~20mA 电流信号输出。

该燃料电池中的铅（Pb）在反应中不断变成氧化铅，直至铅电极耗尽为止，就像某些燃料不断氧化燃尽一样。因此该液体燃料电池具有一定的寿命。铅阳极消耗完，电池寿命就终结。且所测氧浓度越大，阳极消耗越多，电池寿命就越短。电池一旦达到寿命，读数锐减至零，此时必须更换新电池。

18.6.2　仪表组态设置

1. 标气浓度设置

（1）按上下左右键的任意一个键，进入主菜单，再按向下键，选择 Setup 菜单，按 Enter 键，进入 Setup 菜单。

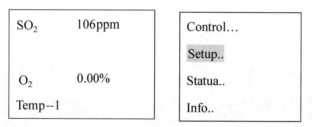

（2）Setup 菜单中选择 Calibration，按 Enter 键，进入如下菜单。

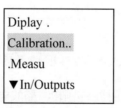

（3）选择 Calibation　gases，按 Enter 键，进入组分选择菜单。

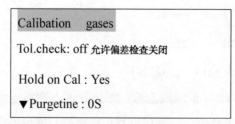

（4）选 SO_2 和 O_2，按 Enter 键，进入如下菜单。

330

Select　Component			Select　Component
Component :	SO$_2$		Component :	O$_2$
Back-Press			Back-Press

（5）设置 SO$_2$ 零点气的浓度和 SO$_2$ 量程气的浓度，按 Enter 确认，再按返回键到选择组分菜单，再设置 O$_2$ 的零点气和量程气浓度值。

Calibration　gase	
ZeroGas:	0.0 ppm
SpanGas:	103 ppm

Calibration　gase	
ZeroGas:	0.0%
SpanGas:	10%

2. 模拟量量程输出设置

（1）按上下左右键的任意一个键，进入主菜单，再按向下键，选择 Setup 菜单，按 Enter 键，进入 Setup 菜单。

| Diplay .|
| Calibration....|
| Measurment |
| ▼In/Outputs |

SO$_2$	106ppm
O$_2$	0.00%
Temp-1	

（2）Setup 菜单中选择 In/Outputs，按 Enter 键，进入如下菜单。

| Analog　outputs |
| Digitaloutputs |
| Intsns |

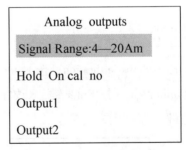

| Analog　outputs |
| Signal Range:4—20Am |
| Hold On cal no |
| Output1 |
| Output2 |

（3）选择 Analog outputs，按 Enter 键，进入 Analog Outputs 菜单，按上、下键选择 Signal Range：4~20mA，将其设置为 4~20mA ，按 Enter 键保存设置。

（4）连续按向下键，选中 Output1，按 Enter 键，设置 SO_2 在 LowScale（4mA）对应的输出值为 0ppm，SO_2 在 HighScale（20mA）对应的输出值 2098 ppm，按 Enter 键保存设置。选中 Output2，按 Enter 键，设置 O_2 在 LowScale（4mA）对应的输出值为 0%，O_2 在 HighScale（20mA）对应的输出值 25%，按 Enter 键保存设置后，返回主菜单。

```
Signal : comp-1

Lowscale:  0ppm

Highscale:   2098ppm
```

```
Signal : comp-2

Lowscale:   0%

Highscale:   25%
```

18.6.3 仪表标定

1. 零点标定

（1）连接好零点气钢瓶，打开钢瓶主阀，调节阀压力调整为 0.05MPa，调节进入仪表的流量为 30 L/h。待 SO_2 和 O_2 的数值稳定后，进行如下操作。

（2）按上下左右键的任意一个键，进入主菜单，再按向下键，选择 Control，按 Enter 键，进入零点气和量程气校准菜单。

```
Control...

Setup..

Statua..

Info..
```

```
SO₂        106ppm


O₂    0.00%

Temp-1
```

（3）选中 Zero Calibration，按 Enter 键，选择需校正的组分，按 Enter 键，选中 Start Calibration，按 Enter 键，开始标定。面板上显示标定倒计时。标定结束后，按左键，返回到标定菜单。

```
Select

Componet : SO₂
```

```
Calibration

Start  calbration
```

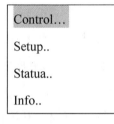

（4）所有组分可以同时进行零点校正，其方法是在标定菜单中选择 Adv. Calibration，按 Enter 键，再选中 ZeroAll，按 Enter 键，开始对所有组分零点进行校正。校正结束后返回测量栏。

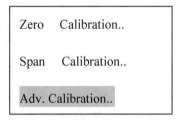

2. 量程标定

（1）连接好 SO_2 量程气钢瓶，打开钢瓶主阀，调节阀压力调整为 0.05MPa，调节进入仪表的流量为 30L/h。待所标数值稳定后，进行如下操作。

（2）按上下左右键的任意一个键，进入主菜单，再按向下键，选择 Control，按 Enter 键，进入 Control 菜单。

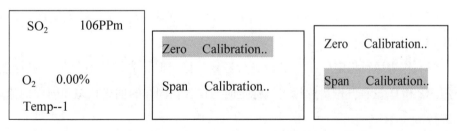

（3）选中 Span Calibration，按 Enter 键，选择需校正组分 SO_2，按 Enter 键，选中 Start Calibration，按 Enter 键，开始标定。面板上显示 SO_2 标定倒计时。标定结束后，按左键，返回到标定菜单。

Select
Componet : SO₂

Calibration
Start calibration

spanflow span gas
SO₂   0 ppm
Procedure spaning
Time   40 s 倒计时

（4）按上面同样的方法对 O_2 进行标定。

18.6.4　仪表开机步骤

（1）仪表上电之前，先检查电气连接和接地是否已接好，预处理面板上所有管路及流量计是否干净无水汽或水滴。

（2）打开室外仪表空气总阀，调节压力为 0.5MPa。调节室内预处理面板上空气减压阀，使其压力为 0.2～0.3MPa，调节旋风制冷器尾部的流量调节旋钮，旋风制冷器开始制冷。

（3）关闭测量流量计，打开样气进样阀和旁路流量计，开启采样泵，开始抽取样气，让样气在旁通流量计流通。

（4）调节旋风制冷器旋钮，使其样气温度冷却至小于8℃。

（5）全开测量流量计，调节旁路流量计使测量流量计流量为 30L/h，样气进入仪器开始分析。

（6）再次检查预处理面板上管路是否存在漏气点。

（7）让采样泵循环回路阀开启一定开度，以避免因样气管线被堵而烧坏采样泵。

（8）仪表运行稳定后，对仪表进行标定。标定时，先用纯氮气做零点标点，再用 SO_2 和 O_2 量程气做量程标定。标定时与样气在同样的抽气状态和同样的流量下进行。

（9）标定结束后，开始正常测量分析 。

18.6.5　仪表停机步骤

（1）切断进样阀 。

（2）关闭采样泵，依次关闭空气减压阀，测量及旁路流量计。

（3）仪表如果不是长期停机，最好不要切断电源。

18.6.6 常见故障处理（表 18-8）

表 18-8 常见故障分析处理

故障现象	故障原因	检查步骤	故障处理
样气无流量	取样探头或取样管线堵塞	断开一级脱水罐前面进样管线后就有流量，说明是取样探头或取样管线被堵塞	用高压泵打通取样管线或探头，再用返吹空气吹干
	样气预处理部分有堵塞	断开一级脱水罐前进样管线后还是无流量，一般是因致冷空气量调节不合适导致一二级脱水罐结冻堵塞	调低旋风器致冷空气量，让脱水罐内的冰解冻
	隔膜泵坏	泵进出口单向阀堵塞，或泵膜穿孔，或隔膜泵电机坏，不转动，致使无法抽吸样气	清洗单向阀，更换新的泵膜，修复泵电机
O_2 含量偏高，SO_2、NO_2 含量偏低	SO_2、NO_x 与水结合，生成酸性物质，导致取样管线被腐蚀而泄漏	取样管线泄漏，导致空气被抽进样气系统，致使 O_2 含量偏高，SO_2、NO_x 含量偏低	堵头堵住管线一端，另一端加压，用试漏液检查漏点，查出后焊补漏点或更换取样管线
	预处理装置泄漏	预处理装置管线或接头泄漏，导致空气被抽进样气系统，致使 O_2 含量偏高，SO_2、NO_x 含量偏低	向预处理管线内加压后用试漏液检查管线和接头，查出漏点后更换管线或紧固接头
	隔膜泵泵膜穿孔	隔膜泵泵膜穿孔，导致空气被抽进样气系统，使 O_2 含量偏高，SO_2、NO_x 含量偏低	更换泵膜
SO_2 测量值不稳定，时高时低，有时呈负值	SO_2 测量池进水	打开仪表外盖，拆下 SO_2 测量池进行检查	干燥氮气或空气吹扫测量池数小时
	SO_2 测量池被污染	打开仪表外盖，拆下 SO_2 测量池进行检查	用无水乙醇清洗测量池并用氮气吹干后投用

续表

故障现象	故障原因	检查步骤	故障处理
O₂测量值不稳定,或 O₂ 值一直偏低,无法用标气标定	氧电池传感器内铅已耗尽,已到寿命终点	拆下氧电池传感器进行检查	更换新的氧电池传感器
仪表更换测量池或检测器等部件后无法正常运行或标定	可以恢复出厂设置后再重新标定,恢复出厂设置的方法是: 选 Setup→按 Enter→选 Save Load→按 Enter→选 FactDate→按 Enter→选 Yes→按 Enter,即可恢复成出厂设置。恢复出厂设置后要进行以下四项工作: ①模拟量程选择成 4~20mA ②将 Setup→calibration→Tol. check 中的 on 改成 off,即将偏差检查开关关闭,否则无法校验 ③重新设置 SO₂ 和 O₂ 标气的零点和量程浓度值① ④重新设置 SO₂ 和 O₂ 4~20mA 对应的模拟输出值		

18.6.7　仪器维护保养

1. 日常检查维护

（1）每天检查预处理系统：抽吸泵运行状况、样气流量、样气冷凝温度、旋风致冷器致冷风量、排水罐排水情况、SO_2 和 O_2 测量值等。

（2）每周对仪表进行一次标定，最长不超过两周。

（3）定期更换粉尘过滤器滤纸和微水过滤器。

（4）氧电池传感器，其寿命一般只有 2~3 年，当氧含量测量不准确或无法标定时，需更换氧传感器。

（5）每半年检查取样过滤探头，如滤芯有堵塞或被腐蚀，需进行清洗，必要时更换探头。

（6）每半年清洗隔膜泵泵膜内的粉尘污物。

2. 维护注意事项

（1）仪表一般不要断电，如因维护或长期停用需断电，则在上电之后，一定要保证仪表充分预热及标定后才可投用。

（2）联合分析小屋内三个 PLC 的作用分别是：PLC1 控制 SO_2 报警及风扇自动运转；PLC2 将分析仪、流量变送器、温度变送器、压力变送器输出的模拟信号采集处理成数字信号，并传输到机柜室烟气数据处理系统；PLC3 控制抽气泵和电磁阀返吹与排水。

（3）现场烟气分析仪上 SO_2 的单位与烟气数据处理系统及 DCS 上的单位不一致，现场仪器上的单位是 ppm，烟气数据处理系统和 DCS 上的单位是 mg/m^3，其原因是环保部门要求将 SO_2 单位统一成 mg/m^3。由于仪器上的单位是厂家已设定，无法改变，因此，需在烟气数据处理系统内将 ppm 换算成 mg/m^3，其换算关系是：

$$1ppm = 64/22.4 mg/m^3 = 2.86 mg/m^3$$

另外，SO_2 折算排放浓度按下式计算：

$$C = C' \times \alpha'/\alpha \quad \alpha = 21/(21 - X_{O_2}) \tag{18-7}$$

式中　C——折算成过量空气系数为 α 时的 SO_2 排放浓度，mg/m^3；

　　　C'——标准状态下 SO_2 实测平均浓度，mg/m^3；

　　　α'——在测点实测的过量空气系数；

　　　α——有关排放标准中规定的过量空气系数（规定为 1.4）。

（4）在仪表正式投用之前或不需将数据传输出去，应将 PLC3 控制箱上的开关打到"维护"状态，这样所有非实际烟道测量参数将不作为排放量计入排放量报表，也将不上传至中控室 DCS 上。

（5）旋风制冷器的作用是通过让仪表风在其内高速旋转使空气制冷，热空气从下面排出，冷空气进入热交换器，对样气进行降温除水。在同样的制冷空气量的情况下，由于环境温度变化导致样气温度发生很大偏差，其原因是环境温度的变化导致了仪表空气温度的变化。即环境温度升高或降低后导致仪表空气温度升高或降低，从而导致进入热交换器的致冷空气温度发生变化。

（6）标定时，必须在开启隔膜泵抽吸的状态下进行，否则在标定后会出现维护灯一直闪烁，且在最后一行显示"SO2.1 ScalRefused（量程拒绝）"或"O2.2 ScalRefused"。另外，如不在抽吸的状态下进行标定，会产生很大的测量误差。由于在抽气状态下，仪器测量室形成一定负压，气体密度会减小，使气体浓度降低。为了减小测量误差，就要求标定和样气分析应在同样的抽吸状态下进行，以抵消由于这种气体密度不一样导致的测量误差。

（7）净化厂一、二、三联合工程师站内烟气数据处理系统电脑的开机密码是：engineer。

（8）常用备品备件及部件编号。

部件名称	部件型号（型号）
采样泵	BUHLER
泵膜	BUHLER 泵
供气用 F46-PTFE 软管	特氟龙
O 型氟橡胶密封圈	-45
粉尘过滤器（膜式过滤器）	ZDB352
微水过滤器	11LD
一级脱水玻璃管	
疏水罐	
氧电池传感器	42714157
SO_2测量池	4271PG6651
SO_2检测器	
微处理器电路板	
接口电路板	
8 升装 SO_2标准气	102ppm
8 升装 O_2标准气	10%
8 升装高纯氮气	99.999%

18.7 动力锅炉尾气排放监测

18.7.1 检测原理

烟气（样气）经预处理装置脱水、除尘成为干气后，经转化炉把 NO_2转化为 NO，然后依次进入紫外检测器检测 SO_2含量，进入红外检测器检测 NO 含量，进入磁力机械式氧检测器检测 O_2含量。

18.7.2 仪表组态设

1. 标气浓度设置

（1）按上下左右键的任意一个键，进入主菜单，再按向下键，选择 Setup 菜单，按 Enter 键，进入 Setup 菜单。

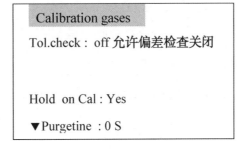

（2）Setup 菜单中选择 Calibration.，按 Enter 键，进入如下菜单。

（3）选择 Calibation　gases，按 Enter 键，进入组分选择菜单。

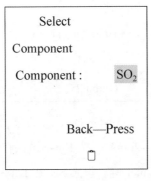
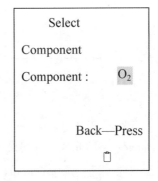

（4）选 SO_2、NO、O_2，按 Enter 键，进入如下菜单。

Calibration		Calibration	
gase		gase	
ZeroGas:	0.0 ppm	ZeroGas:	0.0%
SpanGas:	103 ppm	SpanGas:	10%

（5）设置 SO$_2$ 的零点气浓度和量程气浓度，按 Enter 确认，再按返回键到选择组分菜单，再分别设置 NO 和 O$_2$ 的零点气和量程气浓度值。

2. 模拟量量程输出设置

（1）按上下左右键的任意一个键，进入主菜单，再按向下键，选择 Setup 菜单，按 Enter 键，进入 Setup 菜单。

SO$_2$	10ppm
NO	49ppm
O$_2$	8.00%
Temp--1	

Diplay .
Calibration..
.Measurment

（2）Setup 菜单中选择 In/Outputs，按 Enter 键，进入如下菜单。

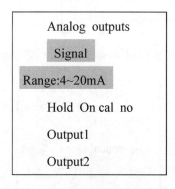

Analog outputs
Digitaloutputs
Intsns

Analog outputs
  Signal
Range:4~20mA
  Hold On cal no
  Output1
  Output2

（3）选择 Analog outputs，按 Enter 键，进入 Analog Outputs 菜单，按上、下键选择 Signal Range：4~20mA，将其设置为 4~20mA，按 Enter 键保存设置。

（4）连续按向下键，选中 Output1，按 Enter 键，设置 SO$_2$ 在 LowScale（4mA）对应的输出值为 0ppm，SO$_2$ 在 HighScale（20mA）对应的输出值 2098ppm，按 Enter 键保存设置。选中 Output2，按 Enter 键，设置 NO 在 LowScale（4mA）对应的输

出值为 0ppm，NO 在 HighScale（20mA）对应的输出值 1000ppm，按 Enter 键保存设置。选中 Output3，按 Enter 键，设置 O_2 在 LowScale（4mA）对应的输出值为 0%，O_2 在 HighScale（20mA）对应的输出值 25%，按 Enter 键保存设置后，返回主菜单。

```
Signal :comp-1

Lowscale:

0ppm

Highscale:

2098ppm
```

```
Signal :comp-2

Lowscale:     0ppm

Highscale:

1000ppm
```

```
Signal :comp-3

Lowscale:     0%

Highscale:

25%
```

18.7.3　仪表标定

1. 零点标定

（1）连接好零点气钢瓶，打开钢瓶主阀，调节阀压力调整为 0.05MPa，调节进入仪器的流量为 30 L/h。待 SO_2、NO、O_2 的数值稳定后，进行如下操作。

（2）按上下左右键的任意一个键，进入主菜单，再按向下键，选择 Control，按 Enter 键，进入零点气和量程气校准菜单。

```
SO2      10ppm

NO       49ppm

O2      8.00%

Temp--1
```

```
Control…

Setup..

Statua..

Info..
```

（3）选中 Zero Calibration，按 Enter 键，选择需校正的组分，按 Enter 键，选中 Start Calibration，按 Enter 键，开始标定。面板上显示标定倒计时。标定结束后，按左键，返回到标定菜单。

```
Zero Calibration..
Span Calibration..
Adv. Calibration..
```

```
Calibration

Start calbration
```

（4）所有组分可以同时进行零点校正，其方法是在标定菜单中选择 Adv. Calibration，按 Enter 键，再选中 zeroAll，按 Enter 键，开始对所有组分零点进行校正。校正结束后返回测量栏。

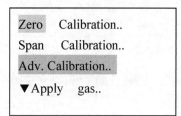

2. 量程标定

（1）连接好 SO_2 量程气钢瓶，打开钢瓶主阀，调节阀压力调整为 0.05MPa，调节进入仪器的流量为 30 L/h。待所标数值稳定后，进行如下操作。

（2）按上下左右键的任意一个键，进入主菜单，再按向下键，选择 Control，按 Enter 键，进入 Control 菜单。

```
Control...

Setup..

Statua..

Info..
```

（3）选中 Span Calibration，按 Enter 键，选择需校正组分 SO_2，按 Enter 键，选中 Start Calibration，按 Enter 键，开始标定。面板上显示 SO_2 标定倒计时。标定结束后，按左键，返回到标定菜单。

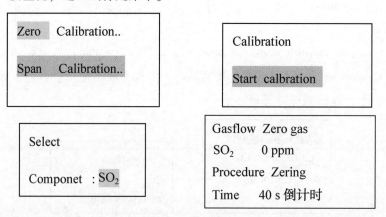

spanflow	span gas
SO$_2$	0 ppm
Procedure	spaning
Time	40 s 倒计时

（4）按上面同样的方法分别对 NO 和 O$_2$ 进行标定。

18.7.4 仪表开机步骤

（1）仪表上电之前，先检查电气连接和接地是否已接好，预处理面板上所有管路及流量计是否干净无水汽或水滴。

（2）仪表上电升温，并将转化炉的温度设定为 315℃。

（3）打开室外仪表空气总阀，调节压力为 0.5MPa。调节室内预处理面板上空气减压阀，使其压力为 0.2~0.3MPa，调节旋风制冷器尾部的流量调节旋钮，旋风制冷器开始制冷。

（4）关闭测量流量计，打开样气进样阀和旁路流量计，开启采样泵，开始抽取样气，让样气在旁通流量计流通。

（5）调节旋风制冷器旋钮，使其样气温度冷却至小于 8℃。

（6）待仪表运行稳定后，全开测量流量计，调节旁路流量计使测量流量计流量为 30L/h，样气进入仪表开始分析。

（7）再次检查预处理面板上管路是否存在漏气点。

（8）让采样泵循环回路阀开启一定开度，以避免因样气管线被堵而烧坏采样泵。

（9）仪表运行稳定后，对仪表进行标定。标定时，先用纯氮气做零点标点，再用 SO$_2$、NO、O$_2$ 量程气做量程标定。标定时与样气在同样的抽气状态和同样的流量下进行。

（10）标定结束后，开始正常测量分析。

18.7.5 仪表停机步骤

（1）切断进样阀。

（2）关闭采样泵，依次关闭空气减压阀，测量及旁路流量计 。

（3）仪表如果不是长期停机，最好不要切断电源。

（4）如果长期停运，需关停转化炉，关闭仪器电源。

18.7.6 常见故障处理（表18-9）

表18-9 常见故障分析处理

故障现象	故障原因	检查步骤	故障处理
样气无流量	取样探头或取样管线堵塞	断开一级脱水罐前面进样管线后就有流量，说明是取样探头或取样管线被堵塞	用高压泵打通取样管线或探头，再用返吹空气吹干
	样气预处理部分有堵塞	断开一级脱水罐前进样管线后还是无流量，一般是因致冷空气量调节不合适导致一级、二级脱水罐结冻堵塞	调低旋风器致冷空气量，让脱水罐内的冰解冻
	隔膜泵坏	一般是泵进出口单向阀堵塞，或泵膜穿孔，或隔膜泵电机坏，不转动，致使无法抽吸样气	清洗单向阀，更换新的泵膜，修复泵电机
O_2含量偏高，SO_2、NO_2含量偏低	SO_2、NO_2与水结合，生成酸性物质，导致取样管线被腐蚀而泄漏	取样管线泄漏，导致空气被抽进样气系统，致使O_2含量偏高，SO_2、NO_2含量偏低	堵头堵住管线一端，另一端加压，用试漏液检查漏点，查出后焊补漏点或更换取样管线
	预处理装置泄漏	预处理装置管线或接头泄漏，导致空气被抽进样气系统，致使O_2含量偏高，SO_2、NO_2含量偏低	向预处理管线内加压后用试漏液检查管线和接头，查出漏点后更换管线或紧固接头
	隔膜泵泵膜穿孔	隔膜泵泵膜穿孔，导致空气被抽进样气系统，使O_2含量偏高，SO_2、NO_2含量偏低	更换泵膜

续表

故障现象	故障原因	检查步骤	故障处理
仪表更换测量池或检测器等部件后无法正常运行或标定		可以恢复出厂设置后再重新标定，恢复出厂设置的方法是： 选 Setup→按 Enter→选 Save Load→按 Enter→选 FactDate→按 Enter→选 Yes→按 Enter，即可恢复成出厂设置。恢复出厂设置后要进行以下四项工作： ① 将模拟量程选择成 4~20mA ② 将 Setup→calibration→Tol. check on 中的 on 改成 off，即将偏差检查开关关闭，否则无法校验 ③ 重新设置 SO_2、NO_2 和 O_2 标气的零点和量程浓度值 ④ 重新设置 SO_2、NO_2 和 O_2 4~20mA 对应的模拟输出值	

18.7.7　仪器维护保养

1. 日常检查维护

（1）每天检查样气预处理系统：抽吸泵运行状况、样气流量、样气冷凝温度、旋风致冷器致冷风量、排水罐排水情况、SO_2、NO、O_2 测量值等。

（2）一般每周对仪表进行一次标定，最长不超过两周。

（3）定期更换粉尘过滤器滤纸和微水过滤器。

（4）定期检查取样过滤探头，如滤芯有堵塞或被腐蚀，需进行清洗，必要时更换探头。

2. 维护注意事项

（1）仪表一般不要断电，如因维护或长期停用需断电，则在上电之后，一定要保证仪表充分预热及标定后才可投用。

（2）动力站分析小屋内三个 PLC 的作用分别是：PLC1 控制 SO_2 报警及风扇自动运转；PLC2 将分析仪、流量变送器、温度变送器、压力变送器模拟信号采集处理成数字信号，并传输到机柜室烟气数据处理系统；PLC3 控制抽气泵和电磁阀返吹与排水。

（3）现场烟气分析仪上 SO_2 和 NO 的单位与烟气数据处理系统及 DCS 上的单位不一致，现场仪器上的单位是 ppm，烟气数据处理系统和 DCS 上的单位是 mg/m^3，其原因是环保部门要求将 SO_2 和 NO 单位统一成 mg/m^3。由于仪器上的单位是厂家已设定，无法改变，因此，需在烟气数据处理系统内将 ppm 换算成 mg/m³，其换算关系是：

SO₂换算关系：$1ppm = 64/22.4mg/m^3 = 2.86mg/m^3$

NO 换算关系：$1ppm = 30/22.4mg/m^3 = 1.34mg/m^3$

另外，SO₂和 NO 拆算排放浓度按下式计算：

$$C = C' \times \alpha'/\alpha\alpha = 21/(21 - X_{O_2}) \tag{18-8}$$

式中　C——拆算成过量空气系数为 α 时的 SO₂和 NO 排放浓度，mg/m³。

C'——标准状态下 SO₂和 NO 实测平均浓度，mg/m³。

α'——在测点实测的过量空气系数（X_{O_2}为实测氧含量）。

α——有关排放标准中规定的过量空气系数（规定为 1.4）。

（4）在仪表正式投用之前或不需将数据传输出去，应将 PLC3 控制箱上的开关打到"维护"状态，这样所有非实际烟道测量参数将不作为排放量计入排放量报表，也将不上传至中控室 DCS 上。

（5）旋风制冷器的作用是通过让仪表风在其内高速旋转使空气制冷，热空气从下面排出，冷空气进入热交换器，对样气进行降温除水。在同样的制冷空气量的情况下，由于环境温度变化导致样气温度发生很大偏差，其原因是环境温度的变化导致了仪表空气温度的变化。即环境温度升高或降低后导致仪表空气温度升高或降低，从而导致进入热交换器的致冷空气温度发生变化。

（6）常用备品备件及部件编号。

部件名称	部件型号
采样泵	KNF
泵膜	KNF 泵
供气用 F46-PTFE 软管	特氟龙
O 形氟橡胶密封圈-45	
粉尘过滤器	
微水过滤器	
一级脱水玻璃管	
疏水罐	

SO$_2$测量池、

SO$_2$检测器

NO 测量池、

NO 检测器

磁力机械式氧传感

微处理器电路板

接口电路板

（7）常用标气。

① 8L 装 NO 标准气　　　　　　100ppm

② 8L 装 SO$_2$标准气　　　　　　102ppm

③ 8L 装 O$_2$标准气　　　　　　10%

④ 8L 装高纯氮气　　　　　　99.999%

18.8　空分空压氮气中 CO$_2$ 含量测定

18.8.1　检测原理

红外线通过装在一定长度测量室的被测样气，气体中的被测组分 CO$_2$吸收其特征波长后，使其能量减弱，通过测量被 CO$_2$吸收后红外光的能量，从而测出 CO$_2$吸光率，该吸光率与 CO$_2$的浓度成线性关系。其吸收原理符合朗伯-比尔定律。

18.8.2　仪表组态设置

1. 标气浓度设置

按以下菜单路径输入零点气和量程气浓度值，菜单路径为：MENU→configure→calibration data→manual calibration→Test Gas Concentration→Select Zero or Span Point→Zero Test Gas Contcentration→Span Test Gas Concentration，分别输入钢瓶上零点气和量程气浓度值。对于零点气浓度值，由于无绝对的纯 N$_2$气，N$_2$中

总含有微量的 CO_2，因此将纯 N_2 气中 CO_2 的浓度一般设为 0.5ppm（图 18-50）。

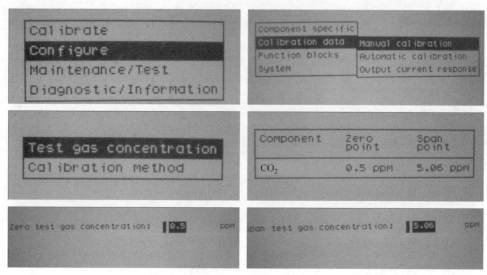

图 18-50　标气浓度设置界面

2. 模拟量量程输出设置

打开主菜单，选择设置，然后选择组分细节，选择测量量程，即：

MENU→configure→component specific→measurement range→选择量程 0 to 5 ppm →按 Enter 键。屏幕上显示所设定的量程（图 18-51）。

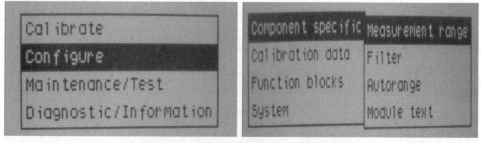

图 18-51　模拟量量程输出设置界面

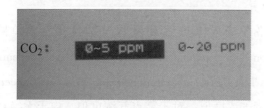

18.8.3　仪表校准

1. 零点校准

（1）选择校准菜单：MENU（菜单）→Calibrate（校准）→Manual Calibration（手动校准）。

（2）选择 Zero Gas（零点气），按 Enter 键，有必要用数字键输入零点气浓度值（如零点气 CO_2 浓度输入 0.5ppm），用数字键输入 0.5，再按 ENTER 确认。

（3）接通零点气，将仪表操作面板多通阀（5MV）切向"零点气"位置，再打开测量流量计，调整"测量"转子流量计旋钮，使进气量控制在 30L/h 左右。

（4）当零点气测量值显示稳定后，按 ENTER 键确认，启动零点校准（图 18-52）。

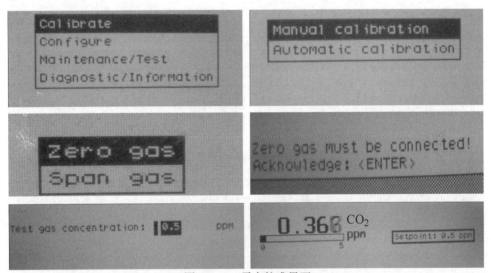

图 18-52　零点校准界面

（5）校准结束后，按 ENTER 键接受校准值，或者按 repeat 重复校准，或按 back 键取消校准。最后按 meas 返回测量模式。

2. 量程校准

（1）选择校准菜单：MENU（菜单）→Calibrate（校准）→Manual Calibration（手动校准）。

（2）选择 Span Gas（零点气），按 ENTER 键，如需用数字键输入量程气浓度值（如量程气 CO_2 浓度输入 5ppm），用数字键输入。再按 ENTER 确认。

（3）接通量程气，将仪表操作面板多通阀（5MV）切向"量程气"位置，再打开测量流量计，调整"测量"转子流量计旋钮，使进气量控制在 30L/h 左右。

（4）当量程气测量值显示稳定后，按 ENTER 键确认，启动量程校准（图 18-53）。

（5）校准结束后，按 ENTER 键接受校准值，或者按 repeat 重复校准，或按 back 键取消校准。最后按 meas 返回测量模式。

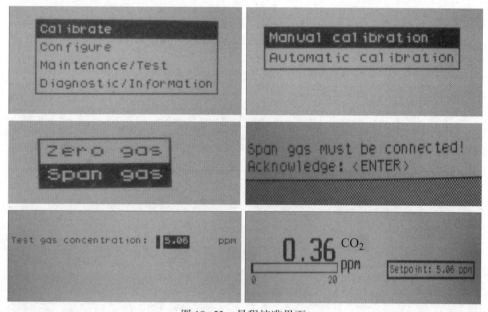

图 18-53　量程校准界面

18.8.4　仪表开机步骤

（1）开机前，检查管线各接头是否紧固，否则微小的漏气会导致 CO_2 测量误差。

（2）开启仪表电源箱门，接通仪表 1# 开关电源。接通电源后，仪表面板上三个发光二极管灯"Power"电源（绿色）、"Maint"维护（黄色）和"Error"错误（红色）亮起，仪表显示屏自动打开软件的引导程序，稍后，屏幕自动转到

350

测量模式，STATUS MESSAGE 软件在屏幕上显示。通过操作键，用户可以回顾状态信息摘要和观看详细的状态信息。

（3）仪表经过 30min 预热稳定后，按上面的方法进行校准。

（4）打开现场 A31203 取样点的减压阀组件，使样气输出压力调控为 20kPa。

（5）关闭面板上测量流量计，打开旁路流量计，将仪表操作面板多通阀（5MV）切向"测量"位置，引入样气，让样气通过旁路流量计吹扫管线 5min 以上。吹扫结束后，打开测量流量计，关小旁路流量计，调节测量流量计流量为 30L/h 左右，仪表显示数值就是所测样气值。

18.8.5　仪表停机步骤

（1）打开仪表电源箱，断开仪表 1#开关电源，等待仪表冷却后，关闭测量流量计旋钮，使其流量为零。

（2）关闭减压阀，关闭旁路流量计。

18.8.6　常见故障处理（表 18-10）

表 18-10　常见故障处理

故障现象	故障原因	故障处理
温度故障	加热块连接故障	检查连线和插头，检查绝缘座上的密封垫
	温度传感器故障	检查温度传感的接线
CO_2测量值不稳定	仪表振动过大	采取措施减少仪表的振动
	样气泄漏	检查取样管线和仪表内气路是否存在泄漏
	仪表灵敏度降低	（a）若测量值<75%实际值，则检测器不久将更换
		（b）若测量值<50%实际值，则立即更换检测器
	光路不平衡	移去光源，检查同步电机的转动是否平衡

18.8.7　仪器维护保养

1. 日常检查维护

（1）每天检查 CO_2 测量值是否在正常指标范围内。

（2）每天检查进样流量是否正常。

2. 维护注意事项

（1）仪表通电后必须预热 30min，待仪表稳定后，方能进行操作。

（2）该仪表在投用的第一个月，零点漂移比较严重，需要及时检查校准。

（3）零点气和量程气钢瓶总压用至 0.3MPa 时应及时更换。

3. 常用备品备件

（1）Uras26 薄膜电容检测器。

（2）CO_2 检测池。

4. 常用标气浓度

（1）5ppm CO_2/N_2 8L/10MPa 瓶装标气。

（2）99.999% 纯 N_2 40L/15MPa 瓶装标气。

18.9　动力站炉膛 O_2 含量测定

18.9.1　检测原理

密闭气室中装有两对不均匀磁场，磁场强度相反。两个空心球置于两对磁极的间隙中。空心球之间通过连杆连接在一起，形状类似哑铃。连杆用弹性金属带固定在气室壳体上，哑铃只能以金属带为轴转动而不能上下移动。在连杆与金属带交点处装有一平面反射镜。被测气体由入口进入气室后，两个空心球就被样气所包围。当被测气体中有氧存在时，因氧的强顺磁性，氧分子受磁场吸引，沿磁场强度梯度方向形成氧分压差，其大小随氧含量不同而不同，该压力差驱动空心球移动，于是哑铃偏转一个角度，偏转角度的大小，就反映了被测气体中氧含量的多少。

对哑铃偏转角度的测量，采用光电系统来完成。光源发出的光投射到平面反射镜上，反射镜再把光束反射到两个光电元件上。被测气不含氧时，空心球不偏转，处于磁场中心位置，此时平面反射镜将光源发出的光束均衡地反射到两个光电元件上，两个光电元件接收的光能相等，光电组件输出为零，仪表最终输出也为零。当被测气体中有氧存在时，哑铃发生偏转，反射镜也随之偏转，反射出的光束也随之偏移，这时，两个光电元件接收到的光能量出现差值，光电组件有毫伏电压信号输出。被测气体中氧含量越高，哑铃偏转角度就越大，光电组件输出信号越大。该信号经反馈放大后作为仪表的输出。

18.9.2　仪表组态设置

1. 零点气和量程气浓度设置（图 18-54）

按键 OK →Setup →Calibration Data →Test Gas Set Points，使用 ▶ 分别选择 Zero Gas Set Points 和 Span Gas Set Points，用 ▲ ▼ 改变数值，输入零点气和量程气的浓度值，然后按 OK 确认。一般纯氮零点气设定值为 0.1%，量程气设定值按钢瓶上的标准值设定（39.80%）。

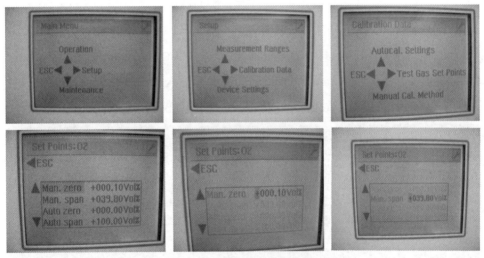

图 18-54　零点气和量程气浓度设置界面

2. 模拟量量程输出设置（图 18-55）

按键 OK →Setup →Measurment Range→Start Value→End Value。在 Start value 菜单框中输入 0.0Vol%，在 End value 菜单框中输入 50.0Vol%。

18.9.3　仪表校准

1. 零点校准

（1）将面板多通阀箭头切换到零点 ZERO 位置，接上零点气。打开旁通流量

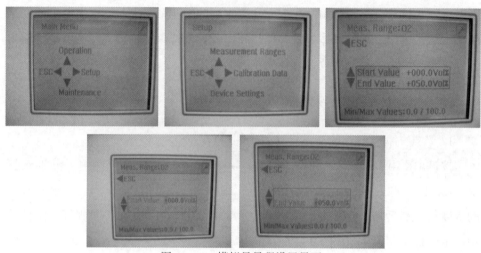

图 18-55　模拟量量程设置界面

计置换 1min 后，关闭旁通流量计，打开测量流量计调整流量为 30L/h。

（2）按 OK 主菜单，按 ▲Operation 键，选按 ▲Calibration 键，选按 Manual Calibration 键，再选按 ▲Zero Point 键，如有必要输入零点气浓度值，按 OK 键，开始校准，待校准值稳定后按 OK 键确认，完成零点校准（图 18-56）。

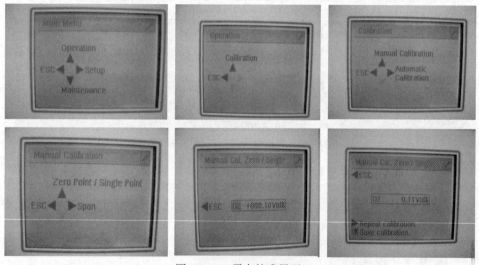

图 18-56　零点校准界面

2. 量程校准

（1）将多通阀箭头切换到 SPAN 位置，打开量程气 O_2/余 N_2（39.80%）。打开旁通流量计置换 1min 后，关闭旁通流量计，打开测量流量计调整流量为 30L/h。

（2）按 OK 主菜单，按 ▲ Operation 键，选按 ▲ Calibration 键，选按 Manual Calibration 键，再选按 ▶ Span Point 键，如有必要输入量程气浓度值，按 OK 键，开始校准，待数值稳定后按 OK 键确认，完成量程气校准（如图 18-57 所示）。

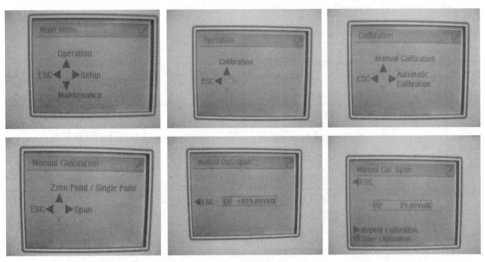

图 18-57　量程校准界面

（3）校准后，如标准气的测量值还不稳定，有必要重新进行校准。

18.9.4　仪表开机步骤

（1）开机前，检查管线各接头是否紧固，否则微小的漏气会导致 O_2 测量误差。

（2）开启仪表电源箱门，接通仪表 2# 开关电源。接通电源后，仪表开始启动，仪表的名称和软件板本号显示在显示屏上，启动结束后，屏幕自动转到测量模式。

（3）仪表经过 60min 预热稳定后，按上面的方法进行校准。

（4）校准完成后，关闭面板上测量流量计，打开旁路流量计，将仪表操作面板多通阀（5MV）切向"测量"位置，引入样气，让样气通过旁路流量计吹扫管线 5min 以上。吹扫结束后，打开测量流量计，关小旁路流量计，调节测量流量计流量为 30 L/h 左右，仪表显示数值就是所测样气值。

18.9.5 仪表停机步骤

先关测量流量计，再关闭仪表的减压阀及旁路流量计，最后关闭仪表的电源。

18.9.6 常见故障处理（表 18-11）

表 18-11 常见故障分析处理

故 障 现 象	故 障 原 因	故 障 处 理
反馈增益太低	光源亮度不够	提高光源亮度至 4V
	检测器被严重污染，反光镜腐蚀严重	清洗或更换检测器
指示值随流量变化，附另误差增大	反馈增益太低	同上的处理方法
	未选择好最佳流量	选择最佳流量
	检测器哑铃的动态平衡被破坏	更换检测器
测量值波动大或无规则漂移，很难正常投运	纹波电压大于 100mV，仪表存在自激振荡	调整防振网络，消除自激振荡
	存在电气干扰	检查有无电气线路穿过敏感部件并排除。

最佳流量的选择方法是：在样气含氧量不变的情况下，逐渐增大样气流量，此时测量值也逐渐增大。当样气流量增大到某一值后，测量值不再随样气流量增大而变化，这一流量范围便为最佳流量。当样气流量超过最佳流量范围后，测量值会随样气流量的增大而急剧下降并变得很不稳定。

18.9.7 仪器维护保养

1. 日常检查维护

（1）每天检查 O_2 测量值是否在正常指标范围内。

（2）每天检查进样流量是否正常。

2. 维护注意事项

（1）仪表通电启动后需预热 1h 以上才能稳定，待仪表稳定后方可进行正常操作。

（2）ABB EL3040 Magnos 206 常量氧分析仪在进行校准操作时，必需先校零点气再校量程气，校准前要确认零点气和量程气与仪表接口应准确无误，操作失误可能会损坏仪表软件，修复困难。

（3）在调节测量样品气的流量时应缓慢，不要太猛，否则会使哑铃球在满量程位置卡住，不能正常工作。

（4）常用备品备件。Magnos206 磁力机构式氧传感器。

（5）常用标气浓度。

① 40% O_2/N_2 8L/10MPa 瓶装标气。

② 99.999% 纯 N_2 40L/15MPa 瓶装标气。

18.10 空分空压氮气中 O_2 含量测定

18.10.1 检测原理

样气通过 Ag-Pb 酸性原电池，样气中的 O_2 在 Ag 阴极上得到 Pb 阳极提供的四个电子，接通外电路，回路上就产生了电流，电流值与样气中 O_2 浓度成正比。其电化学反应如下：

Ag 阴极：$O_2+2H_2O+4e \longrightarrow 4OH^-$

Pb 阳极：$2Pb+4OH^--4e \longrightarrow 2PbO+2H_2O$

电池的综合反应：$O_2+2Pb \longrightarrow 2PbO$

18.10.2 仪表组态设置

模拟量量程输出设置：

（1）用移动光标选择 Sample（样品），按 ENTER 键，进入 Sample 子菜单，再用移动光标选择 Man Ranging（手动量程），按 Enter 键确认。

（2）进入量程子菜单，用移动光标选择 0~10ppm，按 Enter 确认（图 18-58）。

18.10.3 仪表校准

由于难以获得不含 O_2 的高纯气 N_2，因此一般不校准零点，采用自然零点，

图 18-58　模拟量量程界面

只校准量程点。其量程校准步骤如下：

（1）接通量程气，将预处理面板上的多通阀切向量程气位置，把四通阀切到 BYPASS 位置，打开旁路流量计调整流量为 50L/h 吹扫 1min 后，把四通阀切到 SAMPLE 位置，测量流量计的流量调整为 2.0 SCFH。

（2）在主菜单上用光标选择 Span（量程），按 ENTER 键，进入 Span（量程）子菜单，再用光标选择 Calibrate（校准），按 ENTER 键，进入 Span Gas（量程气）菜单，用光标选 Enter as ppm，按 ENTER 键，进入标气浓度输入菜单（图 18-59）。

图 18-59　量程校准界面

（3）用上下箭头键输入标气浓度值（每改变一位数值后按一次 Enter 键），屏幕显示 Span Calibration in progress（量程校准正在进行）。

（4）屏幕的右下角显示当前标气测量值，待测量值稳定后，按 Enter 键，屏幕显示 Calibration Complete（校准完成），并保存校准值（图 18-60）。

（5）如校准后出现 Calibration Failure 校验失败，需重新校准至成功。如果校准后校准气的测量值不稳定，则有必要重新校准。

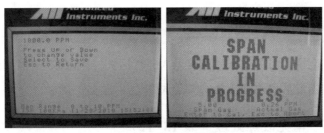

图 18-60　仪表校准界面

18.10.4　仪表开机步骤

（1）开启仪表电源箱门，接通仪表 3#开关电源。接通电源后，仪表自动进行自我诊断检验。自检完成后，显示：CPU（中央处理器）OK；Memore（记忆系统）OK；analog（模拟）OK；RTC（温控）OK。稍后，仪表显示主菜单页面如下：

```
*MAIN MENU（主菜单）              Standby（准备模式）

Sample 样品

Span 量程

Zero 零点

Alarm 报警

System 系统


Group3    Man Range    0 to 10PPm

69°F 97kPa   09/11/02    08：00：00
```

（2）仪表经过 30min 预热稳定后，按上面的方法进行校准。

（3）校准完成后将预处理面板上多通阀切向测量位置，仪表面板上的四通阀从 SAMPLE 切入 BYPASS（旁通）位置，调整样气压力为 0.1MPa，旁通流量为 50 L/h，吹扫 10min，然后把四通阀从 BYPASS 切换到 SAMPLE 位置，调节测量流量为 2.0SCFH，待测量值显示稳定后，该值就是样气纯氮气中的 O_2 含量。

18.10.5 仪表停机步骤

先关仪表电源，再关样气测量流量阀，然后关样气进仪表的截止阀，再关样气旁通流量阀，最后关取样点压力调节阀。

18.10.6 常见故障处理（表 18-12）

表 18-12 常见故障分析处理

故障现象	故障原因	故障处理
O_2 测量值偏低，甚至为 0，用标气也无法校正	这种情况一般是液体燃料电池微量氧传感器铅阳极已耗尽，电池已到寿命终点	更换传感器

18.10.7 仪器维护保养

1. 日常检查维护

（1）每天检查 O_2 测量值是否在正常指标范围内。

（2）每天检查进样流量是否正常。

（3）微量氧传感器的寿命一般为 24 个月，需定期进行更换。

（4）每隔 3~5 年对内部气路系统进行清洗。

2. 维护注意事项

（1）使用未经减压阀减压的标准气对仪表进行校验，过大的压力会损坏仪表，重则造成人身伤害。

（2）样气压力不能过高，如压力超过 100psi（6.9kg/cm）会损坏传感器。

（3）在仪表出口排空发生堵塞时，会造成传感器损坏。

（4）防止样气系统内进入水分或其他颗粒物，这些物质会造成仪表管路堵塞或损坏仪器。样气接入仪表前，需确认样气干净不含水分。

（5）一旦分析仪上电后，应特别注意防止将燃料电池传感器暴露在空气之中，即便暴露在仪表内部残存的空气中也不可以，否则将会影响传感器的预期寿命。特别是更换传感器时，尽量缩短传感器暴露在空气中的时间。

（6）在切换气路、生产停工等情况下，必须把四通阀从 SAMPLE 打至

BYPASS，以防止传感器损坏或被含氧量大的气体污染。缩短传感器使用寿命。

（7）对于仪表拆下的银铅原电池较长时间不使用，应保存在充满纯氮气密封的塑料袋或容器中。

（8）传感器的安装。

① 将合格的含微量氧的工艺气体以压力在 $1kg/cm^2$ 左右、2SCFH 的流量通入分析仪。

② 用 5/16 扳手松开但不拧下紧固螺栓。

③ 旋转传感器罩顶部 90°使其与夹子分开。

④ 向上拉出罩子顶部，将其放在平滑表面上。

⑤ 在分析仪通气时，从取样（SAMPLE）菜单中选择"自动选择量程（AUTO RANGING）"项。

⑥ 从袋子中取出传感器，从传感器后部的 PCB 板上取下红色的短路设备（包括金色带状物）。尽量缩短传感器暴露在环境空气中的时间。

⑦ 立即将传感器放入传感器罩底部，传感器 PCB 面朝上。

⑧ 立即将罩子顶部放在传感器上。

⑨ 向下轻推罩子顶部，旋转 90°，使其与夹子咬合。

⑩ 用手指拧紧紧固螺栓，然后用 5/16 扳手拧紧一圈，使传感器罩的两部分紧密咬合。

⑪ 在一小段时间内，分析仪图形 LCD 将显示超量程（OVER RANGE）。

⑫ 继续通入合格的工艺气，等待直到显示屏上出现一个有意义的读数，并开始向期望的样品气含氧量靠近。至此，安装完成。

（9）常用备品备件。液体燃料电池微量氧传感器，型号：GPR-12-33。

（10）常用标气浓度。4ppm O_2/N_2 8L/10MPa 瓶装标气。

18.11　汽提水中 pH 测定

18.11.1　检测原理

pH 复合电极（pH 测量电极与参比电极组成）浸入水溶液中，组成一个化学原电池，两电极间产生一个电势差，该电势差值与被测溶液的 pH 值（溶液中氢离子活度的负对数）成比例关系，并且符合能斯特方程式。

$$\Delta E = 59.16 \times \Delta pH \tag{18-9}$$

式中　　　ΔE——测量电势差的微小变化；

　　　　　ΔpH——溶液 pH 值的变化。

$\dfrac{273.15+t_1}{298.15}$——被测溶液在 t_1℃时对 25℃的温度校正。

　　　59.16——转化系数（单位：mV/pH）。

18.11.2　仪表组态设置

（1）按 Program 程序键，选 output。按 Enter 键，选 4mA，按 Enter 键，查看设定值是否为 0.00pH，如不是 0.00pH，用上下键修改为 0.00pH；选 20mA，按 Enter 键，查看设定值是否为 14.00pH，如不是 14.00pH，用上下键修改为 14.00pH。

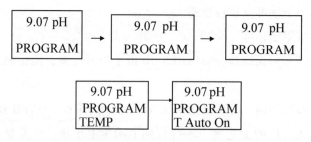

（2）在程序子菜单中选 tEMP，按 Enter 键，设定 t Auto 为 on。按 EXIT 退出程序菜单至测量界面。

18.11.3　仪表标定

（1）仪表接通电源预热 30min 以上至稳定后，按遥控板上 HOLD 键，用上下键选 On，按 Enter，将仪表输出数据处于保持状态。

（2）用红外遥控器，按 CAL 键，进入 ALIbrAtE 子菜单。在 CALIbrAtE 子菜单，按 ENTER 键，出现 CAL bF1 屏幕，如图 18-61 所示。

（3）将清洗干净的传感器放进盛有第一种标定液的容器中。注意检测元件要

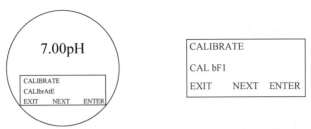

图 18-61　CAL bF1 界面

完全浸没在标定液中，不要让传感器的重量集中在玻璃球膜上，标定液中不要有汽泡。一旦 pH 值和温度读数稳定，按 ENTER 键，bF1 开始闪烁，仪器开始自动识别标定液 pH 值，一段时间后将识别的标定液 pH 值显示在窗口。如果显示的 pH 值与标定液不相符，用编辑键↑键和↓键改变闪烁的数字，使其等于该标定液的 pH 值。按 ENTER 键，保存第一个标定液的数值。变送器在 CAL bF1 屏幕数值出现后 20min 内，接受输入的读数。如果不按 ENTER 键，变送器将脱离标定菜单，返回测量工作模式（图 18-62）。

图 18-62　测量工作模式

（4）如果仪表不自动识别标定液 pH 值，即 bF1 一直闪烁，不显示标定液 pH 值，可直接按 ENTER 键，手动识别标定液 pH 值。如果显示值与标液值不相符，用编辑键↑键和↓键改变闪烁的数字，使其等于该标定液 pH 值。

（5）用蒸馏水冲洗 pH 探头后，放入第二种标定液，按 ENTER 键，bF2 开始闪烁，重复上面的步骤，作第二点标定（图 18-63）。

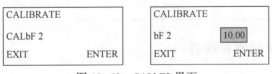

图 18-63　CALbF2 界面

（6）两点标定完成，按 ENTER 键后，按 EXIT 键退出标定，返回测量状态。

（7）将传感器放回测量池，如果变送器在标定过程中是处于 HOLD 保持工作状态，则等变送器读数稳定后，将变送器退出保持工作状态。

18.11.4　仪表投运

打开水样截止阀，调整转子流量计流量为 30～40L/h，仪表显示的值就是水样的 pH 值。

18.11.5　仪表停运

（1）短期停运，关闭转子流量计，关闭 pH 计电源。

（2）对于长期停运，需拆下 pH 电极密封在浸有 3M 氯化钾溶液的橡胶帽中。

18.11.6　常见故障处理（表 18-13）

表 18-13　常见故障分析处理

故障现象	原因分析	故障处理
pH 值显示波动大	工艺原因造成	标液标定来确定
	试样压力和流速波动大	稳定试样压力和流速
	传感器性能不稳定	标液标定来确定，确定是传感器原因后，检查传感器是否有油污或结垢，如有，则用不带研磨剂、低浓度的清洁剂清洗
3300HT 和 3400HT 高温型 pH 探头标定通不过或标定时提示斜率过高过低，或标定后 pH 值仍不正常	探头内参比胶（凝胶）被污染所致	更换参比胶
pH 测量值响应缓慢或几乎不变化	探头结垢或污染	清洗探头
	斜率超出正常范围 47.4～60.0mV/pH	标液重新标定，标定后如仍不能纠正，则更换传感器

18.11.7　仪器维护保养

1. 日常检查维护

（1）每天检查浮子流量计流量，调节水样流量在 30～40L/h。

（2）每天检查 pH 测量值是否在正常指标范围内，水样温度是否正常，如偏差较大，应查明原因并用标液进行标定。

（3）因硫化物对电极和取样管线的腐蚀较大，每五天对测量流通池进行排污清洗。

（4）每三个月用标液对仪表进行一次标定。

2. 维护注意事项

（1）传感器中的玻璃电极泡只有几微米，当其污染后用棉球沾蒸水或 5%稀 HCl 轻轻擦洗、浸泡，如是油污就用丙酮擦洗或用不带研磨剂、低浓度的清洁剂来清洗。

（2）玻璃电极要浸泡在水溶液中才能有效保存，离开水溶液时间较长就会干涸失效。因此，新探头在使用前不能打开保护套，防止电解液流失导致探头报废。

（3）3300HT 和 3400HT 高温型 pH 传感器更换参比胶的方法如下：

① 旋下传感器的连接帽，清除玻璃电极内的参比胶并用清水冲洗干净。参比室有一根陶瓷参比电极，清洗时需要特别注意，不要将其碰断。

② 使用注射器将参比室注满参比胶，并确保在填充时参比室的空气全部排除，没有任何空气残留。

③ 必要时更换 O 型圈，并将 O 型圈套入玻璃电极并压好，然后将多余的参比胶清除干净。

④ 旋入连接帽，用手拧紧即可，不得使用老虎钳或其他工具来拧紧连接帽。

⑤ 对传感器进行标定。

（4）在标定过程中，当 bF1 或 bF2 闪烁时，如果仪器较长时间不识别溶液 pH 值，即在闪烁的 bF1 或 bF2 的后面不显示标液的 pH 值，可直接按 ENTER 键，手动给予标液的 pH 值，如显示值与标液值不相符，通过上下键选择使之与标液值相符，最后按 ENTER 确认标定。在两点标定中 bF1 和 bF2 都可以这样操作，只是这样操作没自动识别准确，但不影响在线分析测定。

（5）标定或测试过程中，标定液或测试液一定要浸泡到电极前端的蓝色部分，使被测液全部浸泡到电极泡部分，否则会测量不准或显示不稳定。

（6）标定液的选择一定要涵盖测量值。如测量值呈碱性，则选 6.86 和 9.18 标定液；如测量值呈酸性，则选 4.00 和 6.86 的标定液。

（7）传感器标定时，若标定液温度与被测过程温度相差10℃以上，则传感器至少要放在标定液中20min后，才能开始正式标定。

（8）标定液有一定的使用期限，如果过期，不能使用。标定液应在室温下保存。

（9）碱性标定液不能长期暴露在空气中，否则空气中的二氧化碳会被标定液吸收，导致标定液的pH值下降。

（10）传感器在标定前或更换标定液时，要用去离子水清洗，再用标定液润洗，然后用干净的滤纸吸掉附在传感器上的标液，不能擦抹，否则将产生静电，导致噪音信号。

（11）常用备品备件及部件编号（表18-14）。

表18-14　常用备品备件及部件编号

部 件 名 称	部 件 型 号
pH复合电极	396P-02-10-55（净化水场）
	399-09-62（凝结水站）
	3200HP（凝结水站电导和pH双通道）
	3300HT-10-30（联合装置）
变送器	5081-P-HT
	1056-01-20-32-AN（电导和pH双通道）

18.12　含 MDEA 污水 COD 测定

18.12.1　检测原理

电化学法的测量原理为：在过电压条件下，电极将电解氧气产生羟基。这一特殊现象在过氧化铅层中亦可见到。羟基的氧化电位比其他氧化剂（如 O_3 或 $KCrO_4$）高。因而可以氧化难以氧化的水中组分。

待测溶液中的有机物消耗电极周围的羟基，新羟基的形成将在电极系统中产生电流。由于氧化电极（工作电极）的电位保持恒定，则每秒电负荷与有机物浓度和它们在氧化电极的氧化剂消耗量相关。

18.12.2　操作步骤

1. 操作软件的启动

接通分析仪电源，显示屏幕就亮起背光，在经过了设备自检后，LCD 显示就切换到 Elox100 界面。接着测试槽内的水会被排空至最初状态，经过几秒后，作为窗口形式的主菜单就会出现在 LCD 显示屏上。

2. 填充管路

在 "Service" 下点击 "Fill the tubing system"，即填充了管路和测量槽。

3. 校正

仪器运行 15min 后，进行手动校正。Elox100 采用空白、半量程、满量程 3 点校正。在校正液、电解液、再生液和工作电极更换时，都要进行仪器的校正。仪器在长期使用时，可以设置校正周期。

4. 设定分析仪，进行样品测定

分析仪设定调节包括如下方面：分析间隔，测量范围，警报设定点，模拟输出和继电器，测量参数和单位。

18.12.3　维护保养

（1）安装 Elox100 应选择一个干燥、抗霜的安装点，温度范围为 5~35℃，空气湿度为 80% 以下，避免阳光直接照射。

（2）夹挤阀、蠕动泵管路三个月需挪动位置，半年更换一次。

（3）在使用参比电极前，拔下填充孔的塞子；参比电极的内充液为饱和硫酸钾溶液，应即时补充内充液；参比电极顶端形成结晶物时，应使用软水漂洗，再用内充液清洗电极 3 次。

（4）工作电极非常灵敏，请勿触摸涂层或使用任何清洗设备清洗。

（5）测量槽用稀盐酸浸泡清洗。

（6）仪器短期关机程序：结束运行模式；让设备停机；关闭样品线；排空样品和回流线。

（7）仪器长期关机程序：结束运行程序；关闭样品线；排空管道系统和测量

槽；切断分析仪电源；保存好电极；清洗测量槽；放松泵和阀门管道；清洗排空管；排空样品和回流线；把设备存放在干燥和没有冰冻的环境中。

18.13　凝结水中 TOC 测定

18.13.1　检测原理

该仪表 TOC 的测量是运用光化学氧化法，其检测原理是将氧化剂（过硫酸盐）加到样品中，在波长 254nm 的紫外光（UV）照射下，氧化物产生的 OH 基和其他活性物将有机碳氧化成 CO_2，再用气体检测器测量生成的 CO_2，最后将 CO_2 测量值换算成总有机碳测量值。

18.13.2　仪表简单流程

1. 水路

进水样阀→三通→蠕动泵→混合盘→前处理单元→UV 反应器→气液分离器→去湿器、去酸器→湿度传感器（湿度小于 70% 进入颗粒过滤器，大于 70% 直接排空）→进入 CO_2 检测器→出口流量计。

2. 气路

仪表风→活性炭→碱石灰→颗粒过滤器→去水器、去油器、干燥器→压力阀（1.2 Bar）→三通（前处理单元）→压力表→进口流量计→进入 UV。

18.13.3　仪表开机和校准步骤

（1）开机。打开气路、水路，打开仪器电源开关。

（2）调节气路的压力和流量，调整操作参数。同时按键盘上的 Ctrl 键和 1 键，可将菜单打开。

（3）检漏。待气液分离器填满后，检查载气进出口流量，一般要求二者之差为 0.3~0.5L/h，如出口比进口相差较大，载气系统有漏，一般是先用试漏液试漏，如不能试出，就用一级一级的排查，其方法是：从进口流量计后面一段一段的拆下管子接出口流量计进口中，在显示屏上观察出口流量计，如观察到哪一点流量下降了，就是这一点和前一点之间有漏，就检查这一段管子和处理这一段的接头。

（4）校准。接上校准液，点击"维护"菜单，再点击"启动校准"，仪器开始校准，提示输入校准液浓度时，输入校准液浓度，按 Enter 键确认。仪器校准过程开始自动执行，校准过程时间取决于校准参数的设置，比如 UV 反应器填充时间或者重复次数等，一般来说需要约 30min。然后弹出对话框要求再次校准，30min 以后会出现第三个对话框询问是否进行额外的校准。选择 Yes 则进行下一次校准过程，选择 No 则完成整个校准过程。校准结束后在左侧显示校准结果，单位 mA。校准结果自动保存在仪器内部。校准进行中，可以按 F10 键中断校准（图 18-64）。

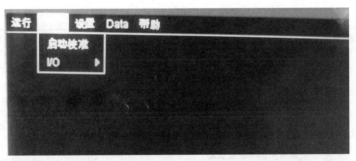

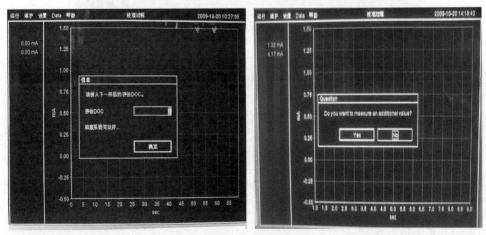

图 18-64 校准操作示意图

（5）样品测定。

启动在线模式进行连续在线测量，进入在线测量状态。

18.13.4　仪表停运

关闭进样阀，关闭仪表电源。

（1）每3个月更换酸去除器里面的铜丝、锌片和纤维。

（2）碱石灰颜色变红了很多，就需更换。一般每6个月更换一次。

（3）活性炭用于去除空气中的所有挥发性的有机碳（VOC），存放在仪器下方的试剂箱，一般每年更换一次。

18.13.5　常见故障处理（表18-15）

表18-15　常见故障分析处理

故障现象	故障原因	故障处理
TOC测量结果为0	过硫酸钾和硫酸试剂未进入反应器，存在的故障情况有：过硫酸钾和硫酸试剂用完；试剂泵管被堵；蠕动泵坏	添加过硫酸钾和硫酸试剂；用空气吹通泵管；修复蠕动泵
	样品未进入反应器。存在的故障情况有：水样针阀被堵；试样泵管被堵；蠕动泵坏	清洗被堵针阀；用空气吹通试样泵管；修复蠕动泵
	气体检测器或电路放大部分故障	修复或更换气体检测器、放大电路板
TOC测量结果较长时间偏低	泵管变窄，没有抽取足够的试剂量	更换新的泵管
TOC测量结果较长时间偏高	碱石灰失效，已丧失除CO_2能力，观察颜色已变红	更换新的碱石灰
前处理单元和UV反应器中没有液体	泵管变窄，没有抽取足够的试剂量	更换新的泵管

18.13.6　仪器维护保养

1. 日常检查维护

（1）每天检查TOC测量值是否正常。

（2）每天检查水样进样是否正常。

（3）每天检查试样处理系统反应是否正常，各接头是否有泄漏。

（4）不定期检查过硫酸钾和硫酸试剂是否用完，一般 1 个月消耗约 10L。

（5）不定期检查前面板上两根蓝色的胶管，因里面流动的是酸气，容易被腐蚀坏，如发现有漏气，要首先检查这两根管子。

（6）蠕动泵管路每 3 个月移动泵管，6 个月后更换泵管。

（7）每 3 个月对气体单向阀进行检查，如有问题，及时更换。

（8）每 6~12 月更换气体检测气前面的颗粒过滤器。

2. 维护注意事项

（1）玻璃器皿的清洗。玻璃部件需要定期清洗，以免污染影响测量。尤其是低量程测量时，需要完全的清洗。具体操作步骤如下：取 10mL 硫酸和 1g 高锰酸钾，加入到 1L 自来水中，作为清洗液。在重污染情况下，清洗液要在玻璃器皿中保留整夜。清洗玻璃器皿以后，必须用纯水再次清洗。

（2）碱石灰用于除去空气中的 CO_2，存放在仪器下方的试剂箱。换碱石灰时必须戴手套、护目镜和口罩。当碱石灰变红色后即应更换。

（3）错误信息。仪表会显示 12 种错误信息，多种错误同时出现时，比如错误代码 E14 代表 E1 和 E4 同时出现。

E1　INVALID_ CALIBRATION_ ERROR　无效或者错误的校准结果

E2　HUMIDITY_ SENSOR_ TRIGGERED　湿度过大

E3　GAS_ TREATMENT_ EXHAUSTED

E4　CARRIER_ GAS_ FLOW_ ERROR　载气流量异常

E5　REAGENTS_ EXHAUSTED　需要补充试剂

E6　CARRIERGAS_ PRESSURE　载气压力异常

E7　REAGENT_ SENSOR　试剂泄露

E8　Not in use　无用

E9　ZERO_ SIGNAL 1　气体检测器 1 零位异常

E10　ZERO_ SIGNAL 2　气体检测器 2 零位异常（单通道仪器中无用）

E11　SPAN_ VALUE 1　气体检测器 1 灵敏度异常

E12 SPAN_ VALUE 2 气体检测器 2 灵敏度异常（单通道仪器中无用）

（4）激活保存的校准曲线及查看曲线的方法。按 Ctrl+1 键→选 Data 菜单→选 internal database（内部数据库）→校准→按 Enter 打开校准曲线表→选择需激活的曲线→按 F2 激活 1 流路需用的曲线→按 F3 激活 2 流路需用的曲线→选择该激活流路，按 Ctrl+1 键→校准→校准矩阵→按 Enter 查看校准表格→选"校准结果表格"→按 Enter 查看校准曲线（曲线下面显示曲线方程：$y=0.263x+3.85$，$r^2=0.783$）。

（5）厂家提仪，不校准零点，只校准量程点，量程点只校两点，全量程和半量程点标准液（30mg/L 和 15mg/L），如不准的话，再校一个量程点。

（6）下箱的载气总压力调节为 0.2MPa，上部仪表面板上的压力调节阀调节为 0.15MPa，则仪表进口流量计显示为 1.8L/h，出口流量计显示为 1.7L/h。

（7）在测量或校准过程中，按 F10 键中止在线测量或校准，仪表切换到待机状态，测量值自动保存。

（8）2009 年 12 月 21 日校准曲线：$y=0.045X+8.54$，$r^2=0.945$。

校准矩阵：	1	2	3
标液浓度（mg/L）	15.00	30.00	50.00
平均电流（mA）：	9.10	10.15	10.76

（9）常用备品备件。

① 泵管。

② 单向阀。

③ 颗粒过滤器。

④ 碱石灰。

⑤ 活性炭。

⑥ 酸去除器用填料铜丝、锌片和纤维。

普光净化厂相关在线分析仪表标准试剂配制方法

1. 工业 pH 计标准缓冲溶液配制方法

1）pH = 4.00 标准缓冲溶液配制方法

于分析天平上称取 2.5525g 110～120℃ 下干燥至恒重的邻苯二甲酸氢钾（$KHC_8H_4O_4$）溶于无 CO_2 蒸馏水中，在 250mL 容量瓶中稀释至刻度，即得在 25℃ 下 pH = 4.00 的 0.05mol/L 邻苯二甲酸氢钾溶液。

2）pH = 6.86 标准缓冲溶液配制方法

于分析天平上称取 110～120℃ 下干燥至恒重的 0.8500g 磷酸二氢钾（KH_2PO_4）和 0.8875g 磷酸氢二钠（Na_2HPO_4）溶于无 CO_2 蒸馏水中，在 250mL 容量瓶中稀释至刻度，即得在 25℃ 下 pH = 6.86 的 0.025mol/L 混合磷酸盐标准缓冲水溶液。

3）pH = 9.18 标准缓冲溶液配制方法

于分析天平上称取 0.9525g 四硼酸钠（$Na_2B_4O_7 \cdot 10H_2O$）溶于无 CO_2 蒸馏水中，在 250mL 容量瓶中稀释至刻度，即得在 25℃ 下 pH = 9.18 的 0.01mol/L 四硼酸钠标准缓冲溶液。

另外，可使用购买的成套 pH 缓冲试剂（可配制 250mL）进行配制。配制时，剪开塑料袋将试剂倒入烧杯中，用无 CO_2 蒸馏水使之溶解，并冲洗包装袋，再倒入 250mL 容量瓶中，稀释至刻度，充分摇匀即可。

2. 酸碱浓度计标准试剂配制方法

1）4.0%（m/m）HCl 标准溶液的配制

用量筒量取 91.7mL（40/1.179×37%）密度为 1.179g/cm³，浓度为 37% 的

浓盐酸溶于蒸馏水中，冷却后转移至 1000mL 容量瓶中稀释到刻度，即得 4.0% （m/m） HCl 标准溶液。

2） 4.0% （m/m） NaOH 标准溶液的配制

用天平称取 40g NaOH 固体试剂溶于蒸馏水中，冷却后转移至 1000mL 容量瓶中稀释到刻度，即得 4.0% （m/m） NaOH 标准溶液。

3. 硅酸根在线监测仪 SiO_2 标准溶液的配制：

1） 100μg/L SiO_2 标准溶液的配制

用向厂家购买的 10μg/mL （10000μg/L） SiO_2 标准溶液稀释配制。方法为：用移液管准确移取 10mL 10μg/mL SiO_2 标液于 1000mL 容量瓶中，用无硅水稀释至刻度。

2） 10μg/L SiO_2 标准溶液的配制

取上述 100μg/L SiO_2 标准溶液 100mL 于 1000mL 容量瓶中，用无硅水稀释至刻度。

4. 钠离子在线监测仪钠离子标准溶液的配制

1） PNa_2 标准溶液 （230000μg/L Na^+ 标液） 的配制：准确称取 0.5845g 于 250～300℃ 干燥至恒重的 NaCl 基准试剂，转移到 1L 容量瓶中，在 25℃ 下用无钠水溶解，并稀释至刻度。

2） PNa_5 标准溶液 （230μg/L Na^+ 标液） 的配制：吸取 1mL PNa_2 标准溶液于 1L 容量瓶中，用无钠水稀释至刻度。

3） PNa_6 标准溶液 （23μg/L Na^+ 标液） 的配制：吸取 100mL PNa_5 标准溶液于 1L 容量瓶中，用无钠水稀释至刻度。

5. 快速 TOC 监测仪邻苯二甲酸氢钾标准液配制方法

标准液浓度与仪器量程直接相关，一般取量程的 50%～100% 之间。根据实际情况确定标准液浓度。例如：仪器量程调整为 500mg/L，标准液应该在 250～500mg/L 之间，350mg/L 是比较合适的。

标准液母液配置：

称取于 110～120℃ 下干燥至恒重的 2.125g 邻苯二甲酸氢钾，在 1000mL 容量瓶中稀释至刻度，这样配置的母液浓度为 1000mg/L TOC。母液可以在 4℃ 冰箱中保存 1 个月。根据实际情况，决定需要配置的标准液浓度，将定量母液进行稀释，获得标准液。

6. UV 有机污染物测定仪 50mg/L 的标准溶液配制方法

将于 110~120℃ 下干燥至恒重的邻苯二甲酸氢钾（ KOOC. C_6. H_4. COOH ）（2.125±0.005）g 溶于高纯水中，再用高纯水稀释至 1000mL，得到 1000mg/L 的 C 含量溶液。标定前，把此溶液稀释 20 倍，即可得到 50mg/L 的标准溶液。

7. 400 度 Formazine（福马肼）浊度标准液配制方法

1）无浊度水的制备

将蒸馏水通过 0.2μm 微孔滤膜过滤，收集于用滤过水荡洗两次的烧瓶中。

2）浊度标准贮备液

（1）1g/100mL 硫酸肼溶液配制。称取 1.000g 硫酸肼 ［（N_2H_4）H_2SO_4］溶于无浊度水，定容至 100mL。注：硫酸肼有毒、致癌！

（2）10g/100mL 六次甲基四胺溶液。称取 10.00g 六次甲基四胺 ［（CH_2）$_6N_4$］溶于无浊度水，定容至 100mL。

（3）浊度标准贮备液。吸取 5.00mL 硫酸肼溶液（1）与 5.00mL 六次甲基四胺溶液（2）于 100mL 容量瓶中，混匀。于（25±1）℃ 下静置反应 24h。冷后用无浊度水稀释至标线，混匀。此溶液浊度为 400 度。在电冰箱的冷藏室可保存一个月。其他浊度的标准液可用 400 度的按比例稀释。

普光净化厂联合装置在线
分析仪表通信网络图

随着现代大型工业生产自动化的不断兴起和过程控制要求应运而生的 DCS 控制系统，已逐渐运用到对在线分析仪表测量数据的监测和控制，特别是对大型石化、冶金、电力等工业装置中在线分析仪表数据的监测与控制已起到举足轻重的作用。净化厂现场各种在线分析仪表的模拟量信号和数字通信信号传送到控制室接线端子柜，经过安全删和浪涌后按到 DCS 系统，在 DCS 系统对现场分析仪表测量数据进行显示、监测和控制。其中 880 硫比值分析仪 H_2S 和 SO_2 比值的控制在 DCS 中就是运用串线控制，它通过对需氧量与微调空气流量调节器（FIC-30416）的反馈控制和总酸性气需氧量与主空气流量调节器（FIC-30410）的前馈控制来共同调节，实现将 H_2S 和 SO_2 比值控制在 4:1。现场各种在线分析仪表与 DCS 的通信网络图如下。

联合装置 6 个联合的在线分析表通信网络图是一样的，下面以一联合的为例。

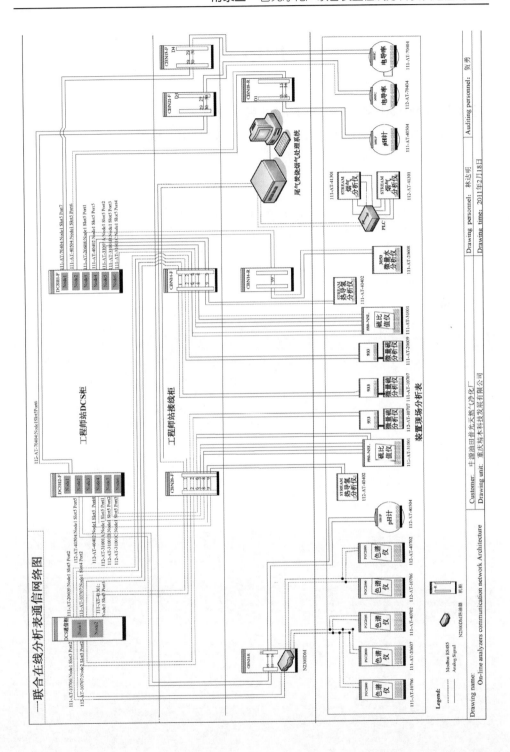

参 考 文 献

[1] 王森. 在线分析仪器手册. 北京：化学工业出版社，2008

[2] 于洋. 在线分析仪器. 北京：电子工业出版社，2006

[3] 张井岗. 过程控制与自动化仪表. 北京：北京大学出版社，2007